城市公共安全规划

翟国方　等著

中国建筑工业出版社

图书在版编目（CIP）数据

城市公共安全规划／翟国方等著. —北京：中国建筑
工业出版社，2016.1
ISBN 978-7-112-18502-3

Ⅰ.①城… Ⅱ.①翟… Ⅲ.①公共安全－城市规划－
中国 Ⅳ.①TU984.2

中国版本图书馆CIP数据核字（2015）第227926号

责任编辑：刘文昕　张鹏伟
责任校对：陈晶晶　张　颖

城市公共安全规划
翟国方　等著
*
中国建筑工业出版社出版、发行（北京西郊百万庄）
各地新华书店、建筑书店经销
北京锋尚制版有限公司制版
北京圣夫亚美印刷有限公司印刷
*
开本：880×1230毫米　1/32　印张：10⅜　字数：348千字
2016年5月第一版　2016年5月第一次印刷
定价：39.00元
ISBN 978 - 7 - 112 - 18502 - 3
（27738）

前　言

　　城市的发展建设与城市对各种灾难灾害的抵御始终相伴。翻开古今中外的城市历史，由各种战争、自然灾害、疫病、事故等带来的城市兴衰屡见不鲜。近年来全世界自然灾害的发生频率和危害程度呈现增强趋势，我国 2008 年汶川地震、 2010 年玉树地震和舟曲泥石流，都造成了惨痛的人员伤亡，给国民经济带来了重大损失；邻国日本 2011 年 3 月的大地震，导致了海啸和核泄漏事故，给东亚乃至全球安全都带来了威胁。在全球范围内，每年约有 400 万人死于意外伤害事故，约占人类死亡总数的 8%，是除自然死亡外人类生命与健康的第一杀手。我国每年发生的城市社会安全事件达上万起，越来越多的城市社会安全事件冲击着党和政府的执政威信，也对人们的人身安全和财产安全造成了严重威胁。

　　公共安全是国家安全和社会稳定的基石，是经济和社会发展的重要条件，是人民安居乐业的基本保证。一直以来，我国党和政府高度重视城市公共安全管理，发布了一系列的法律法规和政策。比方说，1991 年 7 月 2 日国务院发布《中华人民共和国防汛条例》，1997 年 12 月 29 日全国人大通过《中华人民共和国防震减灾法》，2002 年 6 月 29 日全国人大通过《中华人民共和国安全生产法》，2006 年 1 月国务院发布《国家突发公共事件总体应急预案》和《国家自然灾害救助应急预案》，2007 年 8 月 30 日全国人大通过《中华人民共和国突发事件应对法》，国务院办公厅印发《国家综合防灾减灾规划（2011—2015 年）》，2010 年 4 月国务院《气象防灾减灾条例》正式施行。

我国学术界一直关注城市公共安全的科学研究，既有像中国地震学会、中国消防协会、中国保险学会等专业性很强的一级学会，更多的是在一级学会下设立相关的二级学会或学术小组，如在中国城市规划学会下设城市安全与防灾规划学术委员会，中国灾害防御协会下设风险分析专业委员会，中国建筑学会下设抗震防灾分会。由于城市公共安全管理具有复杂性、综合性、多样性等特点，具有特定的核心内容和完整的知识体系，在2011年安全科学与工程上升为一级学科；同时，我国公共安全领域第一个一级学会——公共安全科学技术学会，2012年8月28日在北京正式成立。随着我国经济社会的持续发展和对城市公共安全研究的深入，可以预料今后必将有更多的学科参与进来。

城市公共安全水平的提升必须要有规划的引导。习近平总书记2014年2月17日在北京市考察工作时强调，"规划科学是最大的效益，规划失误是最大的浪费，规划折腾是最大的忌讳"。如何科学合理地编制城市公共安全规划，是摆在我们城乡规划工作者面前的重要任务。然而，到目前为止，我国尽管有若干本城市防灾规划方面的教材，但还没有一本包含自然灾害、事故安全、公共卫生和社会治安等内容的城市公共安全规划的教科书。

编著《城市公共安全规划》，对我们来说确实是一个全新的、而且是工作量很大的工作。说全新，是指国内外没有先例；说工作量很大，是说涉及的知识面很广，自然的、经济的、文化的、规划的、卫生的、管理的、治安的，需要学习，需要提升，更需要有一个统一的理论框架来统领各种各样的城市风险。好在我们在日常的教学科研以及生产实践中，对城市公共安全规划进行了先行的初步研究，积累了一定的经验，这为《城市公共安全规划》的编著完成提供了较好的基础。在此列出代表性的项目，深表谢意。本人在日本期间主持的项目有：日本文部科学省项目"关于城市抗灾社会系统的实证研究"的子课题——城市灾害风险的转移及评价研究，日本国土交通省项目"关于海岸带区域空间规划理论方法的研究——灾害风险的影响专题"、"关于海岸带区域空间规划管理的国际比较研究（中国，日本，韩国）——灾害风险认知与防范专题"和"关于海岸带区域空间系统演化过程的研究——灾害风险防范需求演化专题"。回国后主持的项目有：国家自然科学基金资助项目"基于多智能体系统的城市洪水风险的可接受度研究"（41071325）、国家重点基础研究发展计划（973）项目"我国东部沿海城市带的气候效应及对策研究（2010CB428506）"子课题：城市化气候效应的社会经济影响评估及其对策、汕头市城乡规划局项目"汕头市生态系统可持续发展与综合防灾减灾规划"、广州市规划局项目"广州市应急避护场所建设规划（2014～2020）"、常熟市住宅和城乡建设局项目"常熟市城市抗震防灾规划"、靖江市住宅和城乡建设局项目"靖江市城市抗震防灾规划"、张家港市住宅和城乡建设局项目"张家港市城市抗震防灾规划"等。

既然城市公共安全工作涉及面很广，那么我们在这里不可能面面俱到，只能从我们的专业领域——城乡规划专业来思考城市公共安全规划，所以本书中的"规划"更多的是关注空间和建设规划，当然也会涉及内涵更为广泛的社会事业规划。在章节安排上，共有13章。首先是规划总论，包括城市公共安全规划的历史、内容和体系、综合防灾空间结构、避难空间体系等内容。其次是专项规划分论，包括城市自然灾害防御规划、城市事故灾害防御规划、城市公共卫生安全规划和城市社会安全规划等内容。第三部分是应急管理和善后应对。最后第四部分是通用的规划技术和政策。

本书的主要撰写人是翟国方，负责全书的结构设计、内容撰写和最后的通稿校核。

何仲禹　　　　　　　（第1章、第3章）

陈　静、翟国方　　　（第2章）

姚凤君、翟国方　　　（第4章）

丁　琳、翟国方　　　（第5章）

陈　伟、翟国方　　　（第6章）

张银银、翟国方　　　（第7章）

刘　旸、翟国方　　　（第8章）

靳文博、翟国方　　　（第9章）

谢　莹、翟国方　　　（第10章）

陈　婧、翟国方　　　（第11章）

吴　婧、翟国方　　　（第12章）

范晨璟、翟国方　　　（第13章）

本书作为专业教科书，在成文过程中，参考引用了众多国内外专家学者的论著或科研成果，对引用部分在文中都一一作了标注，或在每章后的参考文献中进行了标注，但仍恐有挂一漏万之处，敬请多加包涵，并告知我们，以便在再版时补充完善。由于我们能力有限，才疏学浅，再加时间仓促，书中一定存在着一些疏漏与不当之处，恳请广大读者不吝赐教。最后，在本书的出版过程中，得到了中国建筑工业出版社责任编辑刘文昕老师的大力支持，在此表示最由衷的感谢。

翟国方

2015年7月于南京大学鼓楼校区

目　录

前言

第十三章　城市公共安全规划信息技术与政策　　299

第一章

城市公共安全规划史

　　城市的发展建设与城市对各种灾难灾害的抵御始终相伴。翻开古今中外的城市历史，由各种战争、自然灾害、疫病、事故等带来的城市兴衰屡见不鲜。正是由于公共安全在决定城市命运中的关键作用，人类文明最早的城市建设中就孕育了朴素的公共安全规划思想，并随着社会经济、技术和生产力的发展不断发展演变与完善。本章主要对城市公共安全规划的历史进行简要介绍。

第一节　城市公共安全及其规划

城市中人口和财富的聚集，使得公共安全事件的危害在城市中被放大。本书关注的城市，以空间为载体，包含了城市的经济、社会、文化等各个物质与非物质层面。本节简要介绍了城市和城市公共安全的涵义，在此基础上定义城市公共安全规划，讨论其重要性和基本特点。

一、城市与城市公共安全

城市是一个经济学、地理学、社会学或城乡规划学的概念。城市的定义有很多种描述，邹德慈在《城市规划导论》一书中指出：从人口规模来看，达到某一特定人口规模或具有某一特定最小人口密度的地方可以被界定为城市；就职能而言，一个地方从事经济活动的人口中，非农业人口数量达到一定比例，或具有行政管理职能的地方政府所在地，可以被称为城市；就地域特征而言，可以将具有某些城市特征（如建筑景观、市政设施、公共设施等）的地方称为城市[*]。《辞源》将城市解释为人口密集、工商业集中的地方。我国的《城乡规划基本术语标准》将城市定义以非农产业和非农人口集聚为主要特征的人类聚落，包括建制市与镇。本书中的城市特指县城以及县级市以上的城市。

城市的出现是社会生产力发展和社会分工的产物。如《易经》所云："日中为市，致天下之民，聚天下之货，交易而退，各得其所"，随着劳动分工的加强，具有商业和手工业职能的居民点便形成了早期的城市。据考证，人类最早的城市出现在3000年以前。自西方工业革命开始，城市开始快速发展；今天，有超过一半以上的世界人口生活在城市中。城市是一个社会化、多功能的有机整体；是一个复杂、动态的综合体。城市是由于人类在聚居中对防御、生产、生活等方面的要求而产生，并随着这些要求的变化而发展。

---

[*] 邹德慈. 城市规划导论[M]. 北京：中国建筑工业出版社，2002.

到目前为止，国内外对城市公共安全的定义尚无统一认识。部分学者对城市公共安全的定义包括："城市公共安全专门研究城市由于人为因素和自然因素导致的事故灾害及其对城市带来的风险"；"城市公共安全指城市工业危险源、城市人口密集的公共场所、城市公共设施、城市自然灾害、城市公共卫生、恐怖袭击与破坏、城市生态环境等7个方面的风险"。本书根据2006年1月国务院《国家突发公共事件总体应急预案》中对公共安全事件的界定，认为城市公共安全的研究对象包括发生在城市中的自然灾害（如洪水、地震、火灾等）、安全生产事故（如交通事故、环境污染、公共设施设备事故等）、公共卫生事件（如食品安全、流行病等）和社会安全事件（如恐怖袭击、群体性事件）等四类事件。

我国是一个自然灾害频发的国家，2013年我国自然灾害造成直接经济损失5808.4亿元，近4亿人次受灾[*]。同时，我国每年因安全生产事故和社会治安事件造成的损失分别高达2500亿元和1500亿元，每年公共安全问题夺去20万人的生命。目前，我国的城镇化率已超过50%，一段时期内还将快速提高；随着城市人口数量和密度的日益增加，生产活动和社会物质财富的不断集中，发生公共安全事件的风险在不断提高，其造成的后果也愈发严重。因此，城市公共安全问题已经引起政府、学者和社会民众的高度重视。

图1-1　庞贝古城遗址^{**}　　　　图1-2　"5·12"大地震后的汶川^{***}
繁荣宏伟的庞贝一夜之间毁于维苏威火山喷发　　汶川8.0级地震造成近7万人遇难，1.7
　　　　　　　　　　　　　　　　　　　万人下落不明

二、城市公共安全规划

本书认为，城市公共安全规划是指为了防范、应对和善后处理城市各

---

* 数据来源：民政部国家减灾办，http://www.chinanews.com/gn/2014/01-04/5697341.
 shtml 获取于2014-4-23.
** 图片来源：百度图片链接见书后，获取于2014-6-12.
*** 图片来源：百度图片链接见书后，获取于2014-6-12.

类公共安全灾害，应用多学科理论和多种技术手段，对未来城市空间和市民生产生活的统筹安排与管理。

C. A. Doxiadis指出："一个城市必须在保证自由、安全的条件下，为每个人提供最好的发展机会，这是人类城市的一个目标"。城市公共安全规划是城市管理的重要手段，是促进城市可持续发展的必然要求，是保障经济、社会发展的前提条件。城市公共安全规划的内涵包括如下方面：城市公共安全规划的对象是城市系统，包括城市的物质空间、设施设备及城市中的人类活动；城市公共安全规划依据风险理论、系统理论和灾害学原理；城市公共安全规划的主要内容是合理安排人类自身活动和城市空间，减少人员伤亡和财产损失，体现以人为本的宗旨；城市公共安全是一定条件下的安全状态的优化，必须符合一定历史时期的技术、经济社会发展水平和能力。

城市公共安全规划具有如下特点：（1）系统性，城市是一个复杂的巨系统，城市公共安全规划必须从系统论的角度对各类风险统筹考虑，统一协调各管理部门和各类资源，提高规划效率；（2）综合性，城市公共安全规划是基于风险学、灾害学、城乡规划学等多学科的综合性规划；城市公共安全规划不是各类风险规划的简单叠加，城市公共安全规划不仅需要工程技术手段等硬性规划，也需要政策制定、资源管理、宣传教育等软性规划；（3）全程性，在规划层次上，建立起包括城市灾害的预防设防、应急对策、恢复重建在内的全过程管理体系；在空间层次上，构筑点、线、面结合，地上地下空间结合的三维空间规划体系。

第二节　中国大陆城市公共安全规划史

本节从古代（19世纪以前）、近现代（20世纪前半叶）和当代（20世纪后半叶至今）三个时期介绍中国城市的公共安全规划。准确地讲，公共安全规划的概念是最近几年才被提出的，因此我国早期的城市很难用今天的"公共安全"和"规划"的标准去衡量，但城市建设中的防灾思想却有重点地贯穿在城市空间的各个维度。

一、古代中国城市的公共安全规划

我国城市建设的历史悠久，商代开始出现城市的雏形。中国古代的城市规划布局，以体现封建礼制观念为主要指导思想，但在规划建设中仍然对城市的安全、防御、防灾等功能进行了精心考虑。《管子·立正篇》记载："凡立国都，非于大山之下，必于广川之上，高勿近阜而水用足，低勿近水而沟防省"，体现了城市选址中对利用自然条件防御灾害的重视，是较早的关于城市公共安全规划的论述。

治水：我国古人一向重视在城市建设中利水之利，避水之害；城镇规划中也十分重视水利设施的建设。明清北京城中的三海，蓄水量很大，是城市重要的防洪空间；苏东坡在杭州修造的"苏堤"大大改善了西湖的防洪排涝能力；城市外围的护城河也是城市防洪的保障，北宋东京的三重城墙和护堤就对防御外部洪水侵入城内起到很重要的作用。战国末期李冰父子主持修建的都江堰，在2000多年后的今天仍然发挥着防洪灌溉的作用。

防火：原始社会的聚落中，人们已经懂得将用火的烧陶区域与居住区域分开设置。中国古代城市一般利用宽阔的道路和围墙形成城市的防火隔离带，建设园林、开辟广场用于疏散避难。南方的一些城市，如苏州、绍兴利用自然条件建设的河街、水巷，除交通之外，还具有防火灭火的重要功能。一些小城镇中建有"火巷"，巷道狭小，两侧设置封火山墙，墙面上不开窗，类似于现代建筑中的防火墙，具有较理想的防火效果。

抗震：我国古代建筑大都采用木构体系，这是一种柔性结构，能够有效抵消地震应力，起到"墙倒屋不塌"的效果。山西应县佛宫寺释迦塔，修建于公元1056年，采用内外双层套筒式结构，历经数次大地震而不倒。古代建筑对称的平面布局可以避免地震中发生破坏性的扭转。墙体通过加固、加筋，提高了其强度、整体性和延性，一些建筑在夯筑土墙时在其中放置一定数量的竹片，类似现代建筑中的钢筋混凝土结构。

防御：战争频发的古代，防御是城市安全最重要的方面。城市外围修筑的高大的城墙、城楼和护城河，起到对外御敌的作用；而城市中的建筑院落，大都采用内向型的空间布局，如北方的四合院、南方的四水归堂，它们外侧封闭，内侧开敞，防盗也是这种布局的一个实用性目的。

古代城市建设中的一些"风水"理论，尽管具有非科学的唯心主义成分，但同时蕴含着一定的朴素的科学观念，在环境的选择和房屋的处理上起到了防灾避害的作用。

二、近现代中国城市的公共安全规划

20世纪以来，西方近代城市规划理论与方法传入中国，依据这些理论结合中国国情，一批近现代城市被建造起来，其中城市公共安全也是城市规划建设中的一个重要问题。

国民政府定都南京后于1929年颁布了《首都计划》，在规划方法上借鉴欧美模式，成为民国时期最重要的一部城市规划。《首都计划》共包括南京史地概略等28节内容，其中涉及城市防灾的部分有"水道之改良"、"渠道计划"两节，对秦淮河与护城河的设闸蓄水、浚深河床等策略进行了分析；在防洪排涝方面，提出了挖渠与设抽水机两种方式，通过分析南京地形，建议使用后者，对雨水的宣泄量进行了概算，对雨污分流和污水排水也进行了考虑，划分了城市的雨水宣泄分区图。这部规划只考虑了城市的水灾防治，对其他城市公共安全问题并未涉及；基于当时的社会发展状况和规划技术条件，这样的尝试也是难能可贵的。

青岛是中国近代城市规划史上另一座具有重要地位的城市，19世纪末，德国在青岛建立租界并对城市建设做出了详尽的规划。青岛的雨季雨量较大，洪水成为威胁城市的主要灾害，为此德国人对青岛的排水系统精心建设，并采用了雨污分流的体系。期间建造的高达2m的混凝土排水隧道，尽管当时受到了"过于浪费"的批评，但在其后百余年的城市发展历程中却起到了重要作用。每当台风和突降暴雨的时候，其他沿海城市往往"街道成河、广场成海"，青岛遭受的损失却很小，因水会很快排走。城市建设了消火栓，并耗巨资建造了巨大的地下水窖，与排水管道相连，这些水窖雨季灌满，旱季用作贮水池，可从中取水喷洒街道。

三、当代中国城市公共安全规划

新中国成立后，特别是改革开放以来，随着我国经济实力的增强和人民生活水平的提高，特别是近年来面临城镇化速度的加快和国内外安全形势的日趋复杂，2003年"非典"事件、2008年汶川地震等公共安全事件，促使中央和各级地方政府对我国城市公共安全规划的重视提高到了前所未有的高度。

2006年国务院颁布实施《国家突发公共事件总体应急预案》，是全国应急预案体系的总纲，明确了各类突发公共事件分级分类和预案框架体系，规定了国务院应对特别重大突发公共事件的组织体系、工作机制等内容，是指导预防和处置各类突发公共事件的规范性文件。2007年，全国人大常委会通过《中华人民共和国突发事件应急法》。2011年，国务院制定《国家防灾减灾综合规划（2011～2015）》，针对自然灾害的防治，从规划目标、主要任务、重大项目和保障机制等几个方面提供了宏观的指导意见和措施。在行政机构的设置方面，国务院下设国家减灾委员会，研究制定国家减灾工作的方针、政策和规划，协调开展重大减灾活动，指导地方开展减灾工作，推进减灾国际交流与合作；同时设立国家应急办公室，履行值守应急、信息汇总和综合协调职责，发挥运转枢纽作用。但到目前为止，两个机构仍然只作为部际协调机构，缺乏相应的事权。同时，涉及应急响应的各部门条块分割严重，难以做到资源、信息共享。

各级地方政府也积极开展了城市公共安全规划的探索。北京、南京、淮南、厦门、重庆、汕头等城市先后编制了基于应对各类自然灾害的综合防灾规划。唐山市应用ArchGIS平台建立了城市综合防灾信息管理系统；哈尔滨市编制了城市公共安全规划，构建了涵盖各类安全事件的规划应对体系；深圳市政府发布了《深圳市公共安全白皮书》，这是我国城市首次以白皮书的形式向公众普及、推广城市公共安全知识。大多数城市建立了灾害及突发事件的应急响应机制。与城市公共安全有权责关系的行政部门包括各级地方政府的应急办公室、安全监督管理部门、地震局、规划局、公安局等，但尚未有一个行政部门对公共安全规划的编制和实施管理直接负责。

第三节　世界其他城市公共安全规划发展

城市公共安全事件的应对与处理，是发达国家和地区的城市建设的重要内容，其管理体系、法律体系和规划方法尽管结合国情、各自有着不同的侧重点，但都对我们的城市公共安全规划具有一定借鉴意义。本节介绍北美、欧洲、亚洲部分具有代表意义的国家和地区的城市公共安全规划。

这些国家和地区的公共安全规划，不仅包含空间布局方面的内容，更重要的，是对应急管理的机制、组织和政策进行的安排与管理。

一、美国城市的公共安全规划

1. 美国公共安全的管理体制

美国最早的公共安全管理行为出现于1803年：国会通过议案授权联邦政府为遭受火灾的新罕布什尔城提供财政援助；冷战期间为应对核战争威胁建立的民防事业在一定程度上促进了美国公共安全管理的规范化；1950年，美国国会通过《灾难救济法》，并于其后数次修订，是美国公共安全管理的制度性立法，具有里程碑意义。1972年，时任美国总统卡特合并诸多分散的紧急事态管理机构，成立联邦紧急事态管理局，标志着美国公共安全管理机制的建立。

2001年"9·11"事件后，美国成立国土安全部，作为联邦政府层面上的专职公共安全管理部门，并将联邦紧急事态管理局纳入管辖。反恐是国土安全部的首要任务，而自然灾害、人为事故等紧急事态的处理则仍然作为下属的联邦紧急事态管理局的职责。此外，农业部、卫生与福利部等非专职部门也部分承担着公共安全管理的责任。在地方政府层面，每个州和每个县都设有专职的公共安全管理部门，但彼此的级别和名称各不相同，这取决于各地经济实力和受灾频度与烈度的差别。（州）地方政府是美国公共安全管理的主体。红十字会和遍布全国各地的志愿者组织也在美国的公共安全管理体系中发挥着重要作用。

2. 美国公共安全管理体系的原则

全危险方法：利用同一套公共安全管理方法安排、处理和应对所有种类的紧急事态、灾难和民防需求。这种方法可以实现最经济的公共安全管理，并且能够保证任何灾难下的基本需求，又能够实现统一、高效的指挥和运作。

综合紧急事态管理系统：建立一个使所有紧急事态管理工作的参与者能够一起工作的系统，是一个通过网络化增强紧急事态管理能力的概念上的架构。相关法律制度对各级政府和部门的责任作了明确的分工。

紧急事态管理的生命周期：依据灾难的发生周期，将紧急事态管理的活动、政策和项目分为四个功能区：减轻（mitigation）、准备

（preparedness）、应对（response）和恢复（recovery），它已经成为现代公共安全管理中广为接受和采用的理论。

建立韧性社区（resilient community）：社区在灾害中表现出柔韧性，道路和公共设施等生命线系统能够持续运转，社区的邻里和企业、医院和公共安全中心坐落在安全地区，而不是已知的高风险区。

3. 美国国家应对框架

《国家应对框架》由国土安全部制定，颁布于2008年3月（其前身为颁布于2004年的《国家应对规划》），是国家应对所有灾害及紧急事态的引导，涵盖从地方到国家层面的不同尺度。《国家应对框架》分为核心内容与附件两部分。核心内容介绍个人、组织、私人部门及各级政府在紧急事态中的角色和责任；协作的结构与整合；实施规划等内容。附件包括了15个紧急事态支持功能，阐释联邦政府对紧急事态的支持机制，具体到交通、通信、公共工程、消防、公共卫生与医疗、能源、外事等方面；附件还对生物、灾难性事件、食品、核事故、恐怖袭击等10类突发事故的应对措施作了介绍；附件的第三部分内容是描述了其他的支持机制，包括基础设施、财政、国际协作、部落的协作、支援者与捐赠管理等。

二、日本城市的公共安全规划

1. 日本灾害管理的法律体系

日本是一个自然灾害频发的国家，因此，与美国将反恐作为公共安全规划的重点不同，日本的公共安全侧重对自然灾害的防御管理。

目前，日本的灾害管理法律体系主要包括"基本法体系"、"灾害预防法体系"、"灾害应急对策法体系"和"灾害恢复、重建及其财政金融措施法体系"等，各类体系下的法律如表1-1所示。其中基本法律体系中的《灾害对策基本法》是日本应对和处置各类灾害的基本法律。这一法律一方面在行政体制上对各级政府在灾害防治中的职责作出了规定，同时以法律形式确定了需要制定的各类防灾计划并对灾害发生后的财政金融措施进行了明确。防灾法律的设置体现了日本未雨绸缪的防灾思想，如《东海、南海地震灾害管理促进特别措施法》是为了应对具有较高发生概率、但尚未发生的日本的东部海域、南部海域地震而设立的。

表 1-1　日本的灾害管理法律体系

	法律名称及颁布年份
基本法体系	灾害对策基本法（1961）、海洋污染与海洋防灾法（1970）、石油产业复合物及其他石油设施防灾法（1975）、大规模地震特别措施法（1978）、原子能灾害特别措施法（1999）、东海、南海地震灾害管理促进特别措施法（2002）、日本和千岛害沟周边海沟型地震灾害管理促进特别措施法（2004）
预防法体系	砂防法（1897）、建筑基本法（1950）、森林法（1951）、特殊土壤地带防灾和开发临时措施法（1952）、气象业务法（1952）、海岸法（1956）、泥石流防治法（1958）、台风多发地区防灾特别措施法（1958）、大雪地带特别措施法（1962）、河川法（1964）、高倾斜度坡地滑坡防灾法（1969）、活火山对策特别措施法（1973）、地震防灾对策强化区域改进特别财政措施法（1980）、地震防灾特别措施法（1995）、建筑物抗震修复促进法（1995）、人口稠密地区防灾街区维修促进法（1997）、泥沙灾害易发地泥沙灾害对策促进法（2000）、特定都市河川浸水损害对策法（2003）
应急法体系	灾害救济法（1947）、水灾法（1948）、水防法（1949）
重建法体系	国家森林保险法（1937）、农业事故补偿法（1947）、住宅贷款公司法（1950）、农业、林业和渔业项目救灾补助金的临时措施法（1950）、小企业信用保险法（1950）、公共工程设施灾难恢复事业费国家负担法（1951）、公共房屋法（1951）、渔船损害赔偿法（1952）、农业、林业和渔业金融公司法（1952）、铁道轨道维修法（1953）、公立学校灾后复原费用国家负担法（1953）、农业、林业和渔业等因灾损失经营资金临时措施法（1955）、机场改善法（1956）、小型企业设备融资补贴法（1956）、严重灾害处理与特别财政援助法（1962）、渔业事故赔偿法（1964）、地震保险法（1966）、集团减灾促进项目特别金融措施法（1972）、灾害慰问金法（1973）、受灾城市区域重建特别措施法（1995）、特定非常灾害受害者权益保护特别措施法（1996）、自然灾害受害者救济法（1998）

2. 日本灾害管理的行政体系

　　日本灾害管理的行政体系包括中央政府、都道府县政府*、市町村政府、制定公共机关、制定地方公共机关、全国和地方性的各类公共事业机构。

---

* 相当于我国的省级政府.

在国家层面，日本内阁专门设立"防灾担当大臣"一职位；同时设有中央防灾委员会，由内阁总理大臣担任主席，委员包括防灾大臣在内的多名内阁部长，而日本银行总裁、日本红十字会会长、NHK总裁和NTT总裁*、专家学者都作为委员在列。中央防灾委员会负责防灾基本计划的制定、实施与推进，相关行政和公共机关负责具体防灾业务的实施。在地方政府层面，各都道府的知事和市町村长一般直接负责本地的防灾事务，并设立相应的防灾委员会，制定本区域的防灾计划。当需要跨行政区域进行防灾协调工作时，则设立"防灾委员会协调会"，共同处理灾害应对事务。

3. 日本的防灾计划

防灾计划在日本规划编制体系中具有重要地位，它不是城市规划的一部分，而是有着与城市规划同等地位和法律效力的综合性规划。日本的综合防灾工作主要通过"地域防灾计划"得以实现。其主要内容一般由规划总则、灾害预防规划、灾害应急和恢复规划等方面组成。

规划总则首先对规划区域的现状进行分析，然后对灾害进行情景模拟，接下来明确防灾的目标、对策和职责分配。灾害预防规划中，提出防灾都市建设策略，并与城市更新相结合，基于防灾需要，对开放空间、道路、桥梁等进行整治；并从硬性措施、软性措施（防灾教育、防灾演习、防灾志愿者制度建设等）两方面促进防灾能力提升。灾害的应急救援体制包括消防、危险物、大规模事故应急、医疗救护应急、警备、交通和紧急输送、协作援助和请求派遣等。

三、中国台湾地区的城市公共安全规划

1. 中国台湾地区应急管理制度的变迁

台湾地区应急管理组织的变迁发展，与社会、政治、经济的发展息息相关。特别是1999年的"9·21"大地震，是促进台湾建立现代应急管理制度的重要分水岭。台湾的灾害防救体系发展历程，大致分为4个阶段。

1965年以前是灾害防救相关办法制定前期。因为缺乏相关法规的指导，灾害发生时主要依靠军警与行政单位人员独自进行救灾工作，很难组织强而有效的救灾队伍，工作重点是灾后救助与抚恤。1965年中国台湾地区制定了防救天然灾害及善后处理办法，此项办法主要是针对风灾、水

---

* NHK为日本国家电视台、NTT是日本最大的通信公司.

灾、震灾等自然灾害。设立了台湾省级的"灾害防救会报"、"综合防救中心"和县市级的"防救灾害指挥部"等防救组织。1994年，美国洛杉矶发生大地震、日本名古屋发生华航空难，中国台湾地区行政当局参考日本灾后应急措施的模式，制定"灾害防救方案"，实现应对范围从自然灾害到自然、人为灾害均包括的转变。依据该方案，中国台湾地区建立了最高当局、省（市）、县（市）、乡（镇、市、区）等四级灾害防救体系。1999年的强烈地震后，台湾当局迅速出台了《灾害防救办法》，形成目前的灾害防救格局。

从上述台湾地区应急管理制度的变迁中我们不难发现，灾难性事故在促进应急管理制度的发展中起到了关键性作用；法律法规的完善或出台往往标志着应急管理达到一个新的高度；而随着社会的不断发展，应急管理的内涵和外延也在不断扩大。

2. 中国台湾地区应急管理体系

中国台湾地区的应急管理体系，主要由以下四个方面构成。

（1）最高当局灾害防救会报：由行政当局负责人兼任召集人，包括委员27~31人。下设灾害防救办公室，包括减灾规划组、整备训练组、应急动员组、调查复原组、资通规划组、管考协调组。原则上三个月召开一次工作会议。

（2）行政当局灾害防救委员会：成立于2000年，主要目的是为办理跨部会灾害防救协调整合业务。委员29~33人，主任委员由中国台湾行政当局主要负责人之一兼任。主要任务包括灾害防救基本方针及灾害防救基本计划的拟定、协助各部会应急、复原作业的标准作业流程拟定等事项。

（3）灾害应变中心：于重大灾害发生时成立，经会报召集人同意后，指定中心的指挥官，通知相关机构进驻灾害应变中心，展开各项紧急应急措施。

（4）地方灾害应急体系：由地方的灾害防救会报、专家咨询委员会、灾害应变中心、灾后重建推动委员会等组成。

3. 规划案例：彰化县员林镇地震防灾系统空间规划

员林镇面积40平方公里，人口约15万，区域附近有5条地质活动断层。其防灾空间规划重点包括以下5个方面：

首先是防救灾避难圈系统划设。它是救灾避难的行政管理依据，同时也是救灾空间系统的基本单元。避难圈系统共分为邻里避难圈、地区救灾避难圈、全市救灾防护圈和全台湾地区救灾动员圈四级，依据邻里行政界限、学区范围、警勤分区界线、水文界线、主要道路、铁路、人口分布等条件综合分析确定。

其次是避难点系统开放空间分析。避难点指定考虑了建筑物倒塌对安全使用面积的占用，车辆占据避难疏散道路，植物过度生长及景观设施占据开放空间等情况。其避难空间的人均面积从4.01平方米到1.62平方米。

再次是邻里防救据点空间系统规划。主要以人口密度5000人/平方公里的聚集地区为主，共设置了9个邻里单元。每个邻里避难圈皆配置有邻里避难中心。灾害时可以使用避难设施系统与灾害防救反应设施（如医疗点、物资据点、防护点等）。

第四是避难影响分析与避难路线规划。规划了防救灾据点后，分析圈内各避难点的移动方向，使避难路线避开危险覆盖区域，加强圈内主要避难路径的维护工作，建立沿街指示标志，实施沿街面防水土流失工作。

最后一方面是防救灾及避难路径系统选定。防救灾及避难路径系统包含救灾道路、避难道路以及替代道路。救灾道路要使救灾者在最短时间内抵达灾区或避难点，运送救灾物资、器材及人员等，也是消防活动、各救灾据点的物资运送道路；避难道路要使避难者在避难时能快速而安全地抵达避难地区；替代道路则是避难道路失去功能时的备用道路。

四、其他国家的城市公共安全规划

1. 加拿大的城市公共安全规划

加拿大是自然灾害多发的国家，其应急管理侧重于对自然灾害的处理，从20世纪六七十年代起至今，已经形成了一套相对完善且行之有效的应急管理体系。加拿大联邦政府设有公共安全部，其行使职权的原则是"集中化的指导与协调，分散化的执行与反应"；各省区市也设有相应的危机应对机构，但多为协调机构而非权力机关。公共安全事件的处理一般由地方政府负责，上级政府只有在接到相关请求后，才会给予必要援助。加拿大的应急预案建设注重动态性，通过不断地演练和评估而逐步补充完善。安大略省内的应急预案每年都要进行更新，已经形成动态维护的管理机制，确保了预案的实用性和时效性。

2. 澳大利亚的城市公共安全规划

澳大利亚的风险管理堪称西方国家典范，其应急管理体系的特点：一是建立了层次分明、职责明确的政府应急管理体系；二是建立了有效的应急资金管理体系。在联邦层面，通过设立直属于国防部的应急管理署（EMA）为各州的灾害提供物质和财政援助；各州和地区通过立法、建立委员会机构以及提升警务、消防、救护、应急服务、健康福利机构水平应对灾害责任。

1995年，澳大利亚和新西兰标准局出版了《AS/NZS4360：1995风险管理》的国家标准，为紧急事态风险的评估和应对提供了指导。1999年，澳大利亚应急管理署颁布了《紧急事态风险管理—应用指导》，具有很强的防灾实践性。EMA还编写了各种紧急事态应对手册，包括灾害健康、社区复兴、管理演练、逃生规划、与残疾人沟通、灾害弹性社区的国家策略、洪水风险管理、教训管理等内容，具体内容可参见其官方网站（http://www.em.gov.au）。

3. 欧洲的城市公共安全规划

欧洲国家灾害应急管理以自然灾害的风险管理为重点。德国的灾害应急体制具有三个特点：首先是法律制度完善，颁布了《民众保护法》及《灾害救助法》；二是网络组织健全，"条块结合、层次合理、结构清晰、州州连通"；三是技术装备精良，备有海陆空全方位立体设施，信息系统先进发达，医院设有绿色通道。法国是一个自然灾害频发的国家，为了给国民提供保障，法国建立了完善的自然灾害保险制度，并创造性地开发金融衍生工具。例如，法国气象局和纽约证券交易所成立合资公司Metnet，提供基于指数的气象风险管理服务。意大利在应对突发事件中，特别重视将最新的卫星技术和信息通信技术应用到防灾减灾和救灾工作，重视利用信息技术建立共享和指挥调度系统，并积极参加欧盟在布鲁塞尔设立的监控和信息中心建设、积极参加欧盟地中海地区灾害信息网络建设。

参考文献

[1] National Response Framework, http://www.fema.gov/national-response-framework, 2014-04-23.

[2] 百度百科. [EB/OL]http://baike.baidu.com/view/2507959.htm?fr=aladdin, 2014-05-26.

[3] 陈静，邓丽，朱庆杰．唐山市综合防灾管理信息系统研究[J]．世界地震工程，2005（3）：66-69.

[4] 顾林生，张丛，马帅．中国城市公共安全规划编制研究[J]．现代城市研究，2009（5）：14-19.

[5] 金磊．中国城市安全空间的研究[J]．北京城市学院学报，2006（2）：33-36.

[6] 刘承水．城市公共安全评价分析与研究[J]．中央财经大学学报，2010（2）：55-59.

[7] 刘茂，王振．城市公共安全学-原理与分析[M]．北京：北京大学出版社，2013.

[8] 李素艳．加拿大应急管理体系的特点及其启示[J]．理论探讨，2011（4）：149-151.

[9] 刘助仁．灾害应急管理：国际经验的审视与启示[J]．郑州航空工业管理学院学报，2010（8）：101-105.

[10] （民国）国都设计技术专员办事处首都计划[M]．南京：南京出版社，2006.

[11] 牛晓霞，朱坦，刘茂．城市公共安全规划理论与方法的探讨[J]．城市环境与城市生态，16（6）：231-232 2003-12.

[12] 欧益科．试论城市公共安全[J]．工业安全与环保，35（6）：4-6 2009-6.

[13] 阮梦乔．翟国方．日本地域防灾规划的实践及对我国的启示[J]．国际城市规划，2011（4）：16-21.

[14] 托尔斯藤．近代青岛的城市规划与建设[M]．南京：东南大学出版社，2011.

[15] 吴一洲，贝涵璐，罗文斌．都市防灾系统空间规划初探[J]．国际城市规划，2009（3）：84-95.

[16] 夏保成．西方国家公共安全管理概念辨析[J]．．中国安全生产科学技术，2006（6）：72-77.

[17] 夏保成．美国公共安全管理导论[M]．北京：当代中国出版社，2006.

[18] 夏保成，张平吾．公共安全管理概论[M]．北京：公共安全管理概论，2011.

[19] 姚国章．典型国家突发公共安全事件应急管理体系及其借鉴[J]．南京审计学院学报，2006（5）：5-10.

[20] 姚国章 日本灾害管理体系[M]．北京：北京大学出版社，2009.

[21] 杨国景．中国传统民居建筑的防灾意识初探[J]．山西建筑，2008（12）：54.

[22] 于亚滨，张毅．城市公共安全规划体系构建探讨[J]．规划师，2010（11）：49-54

[23] 邹德慈．城市规划导论[M]．北京：中国建筑工业出版社，2002.

[24] 翟国方．日本洪水风险管理研究新进展及对我国的启示[J]．地理科学进展．29（1）：3-9.2010.

第二章

城市公共安全规划基本框架

　　城市公共安全规划的编制遵循"调查——分析——规划"的一般步骤。具体来说，在城市公共安全规划前应对城市进行全面的公共安全风险评估，找出城市风险隐患的薄弱环节；按照不同城市的风险状况和风险可接受度设定公共安全规划的目标；最后将目标与风险评估结果进行对照，拟定科学合适的风险减缓与控制措施。据此，本章节由城市公共安全规划思路概述、城市风险评估、城市公共安全规划目标确定、城市风险减缓与控制等四部分组成。

第一节　城市公共安全规划基本思路

城市公共安全规划，就是通过城乡规划手段对城市风险（自然灾害、事故灾难、公共卫生事件、社会安全事件）的控制和管理，降低城市灾害风险，提升城市生活质量，为城市的可持续发展提供保证。城市公共安全规划应以整个城市系统为研究规划对象，以风险分析管理的框架［风险识别或辨识（risk identification）—风险测算（risk assessment）—风险评价（risk evaluation）—风险管理（risk management）］为基础，运用城乡规划学原理对人类未来的生产生活活动在时空上进行统筹安排与布局。

城市公共安全规划，既是城市总体规划的一部分，也是城乡规划体系中一个专项规划。城市公共安全规划的编制，一方面要在城市经济社会发展规划、城市总体规划和城市土地利用规划等上位规划的指导下进行，贯彻落实上位规划的目标、战略和要求；另一方面，由于上位规划的宏观性和原则性，很难对专项规划的具体内容进行深入而细致的掌控，所以专项

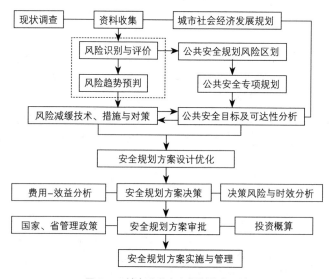

图 2-1　城市公共安全规划基本思路

18

规划的编制，要为上位规划提供依据，如果发现贯彻落实重大问题时，甚至可以向上位规划提出修改完善要求。具体来说，在编制城市公共安全规划时，有以下几个步骤：

第一摸清形势。也就是通过收集各类城市风险的相关资料和各种规划，充分把握城市公共安全的现状，认清国家和省对城市风险管理的总方针和总要求。

第二评估风险。基于城市灾害的基础资料，揭示城市风险的演化规律，确定影响城市发展的主要风险，并对主要灾害的发生可能性和后果进行应对措施的多情景分析。

第三确定目标。结合国家相关的法律法规和规范，充分考虑城市政府和居民对城市公共安全需求的迫切性和资源的可利用程度，统筹确定城市公共安全规划的目标。

第四风险决策。从投资的经济性、技术的可行性和实施的紧迫性等方面，分析城市风险减缓措施的可行性，综合确定城市风险对策实施的轻重缓急顺序。

第五规划实施与评估。实施城市风险应对措施，同时适时评估应对措施的实施效果，及时补充调整完善城市风险应对措施。

第二节　城市风险评估

城市风险评估是城市公共安全规划中最基础和最重要的部分。但由于数据和研究、技术的局限，在当前的城市公共安全规划中往往较少进行系统的城市风险评估。本节较为详细地阐述城市公共安全风险评估的程序，并对相关概念进行了解释，主要内容包括风险评估概念与程序、城市风险识别、城市风险分析、城市风险评价四个部分。

一、风险评估概念与程序

1. 风险的概念

无论是自然灾害，还是人为灾害，都是人类面临的风险。风险按字面意思为可能发生的危险，即遭遇灾难、蒙受损失与伤害等的可能性。风险的定义很多，本书定义风险为一种潜在的危险状态，包含两层含义，即事故或灾害发生的可能性及其后果（财产损失、人员伤亡与环境破坏）。通常用公式1来表示：

$$R=F\ (S,\ P,\ C) \qquad （公式1）$$

式中，R—Risk为风险指数；S—Senario为情景；P—Probability为事故或灾害发生的概率；C—Consequence为事故或灾害的危害性后果。这里的S，P，C，通常被称为风险的三要素。

2. **风险评估的概念**

风险评估是城市公共安全规划的第一步，只有在此基础上才能制定科学合理的城市公共安全规划。城市公共安全风险分析的过程主要包括风险辨识、风险分析和风险评价。利用风险辨识方法辨识了系统可能存在的风险后，就可以从事故发生的可能性，事故的影响范围与损失程度等方面入手，按照科学的程序和方法，对系统的固有或潜在的危险因素发生事故的可能性，以及这些危险因素可能造成的损失进行评价，并对所评估系统的危险性定性或量化处理，确定其发生概率和危险程度，以便采取最经济、合理及有效的安全对策，保障系统的安全运行，为预防事故的发生提供行之有效的安全对策和管理方法。

3. **风险评估的类型**

风险评估的类型，根据评估的目的有不同的类型。灾害风险评估从时序上可以分为灾前预评估、灾时跟踪评估和灾后评估三个阶段；从空间特征考虑可以分为点评估、面评估和区域评估三个层次；从项目内容可以概括为灾害发生概率评估、人员伤亡和经济损失评估、生态环境影响评估和防灾工程的减灾效应评估等。城市公共安全规划中进行的风险评估一般为灾前预评估，在空间上和项目内容上则各个层次都有涉及。

4. **风险评估对象和尺度**

风险评估是安全规划的核心和基础，城市灾害复杂多样，对城市灾害整体进行风险评估是一项非常具有挑战性的工作。因为不同的灾害种类有不同的空间影响尺度。不同的空间尺度，也需要采用不同的评估方法。区域风险评估，评估的空间范围较大，影响因素众多，情况复杂，可采用定性方法；中心城区的风险评估，各种数据资料较为翔实，并可通过结合现场探勘调研风险现状，因此，多采用定量或定量与定性相结合的方法。

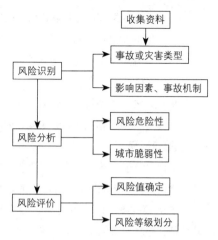

图 2-2　城市公共安全风险评估技术路线

二、城市风险识别

1. 风险识别概念

风险辨识是在资料收集及现场查看的基础上找出风险所在和引起风险的主要因素，并对其后果做出定性的估计，是发现、确认、描述风险的过程。风险识别的目标是最大限度地辨识出对于城市或相关部门具有重要影响的关键风险。

2. 需要收集的资料

在风险识别阶段应该收集和分析尽可能多的信息，重点关注以下三个方面：

① 对近期（5年内）的威胁和危险的分析。

② 对新兴或未来（5～25年）的威胁和危险的分析。

③ 对风险主题的描述。

下面一些信息也应该定期进行查找和分析：

① 有关风险事件的历史数据；

② 关于威胁和危险的情报信息；

③ 国家和地方的重要政策文件。

以下是一些参考性的资源来源，主要包括：

① 城市总体规划、专项规划、相关图纸资料等；

② 城市国民经济与社会发展总体规划、专项规划、产业发展规划等资料；

③ 城市国民经济与社会发展统计年鉴、人口普查资料、专业性统计或工作年鉴等资料性手册；

④ 城市发生的各类突发事件的统计资料、年度分析报告，重特大突发事件调查分析报告等相关资料；

⑤ 城市应急管理体制、机制，应急救援队伍及应急物资和装备情况等资料；

⑥ 城市或相关部门与行业领域开展风险评估与管理工作的有关资料；

⑦ 城市重大危险源备案登记资料、城市安全生产隐患排查整治相关资料；

⑧ 近几年与公共安全、应急管理工作相关的工作报告、研究报告、评估报告等资料；

⑨ 国内外相关突发事件的案例及分析资料；

⑩ 国家与地方相关法律、法规、标准规范及其他相关资料。

3. 风险识别程序

辨识对象包括常态和非常态活动、事件。通过编制风险清单，对每一种风险的类型、影响因素、事故机制进行描述。具体包括发生部位（位置或地点）、发生时间、发生原因、影响形式、影响对象及其潜在后果、风险特征，包括致灾因子、承灾体状况、危险源等情况，进一步进行风险筛选，条件允许时可进行风险区划。

（1）初步风险辨识：通过分析调研资料，穷举可能存在的风险，列出风险清单。城市公共安全风险辨识应涉及自然灾害、事故灾难、公共卫生事件、社会安全事件等各类突发事件。对于初步辨识出的各类风险源，按照其类别、风险源名称、来源或原因、易成灾区域或场所（在地图上标识）、影响对象、影响形式，事件发生频率、发生后的人员与经济损失等，并列出风险源概况表。

表 2-1 风险源概况表

序号	风险源类别	风险源名称	风险来源	易成灾区域	影响对象	影响形式	发生频率	发生后的损失	备注
eg.1	自然灾害	地质灾害点1	雨天滑坡	山南侧区域	山下村庄	滑坡	夏季暴雨即发，一般1～2次/月	部分房屋受损	

（2）风险事件情景概要描述：风险事件情景是对一个可能发生的风险事件的概要性描述，以为下一步的风险分析和评价提供较完整的信息。风险事件情景描述主要包括以下内容：

● 风险事件标识：包括名称、类别、事件负责部门、事件相关部门等。

● 事件概述：风险事件发生的背景、发生部位（位置或地点）、发生时间、发生原因、影响因素、影响形式、影响对象及其潜在后果等；可能影响事件后果的自然环境特征；可能影响事件后果的相关气候条件等。

- 引发事件的致灾因子特征：如表明核生化爆炸等致灾因子的致灾严重度和持续性的毒性、传染性、行为特征、持久性等。
- 受影响区域的特征和脆弱性：如周边环境、人口密度、城市化程度、关键基础设施、政治经济和社会因素等。
- 事件可能性评估因素：风险事件发生的周期、时间间隔、不确定性等方面的信息。
- 事件影响/后果评估因素：描述事件可能在人员伤亡、经济损失、环境污染、社会心理、政府信誉等方面可能产生的后果方面的信息。
- 风险应对相关信息：如已有的减灾措施、取得的效果，预期可采取的措施等。

三、城市风险分析

1. 风险分析的概念

风险分析是认知风险属性、把握城市脆弱性和测算风险水平的过程，目的是要系统地认识、恰当地描述、正确地估测可能发生的灾情。由于灾情是灾害系统中各子系统相互作用的产物，在多灾种共存的城市灾害系统中，单种灾害集中发生形成的灾害群及其诱发的次生衍生灾害形成的灾害链交织在一起，具有综合性、复杂性等特点，因此需要以综合复合灾害的视角进行风险分析。

风险分析中应涉及事件发生的可能性和后果严重性两个基本要素。由于灾害的众多不确定性和类型的多样性，国内外灾害学者针对各类灾害提出了多种多样的风险评估方法和指标的选取，各有利弊，但一般都会考虑到两类因素，一是灾害本身的属性，如灾害发生的频率，大小；二是城市作为承灾体对风险的抵御能力，一般称为脆弱性，包括城市发生灾害时产生损失的可能性（城市集聚密度、价值、工程性设施的质量和设防程度）和发生灾害后的城市的恢复能力（救援、救护力量及组织等）。这些因素并不绝对分离，而是共同作用构成城市安全的风险系统。

2. 风险分析要素

这里基于城市公共安全规划的风险分析中的可能性和后果严重性将

风险分析的要素简要分为致灾因子分析、暴露性分析和脆弱性分析三个方面。

（1）致灾因子分析

致灾因子是指可能造成财产损失、人员伤亡、资源与环境破坏、社会系统紊乱等孕灾环境中的异变因子，是导致灾害发生的直接原因。致灾因子的选择应坚持针对性、综合性、全面性原则。从风险的角度出发，致灾因子的致灾程度可用以下公式2表达

$$H = f(M, P) \qquad （公式2）$$

式中：H–Hazard指风险源的危险性；M–Magnitude指风险源的变异强度；P–Possibility指自然灾变发生的概率。

一般从灾害引发因素、致灾因子空间分布、致灾因子作用周期、致灾因子等级和强度以及致灾因子概率分析几个方面衡量致灾因子的致灾程度。致灾因子分析一方面为灾害风险评估提供基础；另一方面为城市选址提供依据；此外，还可从空间尺度上为城市多因子灾害综合区划提供参考。

（2）暴露性分析

暴露性反映的是暴露于灾害风险下的承灾体数量，与特定致灾因子作用于空间的危险地带有关。暴露性和脆弱性的本质区别在于脆弱性是承灾体本身的属性，而暴露性是致灾因子与承载体相互作用的结果。城市规划中的灾害风险暴露性分析应该从多个空间尺度，依次进行风险区确定、风险暴露要素（承灾体）分析、暴露要素评估。宏观尺度可以将居民区、城市、流域等作为暴露要素，微观尺度可以将建筑物、机场等作为暴露要素。暴露性分析一般包括基础资料搜集、实地调查、价值估算三个步骤。价值估算的方法有重置成本法、市场比较法、成本法、剩余法等。其中，重置成本法是最常见的建筑物暴露性的价值估算方法，指对城市建筑物财产按重置成本的方法来评估其暴露的价值量（公式3），其他三种方法主要针对环境要素类承灾体（土地资源、水资源等）。

建筑物现值 = 重置价格 × [（1–残值率）× 成新度 + 残值率] × 建筑面积

（公式3）

式中：重置价格指在当前建筑工艺、材料价格及人工费用情况下，重

新建造该建筑物所需要的费用评估值；残值率指遭受自然灾害侵袭后的建筑物残值与建筑物造价的比值，其数值可以参考国家相关技术规定；成新度指建筑物的新旧程度，其数值可参考国家相关技术规定。

（3）脆弱性分析

IPCC（Intergovernmental Panel on Climate Change）*对脆弱性的定义是：一个系统，其子系统和系统的组成部分在外界压力（胁迫和干扰）下受到损害的可能程度。国内相关研究主要从不同空间尺度和不同灾种的角度入手，通过建立评估指标体系或绘制脆弱性曲线来分析脆弱性强度。国际相关组织提出定量脆弱性的各种指标，包括环境脆弱性指标（EVI）、环境永续性指标（ESI）、灾害风险评估指标（DRI）等。基于城市公共安全规划的灾害风险分析，应该在考虑城市自然地理条件的基础上，结合城市社会经济属性，以及人类在面对灾害时的学习和适应能力，建立分析和评估模型（图2-3）。

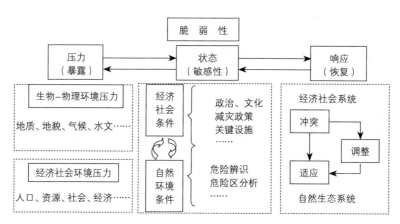

图 2-3　城市风险脆弱性分析

3. 风险分析方法

风险分析可采用定性、半定量、定量以及这几种分析相结合的方法。常用的定性方法包括检查表法（对照法）、类比法、现场调查法、德尔菲法、头脑风暴法、故障类型与影响分析法、经验分析法等；常用的半定量方法包

---

* WMO（世界气象组织）和UNEP（联合国环境规划署）于1988年建立的政府间气候变化专门委员会。IPCC是一个政府间机构，它向UNEP和WMO所有成员国开放，它的作用是在全面、客观、公开和透明的基础上，对世界上有关全球气候变化的最好的现有科学、技术和社会经济信息进行评估。

括风险矩阵法、层次分析法、影响图分析法、事件树、故障树、历史演变法等；定量分析可利用模型模拟、试验研究或历史数据外推等方法。

定性方法含有相当高的主观经验成分，便于操作，评价过程及结果简单，对系统危险性的描述缺乏深度，带有一定的局限性，经常用于风险识别。一般风险分析需要进行半定量或定量模型的构建和运算，进行综合风险指数的测算。一般来说，评估方法的选择因评估目的而异。此外，针对不同评估对象，通常选择多种评估方法实现综合评估；针对同一评估对象，有时也选择多种评估方法共同参与评估过程。常用的定量分析方法有以下几种。

（1）风险概率和统计方法

简单的风险概率评估法主要有事故树分析法和事件树分析法，即用逻辑树表示事件的各种可能原因之间的联系，并使用故障数据对逻辑树进行量化从而得到事件发生的概率。

考虑风险分析中灾害的随机不确定性一般通过极大似然估计、经验贝叶斯估计等来实现。该方法在灾害研究中的应用包括灾害极值推断、异常事件的频数分布、等级排序统计等。该方法主要适用于大尺度范围内台风、暴雨、洪灾、泥石流、地震等的灾害风险评估。

（2）指数方法

工业安全中的指数方法属于半定量法，主要包括美国道（Dow）化学公司的火灾、爆炸指数法，英国帝国化学公司蒙德评价法，日本的六阶段危险评价法和我国重大危险源评价方法，化工厂危险程度分级方法等。指数的采用，避免了事故概率及后果难以确定的困难，评价指数值同时含有事故频率和事故后果两个方面的因素。

自然灾害评估中的指数，综合反映了由多种因素组成的现象在不同时间或空间条件下平均变动的相对数。它主要表现为动态相对数形式，即以基期为100来表示报告期相对于基期的数值。在城市自然经济基础数据完备的情况下易于计算，常用于台风、地震等主要城市自然灾害类型。

（3）层次分析法

层次分析法（简称AHP）是一种定量与定性相结合的评估方法，它通过对诸因子的两两比较、判断、赋值，得到一个判断矩阵，从而将人的主观判断用数量形式进行处理和表达，能充分反映城市规划过程中人类主观能动性的发挥，因此，层次分析法是自然灾害风险评估过程中的重要综合评估方法。但是，与模糊数学评估、加权综合评估法类似，该方法可能由于主观性而导致误差的产生。

（4）模糊评估法

模糊评估法的基本出发点是解决承灾体因受各种不确定因素的影响而形成的模糊性。模糊评估法包括模糊综合评估法和模糊聚类法两种，前者主要根据模糊关系原理，将一些边界不清而不易定量的因素定量化并进行综合评估。后者弥补了传统聚类方法"非此即彼"的弊端，常用于灾害风险区划。

（5）灰色系统评估法

灰色系统评估法包括灰色关联度法和灰色综合评估法。前者应用灰色聚类法划分灾害风险等级，是灾害风险区划的常用方法。后者是在信息不充分不完全的情况下，对系统或因子在某一时段所处状态，进行半定性半定量的评估与描述的方法。该方法可操作性强，但颇受争议。

（6）人工神经网络评估法

人工神经网络模型，以生物体的神经系统工作原理为基础，将选定的训练样本和处理后的风险影响因子输入网络进行训练，获得网络权值及阈值；输入待评对象的基础数据，通过仿真后获得各个单元的风险度。该方法主要由计算机自动执行，优点在于可操作性强，缺点在于可能忽略计算过程所反映的数据特点。

（7）加权综合评估法

加权综合评估法，是根据影响自然灾害风险因子的表现确定各因子权重，形成加权的综合量化指标，进而完成综合评估的方法。评估结果体现了整个评估对象的优劣，因此，这种方法特别适用于城市规划中关于风险管理对策的分析和优选，但是需要注意尽量采取能规避过分主观赋权的权重确定方法。

（8）基于信息扩散的评估方法

基于信息扩散的评估方法，主要解决知识样本集不足以表现风险评估对象的客观规律这一问题，该方法基于样本信息优化利用，以信息守恒原则为基础，将单个样本信息扩散至整个样本空间。该方法虽然简单易行，但对扩散函数和系数的选择需要根据不同研究区域的特性确定。

（9）后果分析方法

后果分析方法，主要是各种事故后果伤害/破坏的数学物理模型，包括蒸汽云爆炸（VCE）伤害模型，扩展蒸汽保障（BLEVE）伤害模型，池火灾伤害模型，喷射火伤害模型，毒物伤害模型等伤害破坏模型。

4. 风险分析模型

目前，国内外应用较广泛的灾害风险分析与评估模型主要有UNDRO模型、NOAA模型、EPC模型、FEMA模型、SMUG模型、APELL模型等（表2-2）。各模型共有的特点体现在：都适用于多个空间尺度（城市、地区、社区等）；均考虑了多种灾种，且主要反映可能引发重大灾难的危险因素；根据具体情况选择合适的评估方法，且方法反映了灾害事件发生的可能性和后果；风险评估结果对风险管理和减灾计划有重要指导价值。

表2-2　城市灾害风险分析与评估模型对比

模型	来源	步骤	优点	缺点
UNDRO	联合国救灾组织	识别危险→脆弱性评价→风险评估→风险分级→风险叠加→经济影响	评估方法严谨、精确度高；分析过程全面；专业性强，评估过程吸纳了多方专家意见；强化空间特性，提出了"发生地点判断"优于"发生可能性判断"的观点	对数据要求较高；技术门槛较高；评估过程公众参与度较低
NOAA	美国国家海洋大气局	危险辨识→危险区分析→关键设施分析→社会分析→经济分析→环境分析→减灾机会分析→结果总结	考虑对灾害链的分析；建立了风险计算的定量公式	对GIS依赖性较大；对不同灾害危险区的评价标准不统一
EPC	加拿大	维护危险清单→灾害评价与分级→内部因素风险评价→外部因素风险评价→脆弱性评估→风险叠加与排序	灾种全面；应用门槛低，便于在公众中传播	评估方法过于简单，评估模型稳定性不够；历史数据评估方法不全

模型	来源	步骤	优点	缺点
FEMA	美国联邦应急管理署	灾害发生历史→脆弱人群→最大威胁区→可能性分析→风险评分→风险阈值	危险辨识重视公众参与；风险综合评估引入各因素权重	确定危险因素、脆弱性的方法具有模糊性；权重确定、成果分级方法的科学性有待提高
SMUG	澳大利亚灾害协会	严重程度分析→管理能力分析→紧急程度分析→风险概率分析→发生态势预测→综合评分	将"管理能力"纳入衡量风险的重要因素；危险分析中引入"紧急程度"评价	忽略危害后果及脆弱性评价；公众参与度不够，受专家主观影响明显
APELL	联合国环境规划署工业和环境规划中心	确定目标→危险分析→事件类型→危害目标→后果分析与分级→可能性分析→评估总结	方法简便，易于操作；将"预警系统"作为影响风险的重要因素	对脆弱性的认识和评价不够深入；灾种和危险因素涵盖不全且定义模糊

四、城市风险评价

风险评价是在风险辨识和风险分析基础上的进行风险分级、风险叠加、经济影响分析等的过程，一般会得到风险区划图。通过对风险可接受度的研究，可以为进一步的风险管理措施决策提供依据。

城市灾害风险评估结果的时空表达，可直接为城市公共安全规划提供依据。从空间尺度来看，目前国内灾害风险评估的结果主要分为三种类型：一是对从全市尺度的评估，结果主要用于不同城市之间或同一城市不同灾种之间的横向对比；二是以一定的行政边界为统计单元的评估，尺度较大的有针对市域范围的分县市成果表达和市区范围的分区成果表达，尺度较小的有精确到社区和街道的成果表达；三是以地理信息栅格为评价单元、无明显行政界限的评估，借助RS、GIS等技术与数学评估模型的耦合。从时间尺度来看，一方面，作为概率分布的一种，灾害风险分析和评价应该建立在历史数据分析和自然演变规律总结的基础上；另一方面，分析与评估结果应适当对未来进行预测，分别为短期、中期、长期公共安全规划服务。

第三节　城市公共安全规划目标确定

城市公共安全规划目标，反映了一个城市在一定时期内对于公共安全的期望和可接受程度，制定科学、合理、有限的城市公共安全规划目标时规划编制实施的关键。本节将首先概述城市公共安全规划目标的概念和设定程序，然后介绍城市公共安全规划目标的确定方法，最后阐述城市公共安全规划目标的实施路径。

一、城市公共安全规划目标的概念

城市公共安全规划之目标是以风险理论为指导，在调查分析城市系统内自然、社会、经济等方面诸要素及各种因子相互关系的基础上，结合系统内各种资源供给的可能性等，编制城市系统的公共安全规划，并通过该规划实施，保障城市系统的安全稳定运行。城市公共安全规划目标应体现城市公共安全规划的根本宗旨，即要保障城市经济和社会的可持续发展。因此，城市公共安全规划的目标应该是防止出现超过最大可接受的风险，把风险降低到可合理达到的尽可能低的水平。

二、城市公共安全规划目标的确定方法

1. 规划目标的确定

在城市公共安全规划目标的确定中一般会借用可接受水平（As Low As Reasonable Practicable，简称ALARP）的概念。在确定风险的合理可接受水平时，不仅考虑到人们的心理因素和当前社会的技术可行性，还考虑到经济上的可行性和降低风险的效益。ALARP准则将风险划分为三个区域：不可接受区、合理可接受区和可忽略区。包含两条风险分界线，关于这两条线如何划分没有统一的标准，各个国家根据自己的实际情况给出不同的划分准则。

城市公共安全现状调查及城市风险评估可以了解城市目前的安全水平

（现状风险值），并与可接受风险进行对比；根据城市社会经济发展趋势，预测分析城市发展对公共安全的需求，即期望安全水平（理想风险值）；实施的减缓措施应保证提升现状安全水平，达到可接受的风险水平，但不一定能达到理想值。即

现状风险值≥可接受的风险值≥理想风险值

可接受的风险值应作为制定城市总体公共安全目标的基础，理想风险值作为规划目标的上限，可接受风险值作为规划目标的下限，如图2-4所示，规划目标应该在上下限区域之内。在城市公共安全规划的资料收集阶段，对于规划区域公共安全现状进行调查分析、评价，确定现状风险水平，然后依据现状风险水平，采用风险逐年消减原则，结合当地实际情况，确定近期规划的可接受风险水平，这是规划的下限，也就是规划的最低目标，对于远期规划目标的确定，也就是以理想风险水平为目标，通常视为规划的上限，作为规划的最高目标。如图2-4所示，各水平线之间反映规划目标的层次，自上而下水平逐级升高，要求也越来越严格。

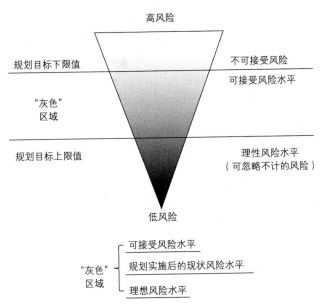

图2-4　风险可容忍性框架和ALARP准则

2. 规划目标中可接受风险水平的确定

可接受风险水平是制定城市公共安全目标的依据之一，一般通过历史统计资料分析确定。由于我国目前在这方面的资料比较匮乏，所以可借鉴国外的规定阈值来衡量国内的公共安全水平是否可以接受。表2-3是国际上一般意义的风险水平和可接受度关系表。

表2-3 风险水平及可接受程度

风险水平/（死亡/a）	危险性	可接受程度
10^{-3}数量级	操作危险性特别高，相当于人的自然死亡率	不可接受，必须立即采取措施改进
10^{-4}数量级	操作危险性中等	应采取改进措施
10^{-5}数量级	与游泳事故和煤气中毒事故属同一量级	人们对此关心，愿采取措施预防
10^{-6}数量级	相当于地震和天灾的风险	人们并不担心这类事故发生
$10^{-7} \sim 10^{-8}$数量级	相当于陨石坠落伤人	没有人愿为这种事故投资加以预防

考虑到我国部分行业及事故灾害的具体情况，不同风险的最大可接受水平可定为：

- 城市现有工厂最大可接受水平每年10^{-5}；
- 城市新建工厂最大可接受水平每年10^{-6}；
- 城市交通事故死亡风险最大可接受水平每年10^{-4}；
- 城市自然灾害死亡风险最大可接受水平每年10^{-5}；
- 城市基础设施大型管线对居民死亡风险最大可接受水平每年10^{-5}。

3. 规划目标的表述和指标预测

城市公共安全规划目标的表达可分为两种——定性表述和定量指标，一般是两种兼用，在定性的规划目标描述后通过定量的指标将目标具体化。

定性表述一般从总体上提出城市公共安全的愿景，并具体表述不同灾害等级情景下城市人员、设施损失程度、功能运行正常程度、城市对风险的控制能力。主要进行各类应急预案中类似的表述，如城市发生相应级别的地震时，人员和建筑物的损伤程度、应急疏散和救援的速度。

定量表述则将上述不同情景下的城市安全程度具体化为几个指标。规划目标是由各项指标值具体体现的，这些指标有时相互关联构成指标体系。指标的设定需要在现状调查的基础上分析各项指标，并对指标进行风险预测。风险预测是根据过去和现在已掌握的信息、资料、经验和规律，运用数理统计手段和方法对未来的风险水平进行推测性描述和统计。但目前有较为系统的预测方法和可预测的指标主要集中于城市的物质损失方面以下具体对三类：事故率、死亡率、事故损失进行介绍。

（1）事故率和死亡率

所谓事故率是指事故发生频率，用来反映事故发生的可能性的大小。死亡率是指某一事故所造成的人员死亡占所有人员的比例，也用来反映事故的频率及后果。在城市公共安全研究中，有些情况下事故频率由于不好估算，或者由于需要可以用死亡率来代替，所以事故率或者死亡率的预测值就显得十分重要。对事故率或者死亡率的预测根据占有历史统计资料的多少以及考虑统计的精读的要求，主要有德尔菲法、灰色预测法、层次分析法、回归分析预测法等。其中在历史数据不足或者统计精读要求不高的情况下比较适宜使用德尔菲法。

（2）财产损失

财产损失是指某一时间段、某一确定范围内因为事故所造成的物质财富的损失，它既表征事故后果严重程度，在安全规划决策中同时又可用来验证安全对策措施的有效性。事故损失是由很多损失项（因素）构成，在对它预测的时候，无论是着重于事故损失的整体，还是预测各个因素对损失整体的贡献，可以用回归分析预测的方法和灰色预测的方法预测未来时段内事故损失。

三、城市公共安全规划目标的实施路径

城市公共安全规划目标确定后，还要对规划目标的实施路径进行分析，并及时反馈，如需要可对目标进行修改完善，以保证目标的可行性。

1. 安全投资分析

安全规划目标一旦确定，各项安全投入所需资金也就相应确定。在留有余地的前提下得出总投资预算，将总投资预算与城市政府的计划投入的安全专项基金两相比较得出结论。过高、过低或持平都须反馈，对目标重新修正调整，保障在投资范围内充分利用资金进行安全工作。

2. 技术力量分析

（1）安全管理技术

安全管理的加强使安全管理逐渐走向科学化、现代化。现有的安全管理已由单一的定性管理转向定性、定量相结合的综合管理。管理技术的提高为安全目标的实现提供了强有力的支持。分析管理水平用以分析规划目标的确定是否具有可行性，以确保目标的准确性，保证规划的有效性。

（2）事故灾害防治技术

迅速发展的安全科学技术推动事故灾害防治技术的进步。随着事故灾害防治技术的发展，将促进公共安全规划目标的实现。

3. 其他分析

在安全规划目标的可达性分析中，还涉及公民素质分析。经济落后、生产方式传统、观念陈旧、教育滞后，安全意识淡薄等，会直接影响安全目标的精准实施落实。

第四节　城市风险减缓与控制

城市风险减缓与控制是城市公共安全规划的成果部分，是对城市风险评估结果和设定的城市公共安全规划目标的反馈行动计划。本节概述了相关的概念、理念和制定风险措施的程序，主要分为城市风险减缓与控制概念，制定风险减缓措施的程序，风险减缓与控制措施等三个部分。

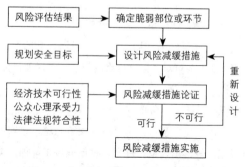

图 2-5　风险减缓与控制措施的制定程序

一、城市风险减缓与控制的概念与程序

根据城市公共安全风险评价的结果，分析确定城市系统的脆弱部分或环节，制定有针对性的风险减缓措施，以达到减少事故发生的概率和降低损失程度的目的。具体地讲，风险减缓的最终目标是达到预期的安全规划目标，在风险事件发生的前、中、后各个阶段，实施风险管理计划中预定的规避措施。

制定风险减缓措施时，应以提升现有的城市公共安全水平，实现规划安全目标为目的。风险减缓措施设计方案完成后，需要从经济技术可行性、公众心理承受力、法律法规符合性等方面进行论证。只有在论证结果证明设计方案可行后，才能进入风险减缓措施的实施阶段，否则必须重新设计，以保证风险减缓措施具备可行性。

二、风险减缓与控制措施

1. 风险减缓与控制措施的分类

（1）按风险控制的阶段

风险减缓与控制途径，一般是针对现状安全水平与规划安全目标间的差距，找出具体的风险因素所在，积极采取对策措施，从风险的概率及后果两个方面消除或减少风险。即在事故发生前，降低事故的发生概率；在事故发生后，将损失减少到最低限度，从而达到改善现状安全水平的目的，实现规划安全目标。因此，风险减缓措施可分为灾前的预防措施和灾后的减缓控制措施。

（2）按应对风险措施的工程性与非工程性

一般应对风险的措施分为工程性措施（硬性）和非工程性措施（软性）。工程性措施主要包括危险源点的排查；建筑、基础设施的加固和修整；防灾设施、救护设施的布局、建设。非工程性措施主要包括应急管理体制、机制构建、防灾教育等等。

2. 风险应对的思路

（1）从"防灾"转到"减灾"

近年来特大型灾害频发，人们逐步意识到灾害风险是不可避免的，无法做到完全防止。"减灾"指的是对于自然灾害不是完全防御，而是着眼于实现其损失最小化，优先保障人员的安全，对于灾害应从"防灾"转变到"减灾"的思路上。

（2）以防为主，软硬结合

目前我国在灾后的救援、重建方面较为重视，而灾前的防御体系建设相对较弱，对硬性工程措施投入较大，但对软性非工程措施关注不够。从风险管理的有效性来讲，灾前的防御往往能较大程度地减少灾害的损失，城市的防灾抗灾在任何时候都应该以防为主，以救为辅。而软性的制度建设、防灾教育投入能对硬性措施做很好的补充，全面提升城市综合防灾的能力。在现代城市公共安全规划中迫切需要树立以防为主，软硬结合的思路。

（3）系统性和综合性的相结合

城市灾害的防御不能就灾害论灾害，而必须在城市区域的大系统中，也就是城市区域的自然—经济—社会系统中加以分析、考虑和决策，所有的建筑、基础设施、公共设施（包括学校、体育场、公园）应在城市防灾体系中给予充分考虑。

3. 城市公共安全规划中的主要风险减缓措施

从风险管理角度进行风险减缓与控制的措施有多个方面，包括法律、技术、机制、教育等等，而城市公共安全规划主要通过对城市土地、空间及资源加以合理配置及利用，减缓城市存在的风险，使城市经济、社会活动及建设活动能够高效、有序、持续地进行。因此城市公共安全规划层面的风险减缓策略主要从以下几个方面考虑。

（1）风险源、公共场所和公共基础设施的合理选址、布局和建设

城市重大的工业风险源，如化工、石油化工企业选址时，除了需要符合相关国家标准，还需要在空间上考虑城市的风向、地质环境、与河流位置关系、与居民区位置关系等因素。一般来讲，工业和商业活动中的化学品的处理和处置，应当与城市中的敏感目标，如学校、医院、居住区，保持适当的隔离距离，或根据城市总体规划布置在不同的区域。

城市公共安全场所由于大量人群聚集，一旦发生公共事故，往往造成较大的人员伤亡，并使公共场所事故灾害扩大化，因此在公共安全场所布局时需要慎重考虑，不同的公共安全场所有不同的风险接受水平，需对选址场地条件、周边危险源、交通疏散条件等进行评估。此外规划还需着重关注公共安全场所内部的平面布置、安全疏散、防火设计等方面。

供电、燃气、给水、排水等各项城市工程（又称生命线工程）系统构成了城市基础设施体系，为城市提供最基本的活动条件。因此，需要设法控制和降低这些生命工程线的风险水平，使之达到可以接受的风险水平，

能做到事故发生或这些基础设施不中断或能迅速恢复运行。在选址布局时要避开地质条件不适宜及存在较多危险源的场所，其次对于管线的日常运转管理也需要作出安排。

在规划设计阶段，需对上述场所选址进行合理性评价，当风险超过可接受风险水平时，需要重新选址和调整。对已建成的项目，在进行安全规划中应针对其不符合处提出合理的对策措施建议。

（2）构建城市综合防灾空间结构

在城市总体规划阶段进行公共安全规划，将综合防灾理念贯彻进城市空间结构的划分，形成城市的综合防灾空间结构。一般在城市组团间通过引入廊道进行自然分隔，组团间用快速交通串联，形成多组团开敞的空间体系，有利于较大规模灾害的减缓和控制，从整体上保障城市公共安全体系的稳定。

（3）构建城市公共安全规划的应急救援系统

城市系统事故灾害发生不仅有理论上的必然性，而现实中不断发生的各类事故灾害也是证实了这一点。要事先积极做好各种应对措施，做到有备无患，一旦事故发生，能及时、有效地实施应急救援，减少伤亡，减轻事故后果。因此在制定城市公共安全规划时，需要建立一套城市事故灾害应急救援系统。

应急救援系统包括应急计划组织体系、应急避难空间的规划以及应急避难演习。城市应急救援计划是指用于指导应急救援行动的关于事故抢险、医疗急救和社会救援等的具体方案，是城市应急救援系统的重要组成部分；而应急避难空间的规划建设为灾害发生时及发生灾害后的人员疏散、安置提供了空间保障；按照应急救援计划的指导进行应急人员的日常培训和演习，保证各种应急资源处于良好的备战状态，使得应急行动按计划有序进行。

（4）构建城市公共安全规划的信息管理系统

对城市公共系统存在的各种风险管理必须建立一系列基础数据库和应用网络管理技术；对城市公共安全实行现代化的安全管理及在制定城市公共安全规划时，必须建立一套城市公共安全信息管理系统。

管理信息系统（MIS）主要包括对信息的收集、录入，信息的存贮，信息的传输，信息的加工和信息的输出（含信息的反馈）五种功能。它把现代化信息工具——电子计算机、数据通信设备及技术引进管理部门，通过通信网络把不同地域的信息处理中心连接起来，共享网络中的硬件、软件、数据和通信设备等资源，加速信息的周转，为管理者的决策及规划的制定及时提供准确、可靠的依据。城市公共安全管理信息系统，是现代城市公共安全管理中，公共安全信息综合处理的枢纽，是公共安全信息管理、安全决策的关键。

参考文献

[1] Korkmaz K A. Earthquake disaster risk assessment and evaluation for Turkey [J]. Environmental Geology. 2009.57（2）：307-320.

[2] 陈光清，毕于瑞，范继平，朱思诚. 城市综合防灾与公共安全规划编制[J]. 安全，2008，01：19-22.

[3] 陈香，沈金珊，陈静. 灾损度指数法在灾害经济损失评估中的应用——以福建台风灾害经济损失趋势分析为例[J]. 灾害学. 2007.22（2）：31.

[4] 沈莉芳，陈乃志. 城市公共安全规划研究——以成都市中心城公共安全规划为例[J]. 规划师，2006，11：27-30.

[5] GB/T 24353-2009，风险管理原则与实施指南[S].

[6] GB/T 27921-2011，风险管理风险评估技术[S].

[7] 黄崇福，杨军民，庞西磊. 风险分析的主要方法[A]. 中国灾害防御协会风险分析专业委员会. "中国视角的风险分析和危机反应"——中国灾害防御协会风险分析专业委员会第四届年会论文集[C]. 中国灾害防御协会风险分析专业委员会：2010：8.

[8] 李保华，曹坤梓，姜毅. 系统理论指导下的城市公共安全体系优化策略[J]. 现代城市研究，2012，02：88-95.

[9] 刘茂，王振. 城市公共安全学——原理与分析[M]. 北京：北京大学出版社，2013.

[10] 刘茂，王振. 城市公共安全学——应急与疏散[M]. 北京：北京大学出版社，2013.

[11] 刘茂.《事故风险分析理论与方法》[M]. 北京：北京大学出版社，2011.

[12] 刘茂，赵国敏，王伟娜. 城市公共安全规划编制要点和规划目标的研究[J]. 中国公共安全（学术版），2005，Z1：10-18.

[13] 牛晓霞，朱坦，刘茂. 城市公共安全规划理论与方法的探讨[J]. 城市环境与城市生态，2003，06：231-232.

[14] 熊炜. 城市公共安全评价方法研究[D]. 湖南科技大学，2012.

[15] 燕群，蒙吉军，康玉芳. 基于防灾规划的城市自然灾害风险分析与评估研究进展[J]. 地理与地理信息科学，2011，06：78-83+95.

[16] 朱坦，刘茂，赵国敏. 城市公共安全规划编制要点的研究[J]. 中国发展，2003，04：14-16.

第三章

城市公共安全规划体系及内容

在了解了城市公共安全规划的简要历史和基本思路之后，规划人员需要明确城市公共安全规划的体系和内容，进而从总体上把握城市公共安全规划的方法与步骤。本章首先介绍城市公共安全规划的编制体系，然后介绍城市公共安全规划的编制内容。本章介绍的公共安全规划体系并非针对某一类公共安全事件，而是具有普遍意义和普适性的。

第一节　城市公共安全规划体系

在我国，无论从立法角度还是实践角度，城市公共安全的规划体系都还没有像城市规划一样形成相对较为统一、完善的体系。本节参考现有研究和规划实践，并类比城市规划体系，分别介绍城市公共安全总体规划、详细规划和专项规划的涵义和目的，并针对每一类规划，给出相应的规划案例。

一、城市公共安全规划体系的构成

广义上的城市公共安全规划体系应至少包含下述三个方面的内容：城市公共安全规划的法律体系、城市公共安全规划的编制体系，城市公共安全规划的实施管理体系。狭义上的城市公共安全体系特指城市公共安全规划的编制体系。

城市公共安全规划的法律体系包括有关城市公共安全及其规划的法律、法规、规章、规范性文件、标准规范。城市公共安全规划的编制体系包括城市公共安全总体规划、详细规划和专项规划。城市公共安全规划的实施管理体系包括相关的行政组织架构、城市公共安全规划的实施组织、规划管理和监督检查。

本书中讨论的城市公共安全规划体系主要指狭义上的规划编制体系。

城市公共安全规划的编制包括城市公共安全总体规划、城市公共安全详细规划和城市公共安全专项规划，在总体规划和详细规划之间，还可以包括城市公共安全分区规划，其构成体系如图3-1所示。

城市公共安全规划依据其内容又可以分为事业规划与建设规划。事业规划侧重于应对城市公共安全事件全社会的政策和措施制定；建设规划侧重应对公共安全事件的空间和设施建设。就目前的情况来看，安全生产事故、公共卫生事件和社会安全事件三类规划主要以事业规划为主，而自然灾害的防治则包含了较多的建设规划内容。

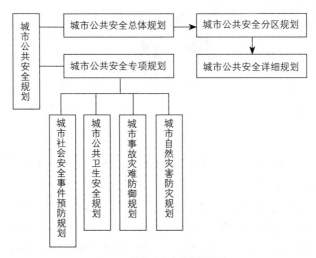

图3-1 城市公共安全规划体系

二、城市公共安全总体规划

城市公共安全总体规划的作用是构建城市公共安全的保障系统，明确城市防护的总体原则与建设要求，合理配置城市各种安全设施，并指导城市公共安全专项规划的编制。目前我国城市编制的国民经济与社会发展规划、土地利用规划和城市总体规划对城市公共安全总体规划的内容均有所涉猎，但尚未形成独立的、具有法律地位的城市公共安全总体规划体系。

城市公共安全总体规划、城市总体规划与城市综合防灾规划是既有区别又有联系的几个概念，不同的学者对三个概念的理解也不尽相同，因此有必要对三个概念的实质加以辨析。城市公共安全总体规划和城市总体规划的规划范围和对象一致，但前者仅针对公共安全一个问题进行考虑，既包括事业规划也包括建设规划；而后者则针对城市发展中的各类问题进行统筹，以建设规划为主体。综合防灾一般指综合应对各类自然灾害的防灾减灾规划，属于公共安全规划中的专项规划，兼具事业规划与建设规划。综合防灾规划中的建设规划目前大多作为城市总体规划的一个章节，从防灾减灾角度对城市总体规划提出的城市发展总体规模、布局方式、建设强度进行进一步的校核和深化细化，对总体规划提出的纲领性防灾减灾要求进一步落实。三个概念的关系如图3-2所示。

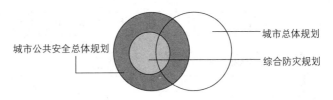

图 3-2　城市公共安全总体规划、城市总体规划与城市综合防灾规划的关系

相关案例：成都市公共安全规划通过风险分析，确定了城市的主要灾害类型为地震、洪涝、火灾、生命线系统安全、环境公害、战争、疾病等。从对各种主要灾害的预防及灾害发生后的应急处理角度出发，对其与所需求的城市保障设施及城市安全布局的关联度进行分析并对城市开敞空间和综合避难设施进行了重点规划。开敞空间的规划中，首先对城市现状的空间结构进行了风险分析，在此基础上提出了中心城开敞空间的布局结构为：八大开敞空间、两条气流通道、一条生态绿环。综合避灾设施采用分类、分级规划的方法，划分了一级避灾场地、二级避灾场地和防灾公园、地下掩蔽场所。

北京市通州区配合《通州新城规划》编制了《通州新城规划公共安全专题研究》，在对日本、美国和我国台湾地区相关城市公共安全规划内容的研究基础上，全面细致地对通州新城的公共安全问题进行了研究，对城市总体规划中相关条目和图纸进行了细化。该规划在两个方面实现重要转变：一是从城市防灾减灾体系到公共安全保障体系的转变，其范围从自然灾害扩大到各类公共安全事件；二是突出全程化和综合化理念，从以往单纯重视预防到构建"预防+应急+恢复重建"综合考量的规划体系。

三、城市公共安全详细规划

城市公共安全详细规划是"以城市总体规划、城市公共安全总体规划为依据，详细规定城市安全的各项指标和管理要求，或者对城市的安全建设做出具体的安排和规划设计，其由城市人民政府建设或规划主管部门组织编制"。国内城市尚未开展公共安全详细规划的实践，这里简要介绍日本山形县酒田市的火灾复兴规划，其规划内容及深度与公共安全详细规划接近。

相关案例：酒田市1976的大火将市中心的22.5hm^{2}土地（图3-3）烧成

灰烬。其后制定的复兴规划的特征是：在"建设防灾都市"的理念下，同时实现"具有近代魅力的商业街区"以及"良好的住宅街区配备"的目标。在落实推进地面建筑的耐火建筑化、提高都市基础设施的防灾性能等同时又实现地域商业的再生和良好居住环境的改造。规划设置了5.3hm²的防火地域（图3-4），拓宽到32m的主干道两侧各15m及面对次干道的街区，起到了防火带的作用。为了防止火势蔓延配备了都市公园。在公园改造方面，要确保中心地区已经很缺少的绿色空间，其中将中央公园规划作为商店街的休憩场所。

四、城市公共安全专项规划

城市公共安全专项规划包括城市自然灾害防御规划，城市突发公共卫生事件预防规划，城市重大危险源安全规划、生态环境安全规划等，由各地区依据本地灾害的风险水平选择制定，目前已经具有一定的实践积累。

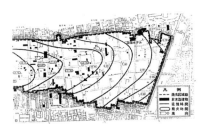

图3-3　火灾烧毁区域
（资料来源：《日本の都市づくり》）

图3-4　规划新制定的防火区域
（资料来源：《日本の都市づくり》）

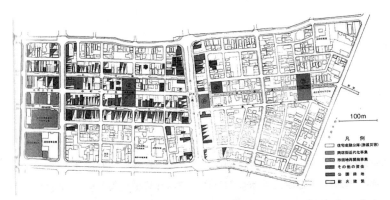

图3-5　复兴事业所利用的各类资金来源（资料来源：《日本の都市づくり》）

每类专项规划还可包括若干子专项规划，如自然灾害专项规划中可以包括抗震规划、防洪规划、地质灾害预防规划等内容。另外，有学者提出城市公共安全专项规划应包括7项内容：城市工业危险源公共安全专项规划、城市公共场所安全专项规划、城市公共基础设施安全专项规划、城市自然灾害安全专项规划、城市道路交通安全专项规划、城市恐怖袭击与破坏安全专项规划、城市突发公共卫生事件安全专项规划。

相关案例：哈尔滨市公共安全规划在风险辨识评价体系的基础上，制定了自然灾害预防等十个重点专项规划，涵盖公共安全的重点领域。规划根据近年来出现的城市公共安全事件，增加了防疫、重点场所防护、交通安全、防灾避难疏散空间等内容。例如，防灾避难疏散空间规划建立了针对地震、洪水、流行疫病等大型灾害的疏散空间体系，确立25条城市干道为城市疏散干道，规划防灾公园、体育场馆等67个中心避难场所和固定避难疏散场所，以街头绿地、小游园为主建设831个紧急避难场所，形成了完整的城市防灾避难疏散空间体系。

第二节　城市公共安全规划内容

城市公共安全规划，首先需要建立城市综合防灾的空间结构，然后重点从避难场所和疏散通道两个方面进行具体的空间布局，城市综合防灾能力的建设则是从事业规划的角度对城市防灾的软硬实力进行提升。本节对公共安全规划"一结构、两体系、一能力"这一核心内容进行概括性介绍，具体相关内容请读者参照后文章节。

一、城市综合防灾空间结构的建立

城市综合防灾空间指一切防灾上必要的相关设施及设备所占用的空间，指实现灾害预防、防护、救助和灾后恢复重建等工作的空间，应能保证防救灾工作的实施、防灾基础设施的建设、避难所的开设和管理、救援物资的配给与紧急输送、救护的实现、灾后环境卫生等各项御灾、防止灾害蔓延扩散及二次灾害、减小灾害损失的措施。城市防灾空间结构是指城市中各类各级防灾空间和防救灾设施布局的形态与结构形式。城市受到各类灾害的风险程度、城市应对灾害提供的防救灾资源的数量、救灾的效率、减灾的效果，都与城市防灾空间结构密切相关。一个良好的城市防灾空间结构，对提升城市的综合防灾能力具有关键作用。

城市防灾空间的组成元素主要包括建（构）筑物空间、地下空间、公共开放空间、道路空间、基础设施空间等。城市防灾空间和城市的居住空间、商业空间、生产空间等具有同等地位。从具体内容看，城市防灾空间包括防灾建设空间和防灾生活空间；前者如消防设施、医护设施、基础设施、交通设施等等；后者包括广场、公园、绿地、滨水空间等内容。

城市防灾空间以公共空间为主，往往依附于城市其他空间，防灾只是空间的一个属性，具有多功能性。城市综合防灾空间按照防灾空间形态划分为点状空间、线状空间和面状空间；按照防灾空间的功能划分可以分为灾害防御空间和灾害应急空间；按照防灾空间的空间属性可划分为自然防灾空间和人工防灾空间；按照防灾空间的分布位置及其地位划分，可以分为区域级、城市级、片区级、社区级防灾空间。

城市防灾空间结构与城市空间结构的关系密切，合理的城市空间结构能够有效发挥空间的防灾性能，因此在进行总体规划城市空间结构的设计时，应把城市防灾的要求考虑进去，达到事半功倍的效果；否则，有可能造成空间资源的浪费和设施布局的矛盾。

相关案例：以北京市为例，其城市防灾空间结构体系可以从市域、中心城区、重点区域三个层次分别完善、统一构建。在市域层面，通过建设新城、疏解中心区人口，缓解防灾压力，并由新城承担城市防灾中的物资基地、外援基地，形成多中心的防灾格局，这与北京总体规划提出的"两轴两带多中心"空间结构是一致的。在中心城区，构建分散化、网络化的城市布局。在城市的各个功能区之间，结合北京现状的绿化隔离带，以及公园、水体等生态空间，形成彼此独立而又相互联系的城市中心、副中心和社区中心。在重点区域层面，分别建设北京旧城、CBD及金融街、中关村高科技园区和奥林匹克中心区的建筑、道路、生命线系统保障。

二、城市避难场所体系规划

城市避难场所按照空间开放程度来分，可以分为场所型和建筑型。场地型避难场所包括公园绿地、广场、露天体育场、停车场等室外空间；建筑型包括大型体育馆、展览馆、学校、公共建筑和地下空间等。按照等级规模分为紧急避难场所、固定避难场所和中心避难场所。紧急避难场所是指用于紧急疏散居民或集合居民向固定避难场所转移的过渡性场所；固定避难场所是配置一定的专业应急设施，可以在灾时搭建临时帐篷或者临时构筑物，并能够提供应急医疗救护、物资供应、供水的中长期避难场；中心避难场所是面积较大、功能较全、等级较高的固定避难场所。

城市避难场所规划应遵循"弹性规划、就近布局、综合应对、平灾结合"等原则。城市综合应急避难场所规划的具体流程按照先后可以划分为两个阶段，包括分析研究阶段和空间布局阶段。分析研究阶段的工作主要包括四个方面：灾害预判、风险评估、场所评价和需求预测；空间布局阶段的工作内容包括：空间选址和外部支撑系统规划。外部支撑系统规划是以防灾空间的范畴来对避难场所外部所需的交通、医疗、物资、生命线系统进行统筹。

不同的规划尺度对避难场所规划有着不同的要求。在公共安全总体规划阶段，对于城市应急避难场所的布局规划要以中心避难场所和固定避难场所为主，对紧急应急避难场所仅需要进行总体把握。在城市总体规划的层面需要将规划区划分为"防灾片区—防灾组团"的二级分区结构。分区的面积大小根据不同的城市规模而定。详细规划层面的城市应急避难场所的规划又可以再次划分为控制性详细规划与修建性详细规划两个层面。控制性详细规划层面，应急避难场所的规划重点在于划定防灾单元。修建性详细规划的层面，应急避难场所应该侧重于内部空间功能的布局，将避难生活直属子系统以及避难行为辅助子系统的各项元素落实到各个层级的避难场所的内部空间布局上。

城市避难场所规划的成果应该包括规划文本、说明书和规划图纸。主要规划图纸的内容包括：规划区防灾分区图、基于GIS的选址适宜性分析图、规划区避难场所责任区规划图、各类避难场所分布图、应急设施和外部支撑系统规划图、局部重点地区的配套设施布局示意图等。

相关案例：攀枝花市应急避难场所总体规划根据其山地城市的特点，渐进性地设置了人均应急避难场所的用地指标。结合其多中心、组团式的城市结构，根据自然山水的分隔以及城市功能区划的不同，确定了12处防灾分区。结合城市现有条件和未来发展，选定固定性避难场所41处（分为市级、区级、社区级）。针对山地城市出入境道路少，陆路交通极易被切断的特点，规划强调空中和水上救援通道的建设。在空间组织上，根据山地城市的高差变化，充分利用地下空间，形成多类型的空间组织方式，创造具有山地特色的避难场所景观。在标志路牌设计上，不同等级的避难场所按不同标准配置防灾设施，并参照相关标准制定一套规范的标识体系。

三、城市疏散通道体系规划

城市避难通道指意外事件发生时，人们迅速、有序、安全地撤离危险区域，到达安全地点或安全地带所需要的路径。

城市避难通道由市内避难疏散通道与区域疏散救援通道两大部分组成，前者功能主要是为城市内部避难疏散，后者则主要承担城市对外的疏散及救援职能，两大部分共同构成了城市灾时避难通道系统。城市避难通道按照等级可分为救灾干道、疏散主干道、疏散次干道及街区疏散通道；按照类型可分为水上避难通道、陆路避难通道、空中避难通道；按照功能又可分为复合式避难通道和单灾种避难通道。复合式避难通道指的是可用作两种及两种以上灾害的应急避难通道。单灾种避难通道指的是由于各种原因及条件限制只可用作某一种灾害避难疏散的通道。

城市疏散通道体系规划是城市公共安全规划的重要内容，只有当城市的避难疏散通道形成完整、网络化的体系，并与城市应急避难场所和灾害发生地有效衔接时，城市的应急设施才能真正起到保护居民生命安全的作用。城市避难疏散通道的规划，首先要对可能的疏散通道进行评估与选定；然后根据灾难发生时的受灾人口规模、疏散方向，测算通道需要满足的疏散能力；在此基础上，明确城市避难通道的空间布局，并提出灾时疏散措施和机制。

城市避难疏散通道的规划应遵循6个原则：① 与区域路网总体规划相整合的原则；② 在城市中均衡布局的原则；③ 安全、可靠、灵活性原则；④ 高等级、高通行能力的原则；⑤ 平灾结合的原则；⑥ 易于监控的原则。关于这些原则的具体涵义，请读者参考本书第六章的详细解释。

城市避难疏散通道规划往往与城市应急场所规划同步进行。其规划成果除上节避难场所规划所述内容外，还应包括应急疏散道路规划图、疏散路线引导示意图、救援通道规划图等内容。

相关案例：深圳市建立了依托综合立体交通网络的应急交通系统，包括港口、机场、道路和对外交通联系。结合机场和全市中心避难场所设置直升机场；结合港口设置应急码头；除机场和港口等对外交通设施外，规划了12个城市对外道路出入口。同时，深圳还建立了由四级通道组成的路上应急避难通道体系。一级通道为高、快速路系统；二级通道主要用于各防灾分区、救灾指挥中心、中心避难场所、医疗救护中心及物资集散中心等场所与外部的交通联系；三级通道主要用于联系紧急避难场所至固定避难场所，以及固定避难场所至中心避难场所及一级通道的集散通道；四级通道主要用于联系居住点、商业点和就业点至附近紧急避难场所的通道。深圳市应急交通系统的特点是：围绕城市道路，同时结合航空和海运系统，充分考虑了避难疏散通道与城市中心区、对外交通枢纽、应急避难场所的衔接；注重应急避难通道与救灾指挥中心、中心避难场所、医疗救护中心、物资集散中心等其他防灾设施的配合与协调。

《成都市中心城公共安全规划》规划了4类避灾通道：一级避灾通道是灾后第一时间居民进行紧急疏散的通道，指与居民居住及生活区直接相连的宽度在16m以上的支路和次干路。二级避灾通道是在灾害发生过程中，为了将居民转移至安全避灾场地而提供的疏散通道，一般指连接片区与片区、一二级避灾场地之间的城市主干道、次干道等。三级避灾通道是在灾害发生后，为保障城市居民避灾与城市自身救灾和对外联系的紧急通道，一般为高速公路、快速路和城市环路。地下避灾通道主要指地下人防设施通道及城市地铁线路的地下空间。通道内不宜设置大规模的商业设施，应具有火警时能自动转换到市话网的"119"的设施。

四、城市综合防灾能力建设

城市综合防灾能力建设是指通过城市的组织管理、规划建设、人力、物资和财政资源分配，有效地为实施城市综合防灾减灾工作提供政策、物质等多方面的保障。

城市综合防灾能力建设是城市公共安全的核心内容，是提高政府应对公共危机能力的重要环节。随着中央和各级政府的重视，近年来，我国城市建设的防灾减灾工作已经取得了一定的成就，但仍存在着很多问题：首先体现在防灾法律体系的不完善与防灾实施指挥机构的缺失；其次是防灾能力建设中缺乏对非工程性措施和应用高科技手段的重视；三是防灾观念的固化，长期以来我国在城市防灾工作中所形成的重"救"轻"防"和重"政府"轻"社会"的错误观念根深蒂固；四是救灾队伍的专业化水平需要提高，多种形式和力量的救灾人员需要补充。

现阶段，我国城市综合防灾能力建设应重点考虑以下10个方面的内容：① 加强自然灾害监测预警能力建设；② 加强防灾减灾信息管理与服务能力建设；③ 加强自然灾害风险管理能力建设；④ 加强自然灾害工程防御能力建设；⑤ 加强城镇防灾减灾能力建设；⑥ 加强自然灾害应急处置与恢复重建能力建设；⑦ 加强防灾减灾科技支撑能力建设；⑧ 加强防灾减灾社会动员能力建设；⑨ 加强防灾减灾人才和专业队伍建设；⑩ 加强防灾减灾文化建设。

城市综合防灾能力的评价能够反映城市综合防灾能力建设的水平和问题。城市综合防灾能力的评估方法有很多种；比如以人员伤亡、经济损失、灾后恢复时间为评价准则；或者通过通过对区域承灾体脆弱性评价指标体系和综合评价指标权重的确定构建城市综合防灾能力的评价模型；也有学者从灾害危险性指标、易损性指标、承灾能力指标等三个方面选取相关变量，定量评价城市的综合防灾能力。

城市综合防灾能力建设规划是促进城市综合防灾能力建设的重要手段，其编制重点在于加强防灾减灾组织管理体制建设和完善防灾减灾法规政策制度性保障，并确保规划实施与监督的顺利进行。本书着重介绍应急管理、善后规划和技术政策等方面的内容。

参考文献

[1] Guofang Zhai, Shasha Li, Jing Chen (2014). Reducing Urban Disaster Risk by Improving Resilience in China—from a planning perspective. *Human and Ecological Risk Assessment: An International Journal*,. DOI: 10.1080/10807039.2014.955385.

[2] 日本都市計画学会，日本の都市づくり[M]．朝倉書店，2012．

[3] 陈喆，张建．北京通州新城公共安全规划评析[J]．华中建筑，2008（11）：118-121．

[4] 陈志龙，许永平，郭东军．城乡总体规划中综合防灾空间规划的探索与实践——以南京市为例[C]．天津：天津电子出版社，2009．

[5] 顾林生，张丛，马帅．中国城市公共安全规划编制研究[J]．现代城市研究，2009（5）：14-19．

[6] 何淑华，冯敏，陈伟玲．城市地震应急疏散规划编制研究[J]．城市规划，2008

（11）: 93-96.

[7] 吕元，胡斌，李兵. 北京城市空间结构的防灾策略研究[J]. 新建筑，2009（4）: 101-103.

[8] 沈莉芳，陈乃志. 城市公共安全规划研究[J]. 规划师，2006（11）: 27-30.

[9] 翁嗲哲. 宁波市中心城应急交通系统规划探索[J]. 城市道桥与防洪，2012（11）: 1-5.

[10] 王薇. 城市防灾空间规划研究及实践[D]. 长沙：中南大学，2007.

[11] 杨培峰，尹贵. 城市应急避难场所总体规划方法研究[J]. 城市规划，2008（9）: 87-91.

[12] 杨蜀光，余颖，冉杨. 构建城市生命屏障[J]. 城市规划，2010（7）: 92-96.

[13] 于亚滨，张毅. 城市公共安全规划体系构建探讨[J]. 规划师，2010（11）: 49-54.

[14] 周彪，周军学，周晓猛. 城市防灾减灾综合能力的定量分析[J]. 防灾科技学院学报，2010（3）: 104-112.

[15] 张帆. 发挥规划特长，营造安全城市[J]. 城市规划，2012（11）: 45-48.

[16] 翟国方. 规划，让城市更安全[J]。国际城市规划，2011年第4期: 1-2.

[17] 朱坦，刘茂，赵国敏. 城市公共安全规划编制要点的研究[J]. 中国发展2003（4）: 10-12.

第四章

城市综合防灾空间结构

　　随着城市灾害的频发和损失的增大，城市防灾空间受到各界越来越多的关注。城市综合防灾空间是城市空间的一个重要功能属性，是自古以来城市空间营造不可缺少的组成部分。城市规划的研究和城市建设的实践表明，良好的城市综合防灾结构能有效地调节孕灾环境、预防灾害的发生、促进应急救援及灾后重建工作的展开。

　　本章首先从城市综合防灾空间的物质基础、特性及分类三方面对城市综合防灾空间进行解析，然后回顾我国城市综合防灾空间的历史演变过程，最后从功能、等级、规模、标准和空间组织等方面来阐述城市综合防灾空间结构体系。

第一节　城市综合防灾空间概述

一、相关概念

1. 城市灾害

城市灾害是城市系统或其子系统为承灾体的灾害，是指由于自然或人为的原因对城市系统中的生命和社会物质造成危害的自然社会事件，为集自然性与社会性为一体的混合灾害[*]。

城市灾害除了具有危险性、偶然性、紧迫性、区域性、延缓性等灾害一般特征外，还由于其发生在城市而具有突发性、衍生性、高损性、防御性、社会性等特殊特征[**]。

（1）突发性：多数城市灾害都有很强的突发性，造成巨大的城市防灾困难，如地震、恐怖袭击等灾害都是突然发生的，在几秒钟内就会产生巨大的破坏作用，给城市造成巨大的损失。

（2）衍生性：城市灾害往往会伴随着其他灾害发生，出现一系列的次生灾害，如台风伴随暴雨，过后引发瘟疫；地震引起海啸、山体滑坡、溃堤等。城市灾害的衍生性与灾害类型、强度和作用位置密切相关。例如，台风伴随着暴雨如果正好袭击到城市，不但会直接毁坏地表建筑，可能引发城市内涝，严重影响建筑基地质量，容易造成应急食物短缺和瘟疫爆发。

（3）高损性：城市的高损性不在于灾害本身的强度，而在于灾害造成的破坏强度。灾害的破坏强度与发生的地区及其地区密集程度有关。一般来说，人口、建筑和生产力分布密度越大的地区，土地价格越高，同类同级灾害所造成的损失越大。城市是建筑、人口、财富和文化的密集区，因此在同等的灾害强度下，其损失明显高于非城市地区。

---

[*] 袁一凡，陈永. 日本阪神大震灾在应急救灾上的几点教训[J]. 自然灾害学报，1995，4（4）：53-6.

[**] 叶义华，许梦国，叶义成. 城市防灾工程[M]. 冶金工业出版社，1999：2，10-11.

（4）扩散性：城市对地区的影响力往往大于其他非城市地区，所以城市灾害的影响也同样会由于城市本身的空间影响范围，往往要大于发生源地区，并且波及其他地区。

（5）可防御性：城市是可以采取一定的措施来防御和应对城市灾害的，防御措施的到位与否与灾害造成的损失大小直接相关。有效的设防，可以大幅度地减少灾害的损失。

（6）社会性：城市灾害不仅会造成生命财产损失，而且可能引起城市居民不同程度的心理动荡及社会的不安。城市灾害往往会成为社会矛盾爆发的导火索。

城市灾害的种种特征表明，城市灾害相对于其他类型的灾害，更为特殊和重要，因此更要加强城市防灾减灾工作。

根据致灾因子的不同将现代城市的主要灾害分为地震灾害、水旱灾害、火灾、地质致灾、气象致灾、疫病致灾、环境公害致灾、交通事故致灾、工程质量事故致灾、战争与恐怖袭击致灾、技术事故致灾十种。

2. 城市防灾

在日常生活中，我们经常会提及防灾和减灾这两个概念。防灾是在一定范围和一定程度上防御灾害发生和防止灾害带来更大的损失和危害，尽量防止灾害的发生以及防止区域内发生的灾害对人和人类社会造成不良影响。这不仅指防御或防止灾害的发生，实际上还包括对灾害的监测、预防、防护、抗御、救援和灾害恢复重建等[*]。减灾是指减少或者减轻灾害的损失，包括两方面的内容，一是采取措施减少灾害发生的次数或者频率，二是将无法避免的灾害所造成的损失降到最低。防灾强调过程和措施，减灾强调结果，两者在目标上是一致的，所以在日常中，将防灾和减灾视为一致，本书也将两者等同看待。

在《城市规划基本术语标准》（GB/T50280-98）中，城市防灾（urban disaster prevention）是指，为抵御和减轻各种自然灾害和人为灾害及由此而引起的次生灾害，对城市居民生命财产和各项工程设施危害的损失所采取的各种预防措施[**]。

城市防灾，在日本、中国台湾等地区也称之为都市防灾，包括了广义和狭义两个方面。广义的都市防灾以整体国土规划、保全为基础，并以

---

[*]　戴慎志. 城市综合防灾规划[M]. 北京：中国建筑工业出版社，2011：19.
[**]《城市规划基本术语标准》（GB/T50280-98）第4.16.1条.

国土及都市建设总体目标为指向，涉及交通计划、防灾生活圈土地使用计划、公共设施与防灾据点分布、开放空间与防灾避难空间的结合、邻避型设施对都市的冲击以及都市文化资产的维护等，将防灾问题与其他目标结合，实现总合性都市规划。狭义的都市防灾在技术层面上可以提供都市灾害问题解决方法与对策，包括避难规划、旧城区的都市改造、火灾蔓延隔离地区的建设、防灾据点设施的整备等[*]。

综上，从城市建设的角度，城市防灾是应对各类城市灾害时，在灾前预防、灾中抢救、灾后重建等各阶段中，开展各项城市防灾规划和应急预案管理、城市防灾设施布局与建设及城市防灾救灾管理工作。

3. 城市综合防灾

城市综合防灾是抵御、减轻各种灾害对城市居民生命财产造成危害的各种政策性措施和工程性措施。城市综合防灾的特点可以概括为三点：多灾种、多手段和全过程。

城市灾害有很多的分类，按照灾害产生的原因可以划分为自然灾害和人为灾害。针对不同灾害，其采取的对策也不同。对于相对稳定的自然灾害及人为事故性的灾害，防范的对象是物，应当列为一般防灾范畴；而对于人为故意性的灾害，防范的对象是人，应属于防卫的范畴。这三种灾害一旦发生，其应急处理的程序方法基本相同。所以城市综合防灾就是要多灾种地考虑问题，要全面规划，制定综合对策。

城市综合防灾的手段也有很多，主要包括了工程防灾、规划防灾和管理防灾等。在以前，我们较多地通过工程的手段来防灾，但随着对灾害认知的深入，非工程性防灾措施越来越受到重视，通过规划管理方式也有助于防灾工程的有效发挥。因此，城市综合防灾就要多手段的综合应用。

城市综合防灾的开展，应当是贯彻于灾前、灾中和灾后整个过程的。以前的防灾工作强调灾后的应急救援，由于灾害的发生才关注灾害预防，所以城市防灾工作相当被动。城市综合防灾同时关注了灾害发生前的预防、预测、预警，灾害发生时应急避难、应急管理。这样从灾害发生的全过程来考虑城市的防灾问题，才能使城市更为牢固，避免灾害造成损失，化被动防灾工作为主动。

---

* 李繁彦. 台北市防灾空间规划[J]. 城市发展研究，2001（6）：1-8.

4. 城市防灾空间

日本东京都《东京都都市复兴说明书（1997.5）》认为，都市空间应该保证并满足下述灾害应急对策工作的实施，从而达到减轻灾害危害程度的效果。这些灾害应急措施包括救援物资的配给，应急输送手段的确保，避难场所的开设和管理，救灾帐篷和临时安置房的供给准备等四项工作。中国台湾"9·21"地震研究报告提出，作为城市防灾空间的开放空间，不仅要有土地利用的适宜性，还要有安全性，这样在灾害发生时，可以进行紧急疏散避难，提供短暂的安置空间；在灾害发生后，作为应急避难场所，提供相应救灾物资的暂时供给、安置、配送和医疗救护活动。

黄东宏（1995）[*]认为，城市防灾空间是指在各种灾害发生后，对生命财产依然是安全的开敞空间和建筑空间。李繁彦（2001）在介绍中国台湾的防灾空间规划体系时提出了广义防灾都市、狭义防灾都市的概念。"广义的都市防灾，是将防灾问题与其他目标结合所作之规划作为，而若以技术层面，可提供都市灾害问题之实质解决方法与对策，是为狭义的都市防灾作为。"[**]吕元（2004）认为，对于城市防灾空间的理解应有两层含义：一是具有良好防灾能力的城市空间结构与形态，二是具有防灾功能的城市物质空间包括城市外部空间、地下空间与设施（建筑物）空间[***]。

上述对于防灾空间的定义，或者说规划研究的落脚点都在于空间的物质属性。这是与防灾空间最终所存在意义是对应的。总的来看，城市防灾空间可以概括为具有预测、预防、防护、躲避灾害等功能的实体物质空间（大部分）和因受地区发展及防灾要求综合作用下的城市空间结构及其形态。城市防灾空间被当作城市各类防灾活动的物质空间载体。

笔者认为城市防灾空间的概念不应仅局限于物质属性。原因有二：第一，防灾空间是城市空间的一个重要组成，城市空间的形成，受到城市中各种要素的制约影响，防灾空间也是一样。因此防灾空间应当还具有其社会经济等其他属性，而不简单是一个客观存在。第二，空间是可变的，防灾空间也同样可变。防灾空间的可变可以从两个方面来理解：一方面其空间会随着社会力、政治力、经济力的推动而发生改变，不是一成不变的；另一方面空间的防灾功能并不是一直显现的，会因为灾害发生的阶段，而

[*]　黄东宏. 利用地下空间建立城市综合防灾空间体系[D]. 北京：清华大学，1995：73.
[**]　李繁彦. 台北市防灾空间规划[J]. 城市发展研究，2001（6）：1–8.
[***]　吕元. 城市防灾空间系统规划策略研究[D]. 北京：北京工业大学，2005：26–27.

决定是否"行使"这种功能。因此，在物质属性外，防灾空间具有产生维护发挥这种防灾功能的各种关系，这种空间的创造者、维护者（是人，也可能是物），它们的那种关系也应当是防灾空间所包含的内容。

而从区域联系不断加强、极端灾害密集出现的时代背景下，预防灾害不是一个城市自身能解决的，而重大灾害发生后，人们躲避、救援、恢复重建等工作，也不是一个城市自身能承受的。所以相互联系的区域间的城市需要在防灾方面也需要建立联系。所以城市防灾空间不仅要"独善其身"，更应"胸怀天下"。

综上，城市防灾空间应是具有防灾功能的城市物质空间，包括城市外部空间、地下空间、建（构）筑物和设施空间；具有良好防灾能力的城市结构形态和城市区域联系结构；以及上述两者物质空间载体所承载的能促进防灾功能发挥的各种关系。

5. 城市空间结构

城市空间结构作为众多城市结构图谱中的基础结构，是城市功能组织在地域空间系列上的投影，是城市政治、经济、社会、文化生活、自然条件和工程技术以及建筑空间组合的综合反映。

伯纳（1971）表述城市系统时提出了三个核心概念：① 城市形态，是指城市各要素（包括物质设施、社会群体、经济活动和公众机构）的空间分布模式；② 城市各要素的相互作用，将城市要素整合成一个功能实体；③ 城市空间结构，以一套组织法则（包括经济原则和社会规范），连接城市形态和城市要素之间的相互作用，并将它们整合成一个城市系统[*]。所以城市空间结构不仅是强调其要素构成，又要强调其要素的相互作用及联系法则。不同的学科对城市空间结构的立场各有侧重，从城乡规划学的角度，城市空间结构的理解强调实体空间性。

城市空间结构在一定自然条件下，经过人类社会经济活动的长期历史积累逐步演化，所以在城市的不同发展阶段，其空间结构表现出不同的特征。所以，在一个相对时间内，它是一种静态的结构关系，在较长的时期内，则表示一种动态的地域演变过程，特别是随着现代城市流动性的增强，各种经济、社会等要素处于不断变化中，城市空间结构的变化也越来越快速，越来越多样。

---

[*] 冯维波. 试论城市空间结构的内涵[J]. 重庆建筑，2006（Z1）：31-34.

6. 城市防灾空间结构

城市防灾空间结构是指城市中各类各级防灾空间和防救灾设施布局的形态与结构形式。城市受到各类灾害的风险程度、城市应对灾害提供的防救灾资源的数量、救灾的效率、减灾的效果，都与城市防灾空间结构密切相关。一个良好的城市防灾空间结构，对提升城市的综合防灾能力发挥关键作用。没有良好的城市防灾空间结构就难以将各种防灾要素统筹运作。良好的城市防灾空间结构是具有良好的安全性、可达性、网络型和均衡性。

二、城市综合防灾空间的内涵

1. 城市综合防灾空间的物质基础

城市综合防灾空间的物质基础主要包括建（构）筑物空间、地下空间、公共开放空间、道路空间、基础设施空间等（表4-1）。不同的物质空间也在不同的时间发挥着不同的防灾功能。

表4-1 城市防灾空间物质构成

空间	具体项目
建（构）筑物空间	具有防灾功能的建（构）筑物，普通建（构）筑物
地下空间	地下商业空间，地下停车场、地铁等交通空间，地下管线设施空间，地下油库、地下仓库等储藏空间
公共开放空间	公园、绿地、广场、体育场、学校操场、城市河道等滨水空间
道路空间	城市边缘的高速路、快速路等对外联系要道，城市主干路、次干路、支路
基础设施空间	通信、给排水、供电、能源等生命线工程

（1）建（构）筑物空间

建（构）筑物是地面上最主要的实体空间，人们大部分的活动和生产都发生在这里。根据建（构）筑物不同功能可分为具有防灾功能的建（构）筑物和普通建（构）筑物。

对于具有防灾功能的建（构）筑物，比如以救治为核心功能的医院，以救援为核心功能的消防站、派出所，以指挥为核心功能的应急救灾管理中心、市政府及公安局，以物资调运储备为核心功能的车站、港口、大型市场及粮仓，以预测检测为核心功能的气象局、地震局、水务局等各个相应部门，以避难为核心功能的学校和体育馆，以信息传播为核心功能的广播台、电视台和通信站等，是防灾空间中重要的防灾据点，对整个区域都产生防灾作用。

对于普通的建（构）筑物，如住宅、办公楼、商业建筑等，防灾功能主要体现在局部：

结构安全——建（构）筑物结构安全，建筑在受到灾害时不发生结构破坏或者倒塌，能保障人和物在其空间内不受到损伤。

灭灾设施——建（构）筑物空间中如消防栓、灭火器等设施都能及时地消灭或减小灾害，争取更多的救灾和避灾时间。

避难设施——建（构）筑物中也有救生通道、避难层等各类避难空间，能保障人们短时间地在实体空间内避难或者及时地逃离受灾建（构）筑物。

控制灾害——建（构）筑物中一些隔断设施，能将火灾等灾害限制在一定的空间内，阻碍其蔓延，起到控制灾害的作用。

（2）地下空间

地下空间包括地下商业空间、地下停车场、地铁等交通空间、地下管线设施空间、地下油库等储藏空间、地表以下的建筑空间，相对于地面上的建（构）筑物空间而言。地下空间对外部发生的灾害有较好的防御作用。主要功能有：

人民防空——通过一定的防范措施，地下空间可以应对各种现代武器的袭击，具有良好的防护作用。

避难场所——地下空间对于地面上发生的灾害如风灾等有很好的防护性，可以作为临时的避难场所，一些地方也将地下空间作为避震场所，但是阪神地震对地下空间造成了重大损失，使人们开始反思地下空间的避难功能。

避难通道——现在很多大城市都建设了地下铁轨，甚至建设海底隧道等地下交通设施，所以可以作为地面交通受阻时，辅助的避难疏散通道。

物资储备——我国很早就开始利用地窖来储备粮食，地下空间可以作为粮食、石油甚至饮用水源等物资良好的储备空间。

防洪蓄水——地下河道、地下雨水调节池等能有效地缓解暴雨等造成的城市内涝灾害。

保护基础设施——各类生命线的基础设施地下化，在发生非地质性灾害时，能大幅度减少灾害造成的损失。

（3）公共开放空间

公共开放空间主要指公园的绿地、广场、体育场、学校操场以及城市河道等滨水空间。这些城市中重要的开放空间，除了美化环境、提供人们休闲游憩的场所外，也具有防灾功能。功能主要有：

改善致灾因素——公园、绿地、水系等绿化空间，能起到城市绿肺的作用，而良好的城市环境也能够减少病毒等传播，从而减少一些城市灾害的发生。

防止火灾蔓延——这些较开阔的空间能防止或者延缓火灾的蔓延。

避难救援场所——由于这些场所能够提供较平坦的空间，所以能够作为临时、固定甚至是中心避难场所，也能布局指挥中心、安置救援部队和开展医护救治活动。

蓄水防洪——大型的自然公园，可以作为洪水暴雨时城市分洪区，河道等城市水系能起到排涝的作用，防洪堤的加固也能加强城市防洪能力。

（4）道路空间

城市道路空间在平时满足人们日常交通的需要，作为防灾空间，其主要具有以下四方面作用：

紧急避难场所——当地震等灾害发生时，人们第一反应就是跑出去躲避灾害，人们经常会把道路作为其首要的紧急避难地。

避难通道——灾害发生时，人们利用道路作为避难通道，快速躲避灾害，抵达安全的地方。合理的避难道路宽度、密度及两旁建筑物控制决定了区域内人们能否通畅避灾。

救援运输通道——无论是灾前防备还是灾后救援，道路，特别是重要道路需要承担运输功能。灾后，救灾通道的通畅能保证救灾物资、人员及时抵达灾区，开展救援工作。汶川、雅安等大地震后，由于道路堵塞，造成外界救援难以进入灾区。

隔离灾害——有一定宽度的道路空间（包括沿路绿化带）能形成空气隔离，对于火灾等的蔓延有一定的阻隔作用。这也是建立防灾单元的基本思路之一。

（5）基础设施空间

基础设施空间包括通信、给排水、供电、能源等生命线工程所占的空间。生命线系统一方面能维持人们正常生活，另一方面能保障灾害预防、救援工作的顺利开展，所以虽然这部分空间是我们不能接触活动的空间，却是至关重要的防灾空间。

2. 城市综合防灾空间的特性

基于对城市防灾空间的功能分析，防灾空间具有四个特性：

（1）安全性

防灾空间自身的设防等级高，能尽可能地防御城市灾害，减少受灾损失，提供避难场所，让人们能够及时地逃生、疏散避难、得到救援，发挥保护城市安全的效能。

（2）多功能性

城市防灾空间往往依附于城市其他空间，防灾只是空间的一个属性。所以其多功能性就表现在平灾结合，平时发挥日常作用，灾害发生时才发挥防灾功能，比如体育场馆平时作为大家运动休闲场馆，灾害时可作为避难场所。另外，防灾空间的发展趋势是综合性防灾，也愈发注重多种灾害共同防治，提高空间利用的集约性。

（3）复原性

复原性是指防灾空间面对灾害的一种"弹性"，比如自然绿地，发生洪水时，可以作为泄洪区，等洪水退去，它能够恢复成日常绿地。另外，当城市防灾空间受到损害时，能够启动应急机制，快速地恢复，是灾后最先得到恢复的空间。

（4）开放性

防灾空间中大部分是属于公共空间的，所以具有开放性，服务公众。这些开放空间具有更好的空间延展性和复原性，更能进行空间的整合和利用，所以能在调节孕灾环境、逃生、避难、救援中发挥作用。当然，一些涉密的防灾空间不具有开放性，需要保密，才能发挥好作用。

3. 城市综合防灾空间的分类

城市综合防灾空间有不同的分类方式。

（1）按照功能划分

按照防灾空间的功能划分可以分为灾害防御空间和灾害应急空间。灾害防御空间主要是指能直接或者间接对灾害的发生起防御作用的城市空间，主要体现在通过区域城市的空间结构、城市功能组织、土地利用、建筑布局、建筑空间设计形成一个人与自然相结合的良好的防灾环境。灾害应急空间主要指在灾害发生时，能起到应急救援作用的空间。应急救援包括了受灾群众的自救和灾区外的援救。灾害防御空间，又可细分为灾害预警空间、灾害阻隔空间和生态调节空间。

（2）按照空间形态划分

按照防灾空间形态可以分为点状空间、线状空间和面状空间。

点状空间，主要包括小游园、街头绿地、防灾设施、防灾据点等。这些空间的规模小、分布广、数量多、类型多的特点，使得其容易成为紧急避难场所或者应急指挥管理点。

线状空间，主要包括各级城市道路、地下交通、河流、线型市政设施管线、线型滨水空间、线型绿地等。这些空间狭长、网络式缝补的特点，使得其成为城市空间流动的支撑，适宜作为救援疏散、隔离灾害或者物资流通的空间。

面状空间，主要包括了城市中大型开阔的游园、公园、广场、绿地、水面等，这些空间开敞广阔、容量大的特点，使得其适宜作为大规模的避难疏散场所、灾后安置场所或者灾害防护缓冲地等。

（3）按照空间性质划分

按照防灾空间的是否自然形成的性质可以划分为自然防灾空间和人工防灾空间。

自然防灾空间，主要包括地理环境、水系状况、山地、林地、绿地等，是自然环境构成的空间。

人工防灾空间，主要包括各类建筑、城市路网、广场、公园、地下空间、防灾设施空间等，是由人为活动所营建的空间。

（4）按空间位置和地位划分

按照防灾空间的空间布局位置及其地位等级划分，可以划分为区域级、城市级、片区级、社区级。

第二节　城市综合防灾空间的历史演变

灾害自始至终伴随着人类的发展，所以人类的历史也是一部灾害史。在历史发展的过程中，主要受到地震、水灾、火灾、旱灾、战争、瘟疫等灾害的威胁，人类经历了从顺应自然、改造自然到与自然和谐相处的阶段。从城市出现至今，城市防灾空间也是在不断演变中。根据城市历史发展的历程，城市防灾空间的演变可分为四个阶段：城邑出现期、古代城市发展期、近代城市发展期和现代城市发展期。

一、城邑出现时的防灾空间（原始社会～周）

人类最初过着依附自然的采集经济及巢居穴居生活，到了新石器时代才开始了原始固定聚落生活。手工业发展和商业的产生，使城市逐渐从一般居民点中分化而来。还有部分城市是以单纯的防御作用而产生。到了奴隶社会，早期的城市是奴隶主的驻地，宫殿占有十分重要的地位。

城邑出现时期的城市，由于交通等联系不便，彼此相对独立。在有限的生产力水平下，人们无力对抗灾害，因此大部分采取顺应自然的方式，以预防性防灾空间建设为主。所以在这一时期，原始村落或者城市的迁移频繁。早期的城市与农业有密切的联系，城市往往建在靠近大江大河的台地上，疏浚水道和修筑防洪堤是当时最为重要的防洪手段。

这一时期，人们已经开始利用修建城墙来先限定区域，保卫城市。在城墙的外围，还出现了一道甚至几道城壕，能够发挥防洪、抵御野兽、防潮湿和野火以及抵御战争的功能，这也是护城河的来源。在城市内部，逐步通过简单的功能分区来实现防灾，例如郑州商城分为宫殿、平民住宅区、手工作坊、墓葬区等，这样功能分区，可以避免生产区对居住区造成的火灾威胁。周王城开始，城市出现了较为明确的规划布局原则，城市建设开始用宽阔的道路、围墙划分城市防火单元。规整的方格网的空间布局，有利于扑救与疏散，防止延烧。

二、古代城市的防灾空间（春秋～清）

从春秋战国起，我国古代城市进入了2000多年的封建社会阶段，在这一时期，城市数量从少到多，城市结构从简单到复杂，城市联系从无到有，是一个漫长变化发展的过程。古代城市的发展大体可分为两类，一类是按规划新建的城市，另一类是位于交通要道或通航河道交汇处，长期在原地发展或改建、扩建、重建形成。前者城市选址多处于政治及军事的原因，后者具有赖以存在和发展的雄厚的社会经济基础。这其中既有按照中国传统礼制影响而规划的规整的城市，也有基于因地制宜思想契合自然发展法则而形成的城市及内部空间布局。而随着技术的进步和社会的发展，人们开始有意识地防御灾害，而不是一味躲避灾害。

从区域联系上来看，古代城市主要集中于黄河流域、长江流域等依托大江大河的地区。河流既是其联系的重要纽带，也是城市共同防御的对象。古代城市联合防灾的意识已经萌芽，例如修建连绵的长城，不断治理黄河等，但是由于技术的限制，区域防灾体系难以建立，主要还是依托于城市自身的自组织的防灾模式。古代城市非常重视城市选址，"凡立国都，非于大山之下，必于广川之上，高勿近阜而水用足，低勿近水而沟防省。"防水、防旱、防饥是建城之根本。

古代城市，一般建有城墙及护城河，特别是都城，有三层甚至四层城墙和护城河维护，这是古代城市最为突出的防灾空间（图4-1）。最内层为整个城市的最高统治集团所在，防灾措施等级最高。古代城市往往通过道路、河流等形成一定的功能分区。"左祖右社、前朝后市"的周礼营国对古代城市建设产生了深刻的影响。功能分区的思想，也阻隔了火灾等灾害的蔓延。城市内部按规划建造的道路宽度从窄到宽，到唐朝时达到顶峰，这样的宽阔的道路，可以作为疏散避难场所。为了防涝，古代城市利用河道，或开挖人工运河，或修建排水沟，或治理泄洪湖等，沟通整个城市的排水状况。

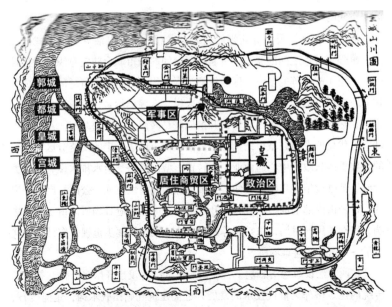

图4-1　明南京城市功能分区（根据《洪武京城图志》中京城山川图绘制）

这一时期，城市内部往往以里坊、坊巷等为单元，自发地形成一定规模的救灾组织。古代城市的居住密度较高，房屋低矮，居住区内很少有公共的开敞空间，所以庙会广场等是城市主要的避难场所。在小城镇中，通过火巷等建筑方式，既能节约城市空间，又能有效防火。古代城市还重视园林与城市结合，大户人家往往将住宅与私家园林结合，而平民住户也会利用有限的空间种植树木，所以即使绿地空间不大，但是城市的绿化覆盖率相对较高，有利于调节改善孕灾环境。

三、近代城市的防灾空间（清末～民国）

近代城市最主要的变化就是封建社会经济开始解体，作为社会经济产物的城市从原来的消费性城市逐步走向多元化，城市功能变得复杂，城市平面结构受到西方城市建设思想的影响，建筑风貌也不再是一统的中国传统形式。近代城市也可以大体分为两类，一类是受帝国主义侵略、外国资本输入、本国资本发展影响而发展起来的新兴城市；另一类是在外国入侵及本国资本的促进下，原来的封建城市得到了更新的城市。近代中国，战争、洪涝、旱灾、地震等灾害接踵而至，是灾害的高发期，客观上强化了人们的防灾意识，同时资本主义在中国的发展提升了生产力水平，对城市防灾空间的重构也起到了一定的影响。

近代，铁路、公路等新兴的交通方式和电报、电话等通信方式的出现，增强了城市之间的联系。可是，区域间的城市联合防灾意识相对比较薄弱。由于战争等的影响，区域性的治水工程相对难以进行，间接造成了这一时期巨灾的频发。对于近代城市来说，城墙仍然是一个重要的防御工程。在热兵器时代，巩固城墙，开挖战壕是城市的第一道防线。在城市内部，近代化的发展，城市结构变得复杂，城市形成一定的功能分区，城市的主要功能从政治中心向商业中心转移。城市道路、给水排水设施、电力设施等基础设施逐步建设，使得城市内部的联系性更强。公园、广场等出现，在城市内部形成一些公共的开敞空间，可作为避难场所。由于战争影响，特别是民国时期，防空洞等人防设施建设开始逐步重视，有计划地建设了一批这样的避难场所。

在西方建设思想的影响下，城市居住区的建设也开始多样化，打破了传统的建筑格局。依仗技术的发展，近代建筑开始摆脱木构，走向砖石、混凝土构造，提高了建筑的防火性能。同时建筑的体量也在不断发展，空间布局更为多变，并且形成一定的社区公共空间。

四、现代城市的防灾空间（1949年后）

新中国成立后，城市建设经过50年代新兴工业城市建设的高潮后进入了一段停滞徘徊期，直到改革开放后城市建设步伐加快，老城市迅速扩张，新城市和新区建设也夺人眼球。现代城市的发展，是一个多样化、全球化的城市发展。人们也逐步意识到与自然和谐相处，才是城市防灾之道，才是城市可持续发展之道。

全球化和区域化的思潮下，区域联系更为紧密，在经济、交通、旅游等方面所引导的各类区域战略协作中，也逐步引入区域防灾的思想，逐步构建区域防灾体系。在思想上，逐步形成区域联合防灾的意识。一些联合防灾演练、区域的水患治理、区域甚至跨区的生命线保障供给等都有了一定的实践。城市之间也预留一定的农田等自然空间，以控制城市蔓延，调节改善城市孕灾环境（图4-2）。

在面对城市"摊大饼"式的扩张过程中，一些城市提出了多核分中心的城市空间发展模式，在城市中构建一定的连续的自然生态空间，结合河流、主干道等形成一定防灾分区，这对城市的综合防灾具有重要的意义。城市道路交通体系也形成等级化的建设，成为避难疏散通道，构建起整合城市防灾空间的骨架。给水排水、能源、医疗救护等生命线工程也在逐步完善，成为城市网络化的重要构成。由公园、广场、学校、体育场馆等构成了城市主要的避难疏散场所。总而言之，在近些年受到各种巨灾的警示下，城市综合防灾空间体系受到越来越高的重视，逐渐建设落成，初见成效。

在社区层面，在原有的分散的防灾空间基础上，借鉴国外的先进经验，逐渐兴起了防灾社区的建设。防灾社区通常包括了防灾通道、避难场所、医疗、指挥、消防、生命线等系统，是城市中最为基础的防灾单元。除了物质空间的建设，必要的应急演练、防灾宣传也是防灾社区构建中必不可少的重要部分。日本政府2014年正式启动《社区综合防灾规划》工程，提升社区防灾能力，增强社区活力。

综上，城市综合防灾空间经历了一个从简单到复杂，从相对孤立到体系化的发展过程。在整个防灾空间的演变过程中，都紧密结合了当时技术水平，展现了有限条件下惊人的智慧。与自然的和谐相处，才是当今城市

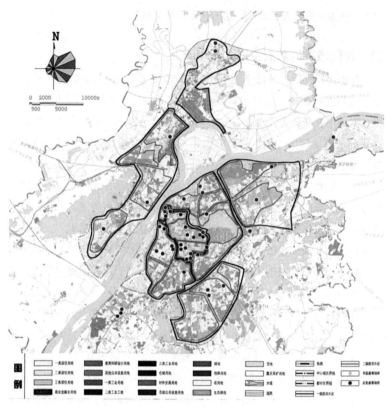

图 4-2　南京城市防灾空间片区划分图

（资料来源：根据 2009 年南京现状地图绘制）

发展的目标，也是城市从抵御灾害到减轻灾害损失防灾观念转变的基础。灾害不可避免，但是我们可以将灾害损失最小化。

第三节　城市综合防灾空间结构体系

一、城市综合防灾空间结构构建的意义

1. 指导城市用地建设，形成主动应灾的空间格局

基于城市可能面临的灾害风险，从城市综合防灾的角度布局城市防灾

空间，并提出相应的应急救灾资源的配置要求，在城市规划的源头主动构建良好的城市防灾空间结构，抵御城市各类灾害。如此更能利于灾后避难，展开应急救援工作。

2. 有效组织防灾空间，提高城市空间的利用效率

没有正确的防灾意识，城市空间的防灾空间会出现不足或者过度建设。通过在正确认识城市灾害风险的基础上，有针对性地布局城市防灾空间，合理配置城市资源，能提高城市空间资源的利用效率。

3. 协调衔接城市总体规划，增强综合防灾的可操作性

在编制城市总体规划的过程中，同步编制防灾规划，不仅能衔接城市总体规划，而且能对城市总体规划提出城市防灾空间布局和防灾资源配置的要求，更具可操作性。

4. 落实各区工作责任，便于综合防灾的行政管理

合理的城市防灾空间结构是要建立合理的城市综合防灾分区。明确的防灾分区能确立各个分区各个阶段的防灾任务和各个分区的防灾职责，从而能更加有效地进行资源配置和开展防灾规划管理工作。

二、城市综合防灾空间的功能结构体系

城市综合防灾空间的功能结构体系由两大体系构成，一是灾害防御空间，二是应急救援空间（表4-2）。

表4-2 城市防灾空间功能结构体系

功能结构	内涵
灾害防御空间	灾害预警空间（监测站台，数据等分析中心，预测指挥中心等）
	灾害阻隔空间（防护绿地、滨水堤岸、城市主次干道、山墙、建筑的隔离层等）
	生态调节空间（林地、农田、城市生态绿地、大型供暖、郊野公园、大型水面等）
灾害应急空间	防救灾交通空间
	避难疏散空间
	应急指挥空间
	医疗救护空间
	应急生命线空间
	物资援助中转空间

1. **灾害防御空间**

    灾害防御空间主要是对灾害的发生能起到防御作用的空间，防御功能主要作用在城市群的空间结构、城市功能组织、空间结构、土地利用、建筑组织与空间设计等方面。灾害预防空间包括了灾害预警、灾害阻隔和生态调节三方面的功能。灾害预警空间是用于收集、监测、分析、发布灾害信息的空间。灾害防护空间，主要指那些能起到阻碍灾害的蔓延作用的空间。生态调节空间，主要指那些能影响城市环境的空间，往往表现为大型的自然生态环境，在城市快速蔓延的过程中，保留这样的生态空间对城市小环境调节有重大作用。

2. **应急救援空间**

    应急救援空间主要是在灾害发生时及发生后，起到应急救援作用的空间，应急救援主要表现在救灾通道、避难疏散、应急指挥、医疗救护、生命线、物资中转等空间。现代城市的应急救援空间，一般由网络线化的点、线、面构成的救援系统，是一个有机运行的整体。为了能有效地发挥应急救援的作用，应急预案及相应的宣传、管理和演练等是必不可少的，这也是现代城市防灾空间建设的重要支撑（图4-3）。

    灾害防御空间和应急救援空间并非相互对立，而是相互配合，有时甚至功能叠加，如城市主干道既是灾害防御空间，又是灾害应急空间。

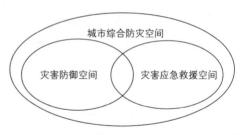

图4-3 城市综合防灾空间功能结构图

三、城市综合防灾空间的等级结构体系

    基于不同的空间等级，从大到小，城市综合防灾空间等级结构可以分为区域级防灾空间、城市级防灾空间、片区级防灾空间和社区级防灾空间（图4-4）。每一层级的防灾空间自身都形成一个完整的体系，而各层级之间又相互紧密关联。这样的结构体系，既能保持各层级的独立性，又能保持层级间的关联，方便管理，从而有利于形成有序的防灾应对机制（表4-3）。

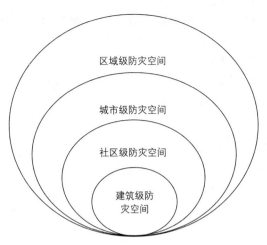

图4-4 城市防灾空间等级结构

表 4-3 城市防灾空间等级结构

防灾空间等级	包含内容
区域级	城市群空间体系，城市选址布局，区域性生命线工程空间
城市级	城市形态和空间结构，城市生命线骨架系统空间，重要防灾点
片区级	分区空间结构、指挥系统、通信系统、避难系统、消防系统、医疗系统和生命线系统空间
社区级	指挥系统、通信系统、避难系统、消防系统、医疗系统和生命线系统空间

1. 区域级防灾空间

区域级防灾空间是指在区域内的城市之间组建的防灾空间框架，包括了区域防灾功能组织以及在应对灾害时城市间的相互救援联系。具体来说，主要为城市群空间体系，城市选址布局，交通、通信、能源、水、物资等区域性生命线工程等方面。

良好的城市群空间体系，一方面，由于存在一定的空间距离，城市之间有大量的农田等自然生态空间隔离，可以调节孕灾环境；另一方面，由于城市间区位、经济、社会等联系较强，在遭遇地震、洪涝等巨灾时，不至于整个区域都受灾，未受灾或者未受损的城市能够较快地给予受灾城市支援。伊恩·麦克哈格（Ian McHarg，1969）在《设计结合自然》中，就认为城市周边大尺度的区域环境，是保证城市安全的基础*。武汉"1+8"城市群建设中，就将提出要发挥城市群之间协同互助、资源共享的优势，实现"区外避难"的策略**。

在区域中，城市选址布局决定了城市所需要面对的自然灾变强度。城市优越的地理位置，不仅能成为城市未来发展的优势，也能增强城市的安全性。

生命线系统的联动是区域间防灾联动中最为重要的，主要包括道路运输系统、能源系统、水系统、通信系统等物质、能量和信息传输系统***，还有救援物资系统。区域级的生命线系统是城市正常运行的保障，也是灾后救灾支援的关键。

2. 城市级防灾空间

城市级防灾空间指的是，在单个城市层面，城市的防灾空间架构是城市防灾空间系统地实体环境。可以从城市形态和空间结构，城市生命线骨架系统空间，指挥中心、中心避难场所等重要防灾点来理解。

不同的城市形态和空间结构对城市防灾减灾有不同的影响，吕元（2004）在比较圈层式结构、带状结构、网络状（多中心）结构后，认为多中心组团的城市空间结构更利于防灾。蒋伶（2008）结合南京实例，也认为多心组团的布局在降低灾害影响面、提高救援效率、加快恢复重建速度方面具有优越性****。

城市级的生命线系统是整个城市的生命线的骨架体系，是城市自组织功能发挥的重要的能源、通信、交通和水资源流通。

重要的防灾点是指对整个城市防灾空间布局及防灾管理具有指挥、保障功能的点，关系着整个城市的防灾组织工作的正常开展。

在研究城市级防灾空间时，我们也可以对城市防灾空间进行分区，形成若干个防灾组团。防灾组团一方面便于管理，一方面也有利于控制灾情。

---

*　　McHarg I L, Mumford L, Design with nature, New York: American Museum of Natural History, 1969: 43.

**　倪伟桥，张璞玉，李晨晨，基于区域空间结构的城市群防灾问题浅析——以武汉"1+8"城市群为例，多元与包容——2012中国城市规划年会论文集（08. 城市安全与防灾规划），2012: 169-180.

***　Duke C M, Moran D F, Guidelines for evolution of lifelines earthquake engineering, Proceedings of U. S. National Conference on Earthquake Engineering, Oakland: Earthquake Eng Res Inst, 1975: 367-376.

**** 蒋伶，多心组团结构的城市综合防灾优越性，城市规划，2008（7）: 41-44.

3. 片区级城市防灾空间

片区级城市防灾空间是指根据城市空间形态和功能结构，为有效地组织城市的自救和外界救援，及时疏散和安置受灾群众，保障城市功能正常运行和防止次生灾害的发生，而划分的城市防灾片区。根据实际情况，可以将片区级的城市防灾空间分为一级防灾片区（大城市中）、二级防灾片区。各级分区既保持一定的独立性，又保持相互联系，形成一个完整的防灾空间体系。

城市防灾一级片区，一般来说，为一个中心避难场所的责任范围。在城市遭遇巨灾时，能确保外来救援力量快速进入城市内部，并依托中心避难场所开展救援行动，保障相关物资能及时供应和信息通畅，有效组织无家可归居民在中长期固定避难场所的临时安置，防止次生灾害的跨区蔓延。城市防灾二级片区，也称基本防灾单元，为基本的防灾生活圈，在城市遭遇大灾难时，解决片区内人员的避难活动，以使片区内人员可以在地震发生后及时赶到固定避难场所避难，接受医疗卫生机构的救助和相关部门的支援，并在二级片区周围重点建设防次生灾害隔离带。所以片区级的城市防灾空间包括了片区的空间结构、指挥系统、通信系统、避难系统、消防系统、医疗系统和生命线系统空间等方面的内容。

4. 社区级防灾空间

社区级防灾空间是城市的防灾空间结构的基本空间体系。在城市遭遇灾害时，起着服务城市居民的紧急避难和自救以及社区内部恢复正常生活生产等功能，主要为灾后半日至三日内的疏散和避难提供空间*，一般涵盖了六大防灾系统：指挥系统、通信系统、避难系统、消防系统、医疗系统和生命线系统。日本和中国台湾地区是社区防灾空间建设的典范。社区防灾空间一般以学校为避难场所（因为学校在社区中的分布相对较为均匀），形成容纳4万吨万人的生活圈，一般包括社区管理、医疗、消防、治安等防灾点，道路、绿地、水域等防灾设施，还有五六百米长的避难道路以及相应的能进行防灾应急演练、管理的器材设施和空间。

四、城市综合防灾空间的规模结构体系

城市综合防灾空间不同的等级结构，对各级防灾空间有一定的规模要

---

* 胡斌，吕元，社区防灾空间体系设计标准的构建方法研究，建筑学报，2008（7）：13-14.

求，以满足各级防灾空间防灾减灾功能的发挥（表4-4）。

表4-4　各级防灾空间规模

级别	区域级防灾空间	城市级防灾空间	片区级防灾空间	社区级防灾空间
管理要求	区域	全市	街道	社区
面积	1万～20万km²	50～100km²	4～15km²	500m半径
防护和分隔	农田、森林、林地、河流等自然分割	天然分割及救灾主干道、防护隔离绿地	河流、疏散主通道、绿化带	疏散次通道、绿化带
避难疏散场所	跨城市的中心避难场所（≥20hm²）	中心避难场所（≥20 hm²）	固定避难场所（1～5hm²）	紧急避难场所（面积不限）
交通保障	高速公路、城市快速路、国道、省道、铁路、城际轨道等救灾主干道，联系防灾中枢据点及海陆空防灾据点	救灾主干道、可到达中心疏散场所，直升机停机坪	疏散主通道、到达固定疏散场所（步行1小时）	疏散次通道、到达紧急疏散场所（步行10分钟）
指挥中心	国家、省级	市级	市级和街道	社区
供水	具备应对巨灾情况下的供水保障	具备应对巨灾情况下的供水保障	具备应对大灾情况下的供水保障	具备应对中灾情况下的供水保障
医疗	医疗救援	中心避难场所的紧急医疗用地，三级医院	灾害发生的紧急医疗用地，结合固定疏散场所安排二、三级医疗	社区医疗服务中心、诊所
通信	卫星、电话	卫星、电话	卫星、电话	卫星、电话
消防	消防站、部队	消防站	消防站	消防水池、消防栓、灭火器等
治安		公安局和公安分局	派出所	派出所
物资保障	国家级、省级、市级粮食储备库	明确物资储备用地、物资运输和分发对策	明确物资储备用地	明确物资配合协作手段

五、城市综合防灾空间的具体标准

为了发挥各级防灾空间应有的防救灾功能，对每一层级的防灾空间要素有一定的要求。否则，对应的防灾空间就没有任何实质性的作用意义。

城市综合防灾空间的要素，主要包括了避难场所、疏散通道、消防系统、医疗救护系统、治安保卫系统、物资保障系统、环境卫生系统等。

1. 避难场所建设标准

避难场所是居民为躲避灾害及灾后重建过程中的临时住所，在我国根据避难场所的功能和等级，一般分为紧急避难场所、固定避难场所和中心避难场所等三种类型。日本最近根据避难场所的使用目的，把避难场所分为一般避难场所、海啸避难场所和福祉型避难场所。一般避难场所即一般人员避难的场所，而海啸避难场所主要用来应对海啸避难，福祉型避难场所主要用作老弱病残等需要特殊服务的人群避难。具体内容，详见第五章的城市应急避难场所系统规划。

2. 疏散通道建设标准

救灾通道链接了其他防灾空间体系，必须在防灾空间结构体系中优先构建。从防灾角度，根据疏散通道层级的划分，一般将疏散通道划分为救灾主干道、疏散主通道、疏散次通道和一般疏散通道等四个等级。具体内容，详见第六章的城市避难通道系统规划。

3. 消防系统

消防系统包括了消防站和相应必需的消防设施。消防站可分为普通消防站、特勤消防站和特勤保障消防站三类；普通消防站又可以分为一级普通消防站和二级普通消防站两种。按照《城市消防站建设标准》（建标152-2011）城市消防站的设置与规划布局应达到以下规定：

（1）城市必须设立一级普通消防站。地市建成区内设置一级普通消防站确有困难的区域，经论证可设二级普通消防站。地级以上城市（含）以及经济较发达的县级城市应设特勤消防站和战勤保障消防站。有任务需要的城市可设水上消防站、航空消防站等专业消防站。

（2）消防站的布局一般应以接到出动指令后5分钟内消防队可以到达辖区边缘为原则确定。消防站的辖区面积按下列原则确定：普通消防站不宜大于7km²；设在近郊区的普通消防站不应大于15km²。也可针对城市的火灾风险，通过评估方法确定消防站辖区面积。特勤消防站兼有辖区灭火救援任务的，其辖区面积同普通消防站。战勤保障消防站不单独划分辖区面积。

（3）各类消防站建设用地面积应符合下列规定：一级普通消防站3900～5600m²，二级普通消防站2300～3800m²，特勤消防站5600～7200m²，战勤保障消防站6200～7900m²（注：上述指标未包含站内消防车道、绿化用地的面积，各地在确定消防站建设用地总面积时，可按0.5～0.6的容积率进行测算）。

（4）消防站的选址应符合下列条件：

① 应设在辖区内适中位置和便于车辆迅速出动的临街地段，其用地应满足业务训练的需要。

② 消防站执勤车辆主出入口两侧宜设置交通信号灯、标志、标线等设施，距医院、学校、幼儿园、托儿所、影剧院、商场、体育场馆、展览馆等公共建筑的主要疏散出口不应小于50m。

③ 辖区内有生产、贮存危险化学品单位的，消防站应设置在常年主导风向的上风或侧风处，其边界距上述危险部位一般不宜小于200m。

④ 消防站车库门应朝向城市道路，后退红线不小于15m。

⑤ 消防站不宜设在综合性建筑物中。特殊情况下，设在综合性建筑物中的消防站应自成一区，并有专用出入口。

4. 医疗救护系统

医疗救护系统按照使用的期限分为两大类：一类是可用作长久收容场所的医院、救护站、防护所等，另一类是临时医疗场地。在防灾社区建设中，要求有固定的社区救护站；在中心避难场所及固定避难场所中，要求设立临时性的应急医疗救护点。在灾害发生后，在4～6分钟的黄金急救时间内通过应急医疗救护网络，对受伤人员采取最有效的救护行为，挽救其生命。

5. 治安保卫系统

治安保卫系统在灾害发生后，除了担负起维护秩序的任务外，还要负责灾害救援、交通管制、灾害信息收集与发布等职能，协助灾害指挥中心作出正确决策并执行相关指令。为保证救灾或维护社会秩序的时效，治安队伍一般应于事故发生后5分钟内抵达现场。

6. 物资保障系统

充足的物资保障对灾后恢复重建工作的顺利进行和社会秩序的稳定，意义重大。物资保障不仅要依靠城市规划运作，也要有效利用市场运作。

城市规划方面，可在区域城市间设立区域性备灾中心，制定灾害紧急救援的导向设备、灾后常用药品的调配和供应制度。比方说，灾后紧急救援需要的大型救灾机械设备有：大型挖掘设备、大型起吊设备、大型路面清障设备、大型供水车等。

在市场运作方面，可以学习日本的相关经验：通过与物流中心签订协议，其在灾害过程中首先向政府出售食品和生活必需品，禁止对外贩卖或者随意哄抬物价，保障灾后应急救援物资、生活必需品和应急处置装备的生产、供给。尽量利用现有大型物资储备仓库，与企业协商征用当地大型物流企业的仓库、大型超市作为临时物资储备点。

7. 环境卫生系统

灾害会对城市造成极大的破坏作用，产生许多的城市灾害垃圾和严重的城市生态环境问题。因此卓有成效的环卫工作能快速帮助城市恢复正常运行，也是防御次生灾害发生的有效手段。环境卫生系统主要包括了各级环卫机构、环境监测机构、垃圾收集和转运站、垃圾填埋场等。遇到巨灾时，可联合调度区域城市环卫系统合作，及时快速处理垃圾。

六、城市综合防灾空间的组织形式

城市综合防灾空间按照"点线面"形式组织展开。"点线面"是相对而言的，对于城市来说的一个"点"，对于社区来说，可能就是一个"面"。本小节主要介绍城市总体综合防灾空间和防灾生活圈这个不同尺度的城市综合防灾空间组织形式。

1. 城市总体综合防灾空间

（1）"点"

城市层面的"点"主要指避难场所、防灾据点、防灾安全街区、重大基础设施、重大危险源、重大次生灾害源、防灾公园绿地系统、开放空间系统等（图4-5）。

避难场所选择的类型主要包括了不可或缺的防灾公园，可规划为临时避难空间的广场和其他开放空间，以及体育场场馆、防灾学校、农地、闲置地等。

防灾据点是以城市政府、消防站、公安局、医院及大型公共设施为基础，加上救灾指挥中心、消防调度中心、灾民生活支持中心等据点设施。防灾据点建筑应采用抗震、耐火防火材料和构造，并且考虑建筑的倒塌范

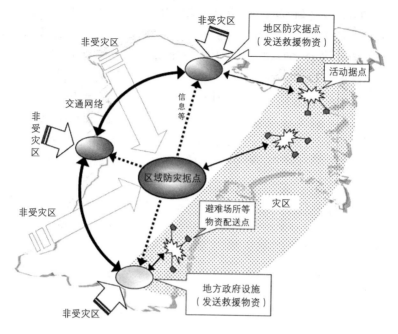

图 4-5 防灾活动据点与避难场所关系示意图
（资料来源：《宫城県広域防災拠点基本構想・計画》）

围。防灾据点还应具备小型发电机、应急水源、防灾食物及日用品储备、
应急通信等条件，确保灾害发生后能发挥其防灾功能。防灾据点有区域性
防灾据点、城市防灾据点和社区防灾据点等类型。

防灾安全街区是集中了相关防灾据点的街坊，这也就是防灾生活圈的
理念。防灾安全街区主要包括了以防灾中心、地区行政中心、派出所、消
防队为核心的防灾安全机能，以福利设施、医疗设施为核心的城市据点机
能，以防灾公园、广场为核心的避难机能，以储存仓库、耐震性贮水槽为
核心的生活保障机能，以社区文化中心为核心的居民交流机能。

生命线系统包括了电力、燃气、热力、给水排水、环卫设施等。只有
生命线系统得到保障，才能有效防灾，所以生命线系统的防灾措施到位也
尤为重要。

重大危险源，种类繁多，分布广泛。不仅要考虑危险源本身的安全防

灾问题，还要考虑危险源对周边设施和居民的安全问题，因为对城市的安全影响巨大。

（2）"线"

"线"指防灾安全轴，防灾绿带，避难通道与救灾通道，以及河岸、海岸等滨水线状地区的防灾规划等。

防灾安全轴，是指道路和其他防灾公共设施及沿线阻燃建筑物形成的一体化的有阻燃功能和可作为避难通道的城市空间。防灾轴由防火带、避难通道、自然水利设施、有防火功能的空旷地带等不同类型的防灾空间组成。

防灾绿带，指将绿带公园与防灾据点结合，与周围的河流、道路绿带一起，作为防火带。在日本，根据不同的绿带位置和规模，可以分为三类防灾绿带：广域轴（海岸、河岸、山边等）、基干轴（都市内的河川绿地带、绿道、林荫大道或者两条轴线间的连接轴）、基准干轴（市区道路两侧绿化带所形成的绿带）。

避难通道与救灾通道，指由快速路、主次干道构建的避难和救灾通道。构建避难和救灾通道需要考虑建筑物倒塌的范围；灾后相关救助、急救、消防、救援物质输送的时间效率等。

水岸等防灾地带，是从生态保育、灾害阻隔的角度出发，可以在满足防洪需求的基础上，结合土地功能和景观环境整治，加强与堤外空间的联系，发挥综合性功能。

（3）"面"

"面"指防灾分区、土地利用规划、土地利用方式调整，以及老旧城区的防灾规划等。

土地利用规划的防灾功能，是指在合理的土地利用规划基础上，根据不同功能分区的防灾特性进行组合，制定防灾要求，确保城市防灾的效果。土地利用规划的防灾内容涉及生态环境敏感性评价及划定、土地使用强度的确定、防灾区划的划定、自然生态保护、防灾用地与设施配置及旧城区改造等。

旧城是城市公共安全脆弱的地区，应给予更新，以适应当代社会的防灾需求。旧城更新需要对环境安全做评估，主要包括地区公共安全、公共卫生、土地使用状况、建筑状况、历史文化保护等。

2. 防灾生活圈

防灾生活圈在城市综合总体防灾中，仅仅作为一个点，但是在社区层面，它是一个相对完整的单元，其内部防灾空间组织，依然依据"点线面"的方式组织（图4-6）。

防火带围合的生活圈

沿街建筑的防火、抗震及高层化

作为防火带的城市规划道路

图4-6 防灾生活圈的形成（资料来源：《足立区防災まちづくり基本計画》）

（1）"点"

防灾生活圈中的"点"，主要指街头小游园、街头绿地、防灾设施、防灾据点等。防灾设施和据点仅服务于本社区的地域范围内。

（2）"线"

防灾生活圈内的"线"包括了内部的疏散通道、地下交通、河流、线型基础设施、管道等。一个防灾生活圈往往是以防火绿带等为边界所构成的区域。邻接边界的居民离避难疏散通道相对较远，尽可能预留未来发展空间。

（3）"面"

"面"主要包括了防灾生活圈中的土地利用规划、大型公园、广场、绿地、水面等。防灾生活圈内，一般而言，社区采用自由式环状的交通空间格局，能有不错的防火效能。而如果区域内出现大型的绿地、公园等，可将其看作一个面（图4-7）。

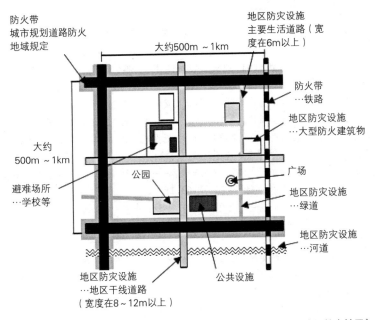

图4-7　地区防灾设施的形成（资料来源：《足立区防灾まちづくり基本計画》）

参考文献

[1]　Duke C M, Moran D F. Guidelines for evolution of lifelines earthquake engineering. Proceedings of U. S. National Conference on Earthquake Engineering. Oakland: Earthquake Eng Res Inst, 1975: 367-376.

[2]　McHarg I L, Mumford L. Design with nature. New York: American Museum of Natural History, 1969: 43.

[3]　陈志龙，许永平，郭东军，等. 城乡总体规划中综合防灾空间规划的探索与实践——以南京市为例[C]. 天津：天津电子出版社，2009.

[4]　戴慎志. 城市综合防灾规划[M]. 北京：中国建筑出版社，2011.

[5]　董鉴泓. 中国城市建设史[M]. 北京：中国建筑工业出版社，2004.

[6]　冯维波. 试论城市空间结构的内涵[J]. 重庆建筑，2006（Z1）：31-34.

[7]　胡斌，吕元. 社区防灾空间体系设计标准的构建方法研究[J]. 建筑学报，2008（7）：13-14.

[8]　黄东宏. 利用地下空间建立城市综合防灾空间体系[D]. 北京：清华大学.

1995.

[9] 蒋伶. 多心组团结构的城市综合防灾优越性[J]. 城市规划, 2008（7）: 41-44.

[10] 金磊. 城市灾害学原理[M]. 北京: 气象出版社, 1997.

[11] 金磊. 中国城市安全空间的研究[J]. 北京城市学院学报, 2006（2）: 33-37.

[12] 李繁彦. 台北市防灾空间规划[J]. 城市发展研究, 2001（6）.

[13] 吕元. 城市防灾空间系统规划策略研究[D]. 北京: 北京工业大学, 2005.

[14] 吕元, 胡斌. 城市防灾空间理念解析[J]. 低温建筑技术, 2004（5）: 36-37.

[15] 倪伟桥, 张璞玉, 李晨晨, 基于区域空间结构的城市群防灾问题浅析——以武汉 "1+8" 城市群为例[C]. 多元与包容——2012中国城市规划年会论文集（08. 城市安全与防灾规划）, 2012: 169-180.

[16] 王薇. 城市防灾空间规划研究及实践[D]. 长沙: 中南大学, 2007.

[17] 姚凤君. 南京城市防灾空间历史演变及其特征研究[D]. 南京: 南京大学, 2014.

[18] 叶义华, 许梦国, 叶义成. 城市防灾工程[M]. 冶金工业出版社, 1999.

[19] 袁一凡, 陈永. 日本阪神大震灾在应急救灾上的几点教训[J]. 自然灾害学报, 1995, 4（4）.

[20] 张翰卿, 戴慎志. 国内外城市综合防灾规划比较研究及经验借鉴[C]. 2006中国城市规划年会, 2006: 471-478.

第五章

城市综合避难场所体系规划

　　现阶段，我国在如火如荼的城市建设下，隐藏了城市灾害频发的风险。在"规划让城市更安全"的背景下，城市防灾在城市规划中的协同成为一个具有重要意义的话题。而作为防灾体系中重要的核心组成——避难场所，其规划布局和城市常规公共设施布局有着千丝万缕的关系，常常成为城市规划和城市防灾之间重要的研究领域和联系纽带。

　　本章第一节介绍了综合避难场所的定义、功能和分类，第二节介绍了避难场所的规划原则和技术要求，第三节分析了综合避难场所规划的流程，将其分为分析研究阶段和空间布局阶段，第四节阐述了避难场所的管理措施。

第一节　城市综合避难场所的定义、功能与分类

本节从多灾种的角度出发，对城市综合避难场所的概念进行界定。避难场所的功能按照时序可以分为平时和灾时功能。对于避难场所的分类，可以按照空间开放程度分为场地型和建筑型，按照等级规模可以分为紧急避难场所、固定避难场所和中心避难场所。

一、综合避难场所的定义

城市综合避难场所则是综合应急避难场所，是指针对两种或者两种以上的灾种发生时，用于受灾人员疏散和避难的场所。见图5-1所示，假设一个城市中面临的主要灾害有n种，在所规划建设的城市应急避难场所共m处，场所1仅能满足应对灾种1的避难要求，被称为"单一性避难场所"，其他避难场所均能应对不止一种灾害的避难要求，则被称为"综合性应急避难场所"，其中，场所2、场所3仅能满足应对部分灾种（灾种数量<n）的避难要求，被称为"部分综合性避难场所"，而场所m能够满足所有灾种的避难要求，则被称为"完全综合性避难场所"。

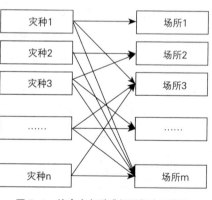

图5-1　综合应急避难场所概念示意图

二、综合避难场所的功能

城市应急避难场所的功能，是城市土地平时的某一利用功能，在灾害发生后转化成的在某一时段内具有的特殊功能，因而具有时序变化的特点。换言之，平时发挥避难场所空间载体（公园绿地、停车场、体育场馆、学校等场地）的本体功能——景观游憩、停车、体育活动、教学活

动。一旦进入灾时，立即启动应急避难和防灾功能，具体可以包括：

（1）避难安置功能

这是大部分避难场所的主要功能。在灾害发生之前或者在灾害发生后，部分居民转移至避难场所进行短期至长期的宿住，宿住的原因一部分是因为住宅倒塌损毁或房屋存在安全隐患不适宜继续停留家中，或生命线系统遭到破坏严重影响正常的生活，一部分是因为虽然房屋安好，但是存在心理恐惧与疑虑，不知道灾害后续的发展情况。这部分居民变成临灾意义上的"无家可归"人群，需要避难场所为其提供暂时性的安全庇护以及生活起居所需的基本资料，如水、电、照明、食物、衣物等等。

（2）医疗救助功能

因灾害受伤的人群以及在避难过程中受到二次伤害的人群亟需医疗救助，但是一部分医疗场所在灾害过程中也受到了破坏，交通流线也受到了阻滞，因此需要在避难场所设置医疗救助的功能，为灾害中轻伤伤员提供物理性伤害的救助，缓解医疗资源紧张状态，以避免对重大伤亡人员所需的常规医疗场所空间的占用。

（3）联络与转运功能

在灾害发生时，信息的传递非常重要，一方面可以有效地调节各项救灾资源，指导人员避难，减少灾害损失，另一方面也互通有无，避免因信息缺乏导致的心理恐慌。避难场所作为灾害发生过程中，救灾组织与组织之间、组织与受灾居民之间的信息收集和联络据点，与外界联络救援事宜，同时统筹安排，进行避难所需物资集散发放和伤亡人员的转运。

（4）防止二次伤害的发生

灾害的发生具有连锁性，除了次生灾害外，极易发生疫病、踩踏、心理损伤等，一方面避难场所能够集结各项资源进行专业性庇护，保证了避难人群的相对安全，另一方面由于进行避难时，基本上采取就近避难，单一场所内灾民的熟识程度较高，增强了避难人员的认同感和归属感，减少因为灾害带来的恐惧等心理挫伤。

三、避难场所的分类

1. 按空间开放程度划分

按照空间开放程度来分，可以分为场所型（图5-2）和建筑型（图5-3）。场所型避难场所包括公园绿地、广场、露天体育场、停车场等室外空间，可以利用场所开阔的空间和原有的设施设置棚宿区以及相关功能分区为居民提供避难功能；建筑型包括大型体育馆、展览馆、学校、公共建筑和地下空间等，利用既有的封闭空间在内部划分居住组团、管理处等分区为居民提供避难。

图 5-2　场所型避难场所

2. 按等级规模划分

按照等级规模来分，由下到上，分为紧急避难场所、固定避难场所和中心避难场所。紧急避难场所是指用于紧急疏散居民或集合居民向固定避难场所转移的过渡

图 5-3　建筑型避难场所

性场所，包括城市居民区等附近的小型公园、小型绿地、小型广场、停车场以及抗震性能较好的公共建筑等等。固定避难场所是配置一定的专业应急设施，可以在灾时搭建临时帐篷或者临时构筑物，并能够提供应急医疗救护、物资供应、供水的中长期避难场，包括面积较大的公园绿地、广场、体育场、停车场、学校操场以及抗震性能较好的公共建筑，避难时间一般为3天以上。中心避难场所是面积较大、功能较全、等级较高的固定避难场所，一般是全市级别的大型公园和体育场馆等，具有救援指挥中心、医疗救护中心、重伤员转运、救灾设备存储等综合性疏散功能的长期避难场所。

当然，还能按照避难场所的功能分，如一般避难场所和特殊避难场所（如日本的海啸避难场所和福祉型避难场所），综合避难场所和单灾种避难场所（如地震，水灾等）。

第二节　避难场所规划原则与技术要求

本节主要介绍避难场所的规划原则，以及不同等级、不同灾害响应以及不同规划层次的规划技术要求。

一、规划原则

（1）与相关规划协调的原则

应急避难场所规划作为一项城市专项规划，应该以上位规划如城市总体规划、城市综合防灾规划、城市防洪规划、城市抗震防灾规划、城市气象灾害防治规划等等规划为依据，与相关规划如城市绿地系统规划、城市综合交通规划、城市人防工程总体规划等相协调，并且要充分研究规划城市的行政组织模式和已经制定的城市应急预案。在形成自身规划方案的同时，根据防灾的要求实时与其他规划形成互动和反馈。

（2）弹性规划原则

由于城市发展中各组成要素及其相互作用具有较大的不确定性，特别是城市人口流动的时空分布，由于职住分离等原因具有相当大的不确定性，这一点在上海、北京等大城市中尤其明显。而避难场所需要为城市居民提供尽可能多的避难和救助，因此在前期分析的时候需要根据人口流动时空分布的特点规律、各个等级类型的避难场所自身的避难适用范围和条件，对避难场所的建设和需求容量计算适当地保留一定的弹性区间，一方面能够最大地减少城市灾害所带来的伤亡事故，同时也体现了城市规划本身的弹性。

（3）选址安全的原则

应急避难场所在选址时，首先要保障场所内部和周边的自然条件、人工条件的安全，以免次生灾害对场所空间和设施的破坏，避免对避难人员造成二次伤害。自然条件的安全性是指应急避难场所用地距离地震断裂带，行洪区、山洪威胁区，滑坡、坍塌、泥石流等地质灾害易发区要有一定的安全距离；人工条件的安全性是指避难场所应该避开高压线走廊、易燃易爆物质、放射源以及有毒物质存储地的可能影响范围。对周围建（构）筑物进行估算，计算其倒塌影响的范围大小，避难场所或者其主要功能分区应该置于其影响范围之外，并且要求场所周边交通条件便捷，内部卫生和治安环境良好。

（4）就近布局的原则

在具体布局时，考虑不同层次的应急避难场所的服务半径要求。在城区布局满足相对均衡的条件下，还需要满足城市居民以步行的方式就近避难的要求，所以应该尽最大可能选择靠近人流集中点，如居民区、大型商业区等人口流动量较多的地区，以确保居民在灾害突发时能够较为便捷的到达*。但当市区避难场所受到海啸、洪灾、火灾等灾害威胁时，必须将居民组织到城市郊区等外围安全场所进行避难。如确有困难，也可像日本应对海啸灾害一样建设避难塔等。

（5）综合应对的原则

借鉴美国综合防灾规划的内涵，即全灾种设计、全社会参与和全过程防御的原则。避难场所的规划和设计不仅要关注自然灾害，也要关注人为灾害；参与主体不仅涉及各级政府部分，也涉及企事业单位、社区团体；不仅能考虑到灾害发生时的功能需求，也要考虑到灾害发生前、发生之后的避难运用。围绕灾害发生的特点和应对的要求，将防灾、减灾、抗灾、救灾四个方面结合起来考虑**。"防灾"侧重于通过对灾害的监控和预报机制，来达到防护和抵御灾害的目的；"减灾"侧重于通过相关的工程措施尽可能减少可避免的小型灾害，对于难以完全避难的重大自然灾害则要尽量降低其损失；"抗灾"侧重于灾害来临之时抵御控制灾害损失，包括紧急抢险和转移疏散等；"救灾"侧重于通过有效组织和策略应对来减少因灾害引起的人员伤亡和经济损失，恢复和维持城市正常的运行秩序。

（6）平灾结合的原则

合理利用城市原有或者规划建设的公园绿地、体育场馆、学校等场所建设应急避难场所，在平时发挥休闲娱乐、体育、教育和其他生产、生活活动，在灾害发生时，启动应急装置，转换成避难功能。由于政府财政支出用于城市建设的资金以及城市中用于建设避难场所空间有限，在保证应

---

* 丁琳，翟国方，张雪原，李莎莎. 城市总体规划层面的避震疏散场所规划研究[J]. 规划师，2013（08）：33-37.

** 戴慎志. 城市综合防灾规划[M]. 第一版，北京：中国建筑工业出版社，2011：19.

急避难场所避难功能有效发挥的同时，还要尽可能评估和节省场地和资金的占用，保证规划的经济性，以便顺利"落地"实施。

二、避难场所规划技术要求

1. 不同等级的避难场所规划技术要求

对于中心、固定、紧急场所以及防灾据点的建设技术指标要求，在我国的《城市抗震防灾规划标准》（GB50413-2007）、《地震应急避难场所场址及配套设施》（GB21734-2008）和《城镇防灾避难场所设计规范》等国家标准规范中均有具体说明，归纳总结为表5-1～表5-4。

表5-1 中心避难场所技术指标要求

项目	技术指标	备注
类型	面积较大、人员安置较多的固定避难场所，其内可搭建临时建筑或帐篷，供灾民较长时间进行集中性避难和救援的重要场所	
有效面积规模	大于20ha，一般在50ha以上	可以利用较大面积的场地进行物资运送、储存以及满足联络、医疗、救援的需要。
人均避难面积（m²/人）	≥4	满足避灾人员的避难生活空间需求
疏散距离（km）	5～10	考虑避灾人员的承受能力和人员的流动需要
避难时长	3天以上	
道路交通要求	具有不小于15m宽度的道路；应至少有不同方向的两个进口与两个出口，便于人员与车辆进出，且人员进出口与车辆进出口宜分开；进出口应当方便残疾人、老年人和车辆的进出	可以利用交通工具进出和保证物资运输，应保证有效净宽容许消防和救灾车辆的顺畅进出

项目	技术指标	备注
防火带	与周围易燃建筑物或其他可能发生的火源之间设置30~120m的防火隔离带或防火树林带	考虑潜在火灾的影响规模；应当有水流、水池、湖泊和确保水源的消防栓；临时建筑物和帐篷之间留有防火和消防通道；严格控制场所内的火源；防火树林带设喷洒水的装置
基础设施要求	设置应急指挥中心和面积不小于50m²的应急管理区，配备应急棚宿区、物资储备区、应急医疗救护与卫生防疫设施、应急供水设施、应急照明和供电设施、应急通信与广播、应急通道、应急厕所、应急消防设施、应急垃圾储运设施、应急排污设施、应急洗浴设施、应急停车场，并设置应急标志和功能分布牌，必要时可以设置应急演练培训及应急停机坪等。	满足避灾人员的长期生活需求，发挥避灾场所的救援功能，满足各种防灾要求；场所内的栖身场所能够防寒、防风、防雨雪，并具备最基本的生活空间；物资储备库应当确保场所内居民3天或更长时间的饮用水、食品和其他生活必需品以及适量的衣物、药品等
管理级别	市区级	

表5-2 固定避难场所技术指标要求

项目	技术指标	备注
类型	面积较大、人员安置较多的公园、广场、学校操场、体育馆、停车场等，其内可搭建临时建筑或帐篷，供灾民较长时间避难和进行集中性救援的重要场所	大多数是地震灾害发生后用作中长期避灾的场所，一般适用于3天以上的避难要求
有效面积规模	一般有效疏散面积在1ha以上，从防止次生火灾的角度上，宜选择短边300m以上、面积10万m²以上的场地	可以利用较大面积进行物资运送、储存以及满足联络、医疗、救援的需要。
人均避难面积（m²/人）	≥2	满足避灾人员的避难生活空间需求

项目	技术指标	备注
服务范围	服务半径2~3公里，步行大约1小时之内可以到达	考虑避灾人员的承受能力和人员的流动需要
道路交通要求	具有不小于15m宽度的道路；应至少有不同方向的两个进口与两个出口，便于人员与车辆进出，且人员进出口与车辆进出口宜分开；进出口应当方便残疾人、老年人和车辆的进出	可以利用交通工具进出和保证物资运输，应保证有效净宽容许消防和救灾车辆的顺畅进出
防火带	与周围易燃建筑物或其他可能发生的火源之间设置30~120m的防火隔离带或防火树林带	考虑潜在火灾的影响规模；应当有水流、水池、湖泊和确保水源的消防栓；临时建筑物和帐篷之间留有防火和消防通道；严格控制场所内的火源；防火树林带设喷洒水的装置
基础设施要求	设置面积不小于50m^{2}的应急管理区，配备应急棚宿区、物资储备区、应急医疗救护与卫生防疫设施、应急供水设施、应急照明、应急通信与广播、应急通道、应急厕所、应急消防设施，并设置应急标志和功能分布牌。	满足避灾人员的长期生活需求，发挥避灾场所的救援功能，满足各种防灾要求；场所内的栖身场所能够防寒、防风、防雨雪，并具备最基本的生活空间；物资储备库应当确保场所内居民3天或更长时间的饮用水、食品和其他生活必需品以及适量的衣物、药品等
管理级别	街道级	

表 5-3 紧急避难场所技术指标要求

项目	技术评价指标	备注
类型	居民住宅附近的小公园、小广场、专业绿地、基础设施用地、高层建筑物避难层（间）及结构稳定的公共设施。	大多数是灾害发生后用作紧急避灾的临时场所，避难时间3天以内
有效面积规模	一般不小于0.1ha	考虑不少于500人
人均避难面积（m^2/人）	一般不小于1 m^2/受灾人员	保证避难人员一定的活动空间

项目	技术评价指标	备注
服务范围	服务半径500m左右,步行约10分钟内可到达	考虑避灾人员的承受能力和人员的流动需要
道路交通要求	应具备不小于7m宽度的道路,有不少于二个不同方向的进出口,便于人员与车辆进出,	考虑部分地区建筑密集情况下保证有效净宽容许消防和救灾车辆的进出
防火带	一般不小于30m	考虑潜在火灾的影响规模
管理级别	社区级	

表5-4 建筑型避难场所技术指标要求

项目	技术评价指标	备注
类型	体育馆、人防工程,经过加固的公共设施等	具有紧急或固定避难场所功能
抗震能力	在罕遇地震作用下避灾工程及其直接附属结构不发生中等及以上的破坏	抗震设防标准和抗震措施可通过研究确定,且不应低于对重点设防类建筑的要求
交通设施	应至少有不同方向的一个进口与一个出口;	保证人员和物资的畅通
救灾道路要求	应具备不小于15m宽度的道路	应保证有效净宽容许消防和救灾车辆的顺畅进出
规模	有效避灾面积不小于1000m^2,用于长期避灾时应不小于2000~5000m^2,并可有效保证物资储备,满足联络、医疗、救援需要;周围安全地域宽度不小于30~50m	满足一定规模避灾人员的长期避难生活需要
避灾面积要求	一般不小于2 m^2/人	满足人员避难生活空间需求
防火措施	与周围易燃建筑物或其他可能发生的火源之间设置30~120m的防火隔离带;具有完善的消防设施和灾时消防水源	考虑潜在火灾的影响规模

项目	技术评价指标	备注
基础设施要求	用水、排污、供电照明设施以及卫生设施，设置灾民栖身场所、生活必需品与药品储备库、消防设施、应急通信设施与广播设施、临时发电与照明设备、医疗设施以及畅通的交通环境等	满足避灾人员长期生活需求，发挥避灾场所的救援功能，满足各种防灾要求；具备最基本的生活空间；物资储备库应当确保场所内居民3天或更长时间的饮用水、食品和其他生活必需品以及适量的衣物、药品等

2. 不同灾害响应的避难场所规划技术要求

实际上，不同灾种的防治措施存在一定的共性，但是同样也存在差异，因此对于避难场所的建设和设施配置要求也同异并存。共同的要求有场地安全、交通便利、卫生条件较好、具备一定功能设施等。存在差异主要是因为不同灾害的特点不同。

自然灾害影响范围广、避难场所需求较大。对于地震而言，要求避难场所平坦空旷，结构坚固，避免建筑物的倒塌和次生灾害的影响，土地坡度不大于30°，场地稳定，与发震断层距离要大于15m，防灾据点与发震断层距离大于300m。

对于洪水而言，要求避难场所处于地势较高处，设防标准应该高于当地防洪标准所确定的淹没水位，且应急避难场所的地面标高，应按该地区历史最大洪水水位考虑，其安全超高不应低于0.5m；场所内具有上、下水设施；不容易淤积泥沙；可根据人口密度、淹没水的深度等条件，选用安全堤防、避水台和防洪避难建筑（构筑）物等形式*，尤其需要注明的是广场并不适合作为洪水的避难场所。

对于台风而言，因常常伴有暴雨，要求避难场所位于不易淹水的结构安全的建筑物内，如建筑质量较好的学校、体育馆、会堂等公共设施。

对于海啸而言，应该在海啸浸水地域（海啸浸水地域是指海啸袭击时，浸水的滨海陆域范围，一般根据以往海啸模拟结果和海啸的浸水实际状况和确定）内设置高层建筑、避难塔、避难高台等海啸避难所。

---

* 苏幼坡，王兴国. 城镇防灾避难场所规划设计[M]. 第一版，北京：中国建筑工业出版社，2012：123.

对于龙卷风来说，由于会在建筑物内外形成巨大的压力差，造成破坏，所以应该在建筑物下方或者附近设置地下避难场所，或者将重要物资和设施置于地下[*]。

人为灾害方面，火灾、爆炸、有毒物质泄漏等等通常涉及地域范围小，后续连锁反应少，对于避难场所的需求较小，且以紧急避难场所为主。

在实际的操作过程中，一般以应对地震的避难场所要求为主要考虑因素，因为就我国国情而言，地震灾害是最主要的灾害，防御难度大，损失严重，次生灾害较多。因为灾害通常可以导致次生灾害的发生，因此功能单一的避难场所，如果遭受到次生灾害的袭击，往往因为聚集人数众多，反而会造成较大人口伤亡。例如2011年东日本大地震时，至少有64个指定的避难场所遭受了海啸的袭击，其中高田市的一个避难所因海啸死亡了100余人。

另外，城市中针对战争还需要规划和建设人防工程，与避难场所之间也存在千丝万缕的关系。人防工程是战争发生的时候作为指挥、医疗、物资供应和人员掩护的地下防护建筑，一般将人防工程与地铁、地下停车库等地下空间的开发利用相结合起来。人防工程可以分为复建式和单建式两类。复建式也称为防空地下室，其上部有坚固性地面建筑物，发生灾害时，尤其是地震时，上部的建筑物容易倒塌盖住出口，造成更大的伤亡，所以一般不予考虑将其与避难场所相结合。而单建式其上部没有坚固性地面建筑物，经过改造后可以利用其内部作为避难场所的物资储备和通信功能等。

3. 不同规划层次的避难场所规划编制要求

城市应急避难场所规划的层次依据常规城市规划层次的划分可以分为总体规划、详细规划两个层面。应急避难场所布局时一般将其与城市防灾片区的划分相结合。

由于城市总体规划具有适当"留白"的要求和宏观指导的意义，因此，对于城市应急避难场所的布局规划要以中心避难场所和固定避难场所为主，对紧急应急避难场所仅需要进行总体把握。在城市总体规划的层面需要将规划区划分为"防灾片区—防灾组团"的二级分区结构。单个的防

---

[*] 吴庆洲. 城乡建设防灾与减灾知识读本[M]. 第一版, 北京：中国建筑工业出版社, 2008：95.

灾片区内部一般设置一个中心避难场所，单个防灾组团内部设置若干固定应急避难场所。参考规划区防灾组团内的人口分布与用地性质等特征，根据城市总体规划最终规划的规划期末人口数量以及各居住区规划人口数量，对未来需要避难的人口和相关技术指标对避难场所的需求面积进行整体的预测，对其空间布局进行统筹安排。尤其要注意的是，目前对于中心城区的规划实践经验较多，不可完全应用于乡镇地区，在计算乡镇避难需求量的时候，应该将有关参数的指标适当降低[*]。

详细规划层面的城市应急避难场所的规划又可以再次划分为控制性详细规划与修建性详细规划两个层面。控制性详细规划层面，应急避难场所的规划应该在上层次规划，即城市总体规划层面形成的整体框架下，对防灾组团内部进行进一步的详细规划，重点在于划定防灾单元。防灾单元的划分以疏散次干道和绿带为边界。防灾单位的核心是固定应急避难场所，依据不同的人口密度的分布特征，根据500m左右服务半径的要求（空间范围内如果人口密度较大，则对其服务半径进行适当的缩小），在规划范围内对紧急避难场所进行全覆盖规划。修建性详细规划的层面，应急避难场所应该侧重于内部空间功能的布局，将避难生活直属子系统以及避难行为辅助子系统的各项元素落实到各个层级的避难场所的内部空间布局上。

第三节　综合避难场所规划流程

本节主要探讨在实践中的综合避难场所的具体规划流程，将其按照先后可以划分为两个阶段，包括分析研究阶段和空间布局阶段（图5-4）。

一、分析研究阶段

1. 灾害预判

灾害预判是指通过相关历史和现状资料的收集和检索，根据区域位置、地质地貌条件、历史灾害发生频率、损失情况（包括人员伤亡情况和

---

[*] 丁琳，翟国方，张雪原，李莎莎. 城市总体规划层面的避震疏散场所规划研究[J]. 规划师，2013(08)：33-37.

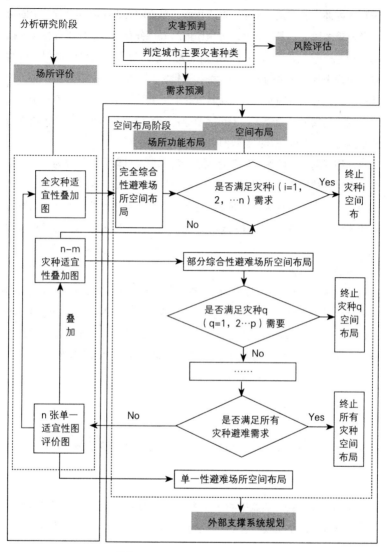

图 5-4　城市综合应急避难场所具体规划流程示意图

经济损失情况）、对规划范围内的主灾种进行判断，为下阶段有针对性的
灾害分析和场所布局奠定基础。城市的主要灾害是指发生频率较多，造成
损失较大的已发生或者潜在的灾害。

2. 风险评估

风险评估是指针对城市主要灾种，基于风险学理论和方法，对灾害发生的可能性和后果进行分析，为规划编制工作提供依据。风险地图是基于构成灾害风险的危险性、易损性以及城市防灾能力等指标，评价规划区内灾害风险大小的空间分布图。在实践中，通常利用GIS等软件进行单灾种或多灾种的风险地图绘制。危险性要反映根据单一灾种的致灾因子和孕灾环境判断灾害发生强度和发生频率，其中孕灾环境是指孕育灾害的地理环境、地质条件、气候条件等等[*]。易损性评价是从受灾体的角度出发，城市某一区域的人口数量和经济发展水平等均可以反映该区域的易损性。而防灾能力则从避难场所的建设分布情况、城市救援能力、应急管理能力等方面判断城市抵御和预防灾害的能力。防灾能力越小，灾害风险越高。另外，应对不同的灾害还有特殊的评价因子，如城市排水系统对于内涝的防灾能力有影响，城市消防能力对于火灾的防灾能力有影响等等。

风险有绝对风险和相对风险之分。在城市防灾规划中，我国用得较多的是相对风险（图5-5），但基于绝对风险的规划案例近年有增加趋势。

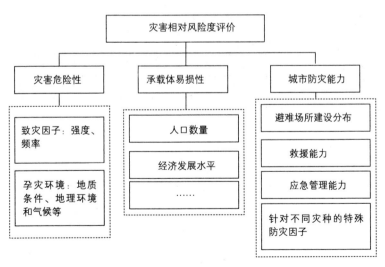

图 5-5　灾害相对风险度评价指标选取示意图

---

* 潘安平，沿海农村台风灾害区避难所优化布局理论与实践研究——以浙江为例，第一版，北京：中国建筑工业出版社，2010：41-45.

3. 场所评价

场所评价指对能够用作应急避难场所备选地的城市现有或者规划的公园绿地、体育场馆、学校、停车场等，针对不同的灾害，选取特有的安全性评价指标，进行应急避难场所的建设适宜性评价（如表5-5）。假设某城市中存在 n 种灾害，分别对这 n 种灾害进行场所适宜性评价后，重复叠加，得到 $n-m$（$m\in(1, n)$，$m\in Z$）种灾害分别叠加的图数量为 C_n^{n-m}，得到所有图的总数为 2^{n-1}，其中包括1张"完全综合性"适宜性评价图和 $2^{n-1}-1$ 张"部分综合性"适宜性评价图。

表 5-5　某市应对地震和洪水的适宜性因子评价表

序号	影响因素	划分标准	得分	应对灾害
1	离加油站、加气站的距离	<50m	1	地震
		50～100m	2	
		>100m	3	
2	离储油储气站的距离	<250	1	地震
		250～500m	2	
		>500m	3	
3	离电力高压线、电站的距离	<50m	1	地震
		50～100m	2	
		>100m	3	
4	离中压燃气管线的距离	距离<50m	1	地震
		50～100m	2	
		>100m	3	
5	离河流的距离	水面	1	地震
		<50m	2	
		>50m	3	
		市级主要河流<200m，其他河流<100m	1	洪水
		市级主要河流200～500m，其他河流100～200m	2	
		市级河流500以上，其他河流200m以上	3	

序号	影响因素	划分标准		得分	应对灾害
6	离文物保护区的距离	<30m		1	地震、洪水
		30~50m		2	
		>50m		3	
7	地形	<15°		1	地震
		15°~30°		2	
		>30°		3	
8	高程	百年一遇洪水水位线0.5m以下		1	洪水
		高于百年一遇洪水水位线0.5m以上		3	
9	地质条件	地质不适宜地段及距断层15m地区		1	地震
		其他		3	

4. 需求预测

需求预测是根据不同避难场所的人均避难面积与受灾人口的乘积得出。

（1）人均避难面积的确定

人均避难面积的指标，虽然按照国家和地方的规范，对于各级别的人均避难面积做出了最小的指标规定，但是这一指标的确定却值得商榷。从日本的经验来看，计算一个成年人躺下的身体占地面积，仅人体占用的空间大约就有1.62m²，如果从以人为本和安全的角度上来看，还需要再加上个人物品堆放的面积约为0.5m²，还要考虑相邻就寝单元之间的通道空间0.45m²，已经超过了我国规范要求的固定避难场所人均2m²的最小值（图5-6）。而从场所内部的空间布局来看，场所内部还有其他多种功能设施，宿住区占用的面积比例并不大，因此在根据人口计算所需场所面积的时候应该适当提高人均避难面积指标数值，尤其是中心避难场所，非宿住区的面积比例更高，人均避难面积的指标也应该更大。例如，广东省对于应急避难场所的人均有效避难面积确定为固定避难场所为2~4m²，中心避难场所因为宿住空间占用面积更小，人均有效避难面积确定为9m²*。

---

* 广东省人民政府. 广东省人民政府办公厅关于印发广东省应急避护场所建设规划纲要（2013—2020年）的通知，2013.

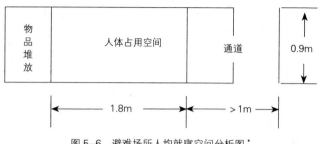

图 5-6　避难场所人均就寝空间分析图*

（2）受灾人口数量的确定

对于受灾人口的计算，在固定避难场所的避难时间较长，需要考虑发生灾害的特点以及规划末期的城市常住人口。例如，对于洪水来说，可以绘制设防水位线下的淹没图，将被淹没地区的人口进行统计，即为需要进行疏散的人口数。对于地震灾害来说可以按照《城市抗震防灾规划标准实施指南》的要求，根据地震发生时的无家可归人员数量来计算，即固定避难场所的需求人数等于无家可归人数。无家可归人口的计算公式：

$$Q=\alpha P=\frac{1}{m}\left(\frac{7}{10}N_1+N_2+\frac{2}{3}N_3\right)$$

式中　　Q——因地震破坏引起的无家可归的人数（人）；

　　　　α——无家可归人员的折算系数；

　　　　P——城市内的常住人口数；

　　　　m——城市常住人口的人均居住面积（m²）；

　　　　N_1——地震发生时受到中等破坏的房屋建筑面积（m²）；

　　　　N_2——地震发生时受到严重破坏的房屋建筑面积（m²）；

　　　　N_3——地震发生时受到完全破坏的房屋建筑面积（m²）。

对于紧急避难场所而言，避难时间短，利用时间紧急，因此需要将流动人口的需要纳入计算的范围，同时也要考虑人群在不同时间段的昼夜分布特征。例如，规划区范围内的平均人口密度为P人/公顷，根据用地性质与用地比例，可以推算需要紧急避难的总人口数。由于城市人口昼夜间分布的不一致性，因此按照此方法计算出来的需要紧急避难的人口规模要比

＊ 兵库县. 兵库县避難所管理運営指針[Z]. 2010.

规划区内的总人口要大。另外还要考虑区外避难人口（常住的和流动的）对避难场所规模的影响。

二、空间布局阶段

空间布局阶段包括场所功能布局和外部支撑系统规划两个阶段。

1. 场所功能布局

避难场所空间布局之前，首先要进行防灾空间的区划。城市防灾空间一般划分为三个等级，一级防灾片区利用隔离带或者天然屏障划分防灾片区，分区隔离带不低于50m；二级防灾组团以自然边界、城市快速路为主要边界，分区隔离带不低于30m，三级防灾单位（单元）以自然边界、绿化带、城市主次干道为边界，分区隔离带不低于15m[*]。这样的一级防灾片区—二级防灾组团—三级防灾单位分别对应了应急避难场所中的中心避难场所—固定避难场所—紧急避难场所。具体应急避难场所的空间布局，不仅要综合考虑人口需求分布、避难场所备选地分布、防灾分区划分情况、避难场所用地适宜性，还要考量不同等级的避难场所的服务半径和责任区大小要求。空间布局的重点，在于场所评价和需求预测。假设某城市中面临n种灾害，那么就可以得到n张相应的场地适宜性评价图，依照避难场所的备选地，布局得到"完全综合性应急避难场所"，比对是否满足每类灾害的避难需求。如不满足，继续提取n–m张单灾种场所适宜性评价叠合图，布局"部分综合性应急避难场所"。按此规则，直到满足所有灾害的避难需求。

2. 外部支撑系统规划

外部支撑系统规划，是以防灾空间的范畴来对避难场所外部所需的交通、医疗、物资、生命线系统进行统筹。对于中心避难场所，需要将其与较高级别的医疗机构、通信机构、公安等指挥中心联系起来，并制定相应的应急策略，其中疏散通道涉及城市救灾干道和城市疏散主干道两个层次。而固定避难场所需要考虑以二级、三级医院为主体构成的医疗场所、消防站，以及物资供应点等，疏散通道重点考虑城市疏散主干道和城市疏散次干道。而紧急避难场所对于外部的支撑系统要求并不高，疏散通道需要重点考虑街区级别的疏散通道。

---

[*] 戴慎志. 城市综合防灾规划[M]. 第一版，北京：中国建筑工业出版社，2011：122.

第四节　避难场所管理

　　避难场所的规划应涵盖规划编制和规划实施、管理的全过程。管理是保证规划有效实施的重要手段，管理涉及管理的主体，相关的制度，资源的整合，以及新技术的应用。

　　（1）对管理主体部门进行整合。目前我国的城市灾害管理是由不同的行政部门分别管理各个灾种，例如地震局和住建局抗震办管理地震灾害，水利局管理洪涝灾害，气象局管理台风灾害等等。而城市防灾往往是综合性的，一旦发生灾害往往应接不暇。因此，对避难行为的管理是首先要高屋建瓴地自上而下进行防灾资源的整合，发挥政府的领导和主导作用，成立专门的灾害防御办公室等指挥部门，协同各项灾害涉及部门，避免"多头指挥"的出现。国际上已经相继出现了众多的综合灾害管理机构，如日本的中央防灾会议、美国的联邦紧急事务管理局以及澳大利亚的联邦经济事务管理局等等。在管理的等级层次上，全市还应该形成"市、区级—街道级—社区级"的多级灾害指挥管理机制。

　　（2）要确立避难原则，做好应急预案。按照应急避难场所的规划实施建设和设备配置，防灾抗灾的管理部门要针对单个的应急避难场所，单独编制管理操作预案和条例，对发生灾害时场所的最大人数进行适当调控。编制灾害管理应急预案，针对应急避难场所的建设、开启、运作、关闭等进行详细的控制和说明。制定应急避难规则和避难路线，以保证地震突发时居民迅速、有序、安全疏散。平时要进行灾害来临时的演习培训和抢救训练，经常检查装备情况和救灾资源，并培养专业技术人员。

　　（3）应急避难场所内部的各种防灾减灾设施，应该进行定期安全检查、维修和更换。对于用作避难的体育场馆等室内应急避难场所，应该定期诊断是否有安全隐患，尤其是顶棚和照明设施是否有脱落危险。应急避难场所应该设置相应的标志，在周边主干道、路口设置指示标志，在场所的进出口设置避难场所的主标志，在内部主要通道路口设置应急设施的指示标志，在场所内部的配套设施也应设置标志。

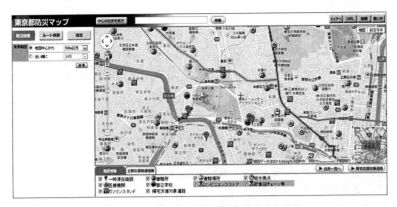

图 5-7　日本东京防灾避难场所查询网页

（4）实现避难信息的网络化和信息化。随着互联网技术和"智慧城市"建设的推进，在避难管理的过程中，也要充分利用各种信息系统技术，将各个规划建设的应急避难场所落实到电子地图中，详细标注各个避难场所的名称、可使用面积、容纳人数、避难指导路线、场所性质等等。如日本东京就在互联网上专门发布了"防灾地图"（图5-7），可以查阅到精确到一栋建筑物周边的各类防灾信息，包括分类型的避难场所，医疗场所，学校，供水点、便利店、饮食店、加油站、避难通道等信息*。

参考文献

[1]　Guofang Zhai and Saburo Ikeda（2006）：Flood Risk Acceptability and Economic Value of Evacuation. *Risk Analysis*, Vol. 26, No. 3, 683-694. DOI 10.1111/j. 1539-6924.2006.00771. x.

[2]　东京都防灾. http://map.bousai.metro.tokyo.jp/（访问时间：2014.4）.

[3]　兵库县. 兵库县避难所管理运营指针[Z]. 2010.

[4]　宫城县. 宫城县广域防灾据点基本构想·计画[Z]. 2014.

[5]　戴慎志. 城市综合防灾规划[M]. 第一版，北京：中国建筑工业出版社，2011：19.

[6]　戴慎志. 城市综合防灾规划[M]. 第一版，北京：中国建筑工业出版社，2011：

---

* 东京都防灾. http://map.bousai.metro.tokyo.jp/（访问时间：2014.4）.

122.

[7]　丁琳. 城市综合应急避难场所体系规划研究——以张家港市中心城区为例[D]. 南京：南京大学，2014.

[8]　丁琳，翟国方，张雪原，李莎莎. 城市总体规划层面的避震疏散场所规划研究 [J]. 规划师，2013（08）：33-37.

[9]　广东省人民政府. 广东省人民政府办公厅关于印发广东省应急避护场所建设规 划纲要（2013—2020年）的通知，2013.

[10] 潘安平. 沿海农村台风灾害区避难所优化布局理论与实践研究——以浙江为例 [M]. 第一版，北京：中国建筑工业出版社，2010：41-45.

[11] 苏幼坡，王兴国. 城镇防灾避难场所规划设计[M]. 第一版，北京：中国建筑工 业出版社，2012：123.

[12] 吴庆洲. 城乡建设防灾与减灾知识读本[M]. 第一版，北京：中国建筑工业出版 社，2008：95.

第六章

城市避难通道系统规划

  随着人们忧患意识的增强，城市的公共安全问题越来越受到重视，而城市综合防灾规划在这种关注中不断完善。城市防灾空间结构设施按照空间形态可分为点状空间、线状空间和面状空间。其中，城市避难通道系统起着联系城市点状、面状等防灾空间的重要作用，是城市整个综合防灾体系的效能能否充分发挥的关键，因为即使布置了避难场所、应急设施，也可能因为疏散通道不畅等原因导致防灾效能低下。

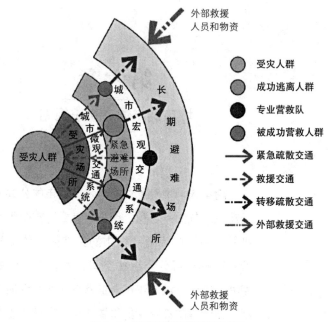

图 6-1　避难疏散通道系统示意图

图中文字：
外部救援人员和物资
受灾人群
城市微观交通系统
紧急避难场所
城市宏观交通系统
长期避难场所
外部救援人员和物资

图例：
受灾人群
成功逃离人群
专业营救队
被成功营救人群
紧急疏散交通
救援交通
转移疏散交通
外部救援交通

第一节　城市避难通道定义与分类

　　城市避难通道，又称城市避难疏散通道或避难通道，通常是指由市内避难疏散通道与区域疏散救援通道两大部分组成，前者功能主要为城市内部避难疏散，后者则主要承担城市对外的疏散及救援职能，两大部分共同构成了城市灾时避难通道系统（图6-1）。

一、城市避难通道定义

　　城市避难通道指意外事件发生时，人们迅速、有序、安全地撤离危险区域，到达安全地点或安全地带所需要的路径。

　　避难通道包括城市高等级公路、铁路、道路以及航道等，大部分兼具平时的交通功能与灾时的防灾避难疏散功能。

二、避难通道分类

1. 按等级分类

城市避难通道按照等级可分为救灾干道、疏散主干道、疏散次干道及街区疏散通道（表6-1）。

表6-1　疏散通道按等级分类

等级	分类	定义	作用	选择道路范畴
一	救灾干道	在大灾、巨灾下需要保障城市救灾安全通行的道路，与城市现有和规划出入口相连，联络灾区与非灾区，城市局部地域与区域内其他城市，连通各防灾分区，能够到达城市各主要救灾指挥中心、城市中心避难场所、医疗救护中心以及城市边缘的大型外援集散中心等主要防救据点。	实现城市内外救援运输，保证城市局部地域与区域内其他城市的人力物资救援畅通，为城市防灾组团分割的防灾主轴。	一般利用城市对外交通干道（如高速公路），以陆上对外交通干道为主，水上及空中通道为辅。
二	疏散主干道	在大灾下保障城市救灾安全通行的城市道路，主要连接城市中心或固定疏散场所、指挥中心和救灾机构或设施，构成城市防灾骨干网络。	用于城市内部运送救灾物资、器材和人员	一般为城市主干道
三	疏散次干道	在中灾下保障城市救灾安全通行的城市道路，是避难人员通往固定避难疏散场所的路径，并可作为没有与上两级道路连接的防灾据点的辅助性道路。	吸纳避难市民，并保证避难市民进入以后则可获得救助，且沿轴行进可到达防灾应急避难场所。还起到中灾情况下的疏散通行和大灾情况下的次生灾害蔓延阻止的作用。	一般为城市主、次干道
四	街区疏散通道	用于居民通往紧急疏散场所的道路。当一些避难场所、防灾据点无法与前三个级别的道路网连通时，则需要通过疏散通道来联络其他避难空间、据点或连通前三个级别通道。	保障居民快速进入从居住聚集区内进入救灾据点、临时避难场所。通过疏散通道居民可快速进入救灾次主干道，达到进一步进入固定避难场所的目的。并保证生活区内部的消防通道要求。	一般属于街区级道路

2. 按交通方式分类

按照交通方式可分为水上避难通道、陆路避难通道、空中避难通道；按照功能又可分为复合式避难通道和单灾种避难通道。

（1）水上避难通道

水上避难通道是指可以进行人员疏散与救灾的城市水网航道，用于连接避难场所以及各个等级的城市疏散通道。在一些水系比较密集的地区，必要时利用水上避难通道进行人员疏散成为另外一种可行的疏散方式，可作为陆路避难通道的补充，增强灾时城市的疏散救灾能力。

水上避难通道应保证与城市道路的有效连接，在货运码头、客运码头建设的同时，还需建设一定数量的备用码头或在城市建设时预留一定的用地，以保证灾时人员的快速疏散与救灾活动的顺利进行。

（2）陆路避难通道

陆路避难通道是指用于城市对外联系的铁路、公路以及城市内部疏散救援道路等，主体为城市各类道路。陆路避难是一般灾害疏散救援的主要方式。倘若陆路交通灾时遭到切断而无法通行，则不可使用陆路进行避难疏散，需就近寻找避难场所或采用其他应急疏散方式，如水上、空中疏散等。

在城市建设时，首先应合理布局各类铁路、公路及城市道路，提高城区路网的密度，构筑完善的城市防灾疏散通道体系，保证城市每个方向均能够快速对外进行联系；其次应实行公交优先发展战略，提高城市道路通行能力及重要节点疏散能力，对城区重要交叉口进行评估改造，提高道路交叉口车辆通行能力。

（3）空中避难通道

空中避难指的是利用各类机场进行灾时紧急避难疏散，具备快速疏散的特点。缺点是疏散能力不足。在发生重大灾害时，空中避难方式可作为其他应急避难疏散方式的补充。

3. 按功能分类

由于各个城市之间的地形地貌等自然条件及主要灾种具有地域性差异，避难通道从功能可分为复合式避难通道（作为两种以上灾害的共同避难通道）、单灾种避难通道（地震、洪水、火灾等避难通道）。

（1）复合式避难通道

复合式避难通道指的是可用作两种及两种以上灾害的应急避难通道。

例如可用于地震避难通道的道路，同时位于地形标高较高的位置，即可兼有洪灾避难通道的功能。

（2）单灾种避难通道

单灾种避难通道指的是由于各种原因及条件限制只可用作某一种灾害避难疏散的通道。考虑到灾时居民的快速疏散与灾害链效应，城市避难通道应以复合式避难通道为主，且规划设计标准应高于单灾种避难通道。

第二节　避难通道规划任务与原则

城市避难通道规划应以灾时快速高效疏散受灾人群与实施救援为目标，具体包含城市避难通道的评估选定、通道疏散能力测算、救灾转移方向的确定以及避难通道的整体布局等，并提出相关规划技术标准与提出实施建议。同时，城市避难通道应与城市总体规划保持一致，均衡、灵活布局避难通道，加强平灾结合的综合利用。

一、避难通道规划任务

（1）城市避难通道评估与选定。通过对城市交通系统现状的调研，评价疏散通道系统，初步测算通道疏散能力，重点在危险性节点地区，进而选定各等级避难通道。

（2）确定受灾人口疏散方向。根据受灾人口的空间分布特征，结合各地区避难通道、避难场所资源的状况，确定受灾人口转移疏散的方向。

（3）明确城市避难通道布局。对城市出入口、对外交通枢纽、救灾干道、疏散主干道、疏散次干道等进行布局。

（4）制定避难疏散通道规划技术标准；

（5）提出疏散对策及保障措施。

二、避难通道规划原则

1. 与区域路网总体规划相整合原则

日益严重的城市突发公共事件对城市提出了更高的要求，而城市避难通道系统规划是提高城市安全水平的有利契机。通过避难通道规划与城市总体路网规划相整合，并争取与政府的计划项目相结合，在近期建设规划中促进其实施，尽快提高城市防御能力。避难通道规划必须适应城市的发展，适应城市的人口变化对应急疏散救援通道提出的要求，在避难通道系统的规划年限、用地规划等方面与城市路网总体规划保持一致。

2. 均衡布局原则

在建立城市避难通道系统整体空间布局的基础上，在不同的防灾分区和防灾单元中建立若干等级的城市避难通道系统，并要注意避难通道在城市应急疏散主要方向上的布局均衡性。根据现状和规划中的人口总量和分布，对城市避难通道系统进行规划，并与不同等级的避难场所、抗震防灾指挥中心、医疗单位、交通客货运枢纽进行衔接，使受灾群众在灾时能够有效、安全地进行避难，并得到及时救助；救援物资和人员能够迅速赶赴灾区实施救援。疏散通道均匀分布，也使得疏散车流和物流能够均匀分布，不会导致某些道路由于疏散压力过大而造成局部拥堵，从而影响整个灾区的疏散救援。

3. 安全、可靠、灵活性原则

由于城市避难通道系统作为灾时整个城市区域疏散救援的生命线，必定要求通道本身具有很强的抵御破坏的能力，从而使得疏散通道免于破坏，灾时能够服务于应急疏散和救援等任务。因此，作为城市避难通道系统的主体必定是市区内的骨干道路和连接市区内外的高等级的高速公路或国道。

疏散方向应该均衡分布，不应过度集中，否则会导致疏散通道压力过大。另外，还应考虑周边区域的地形地貌情况；同时由于灾害发生的偶然性和突发性，还应保证疏散通道规划的灵活性，保证一旦部分疏散通道受到破坏之后，还有其他备选通道或者迂回疏散线路。

4. 高等级、高通行能力原则

某些灾害（如地震）发生后的影响范围大，受灾人员多且集中、救援物资需求大且紧迫，这就要求城市避难通道系统具有较高的服务水平和通行能力，以保证大量集中的受灾人员快速撤离灾区，救援物资能够及时运达灾区。

5. 平灾结合原则

城市避难通道系统并不是脱离城市路网而独立的道路系统，疏散通道本身就是城市现状路网的一部分，现有的城市路网骨干道路是城市避难通道系统规划建设的基础。疏散通道在平时还应承担日常的交通服务功能。所以，在城市避难通道系统规划建设时，通过城市路网现状调查，首先将紧急状态下具有疏散潜力的道路作为或适当改造后用于城市避难通道系统，可以大幅度减少建设投资。即便需要新建道路，作为应急疏散通道，也应充分考虑该道路平时的服务功能，这样才能在应急疏散道路规划建设完成之后，既满足应急需求又能够服务于日常交通，带动道路周边地区的经济发展。

6. 易于监控原则

由于某些灾害的突发性和难以预测性的特点，要求城市避难通道系统在选取时应该优先选取有监控设施以及其他智能交通系统（ITS: Intelligent Transportation System）设施的道路，这样便于应急指挥中心在灾害发生后，第一时间了解城市避难通道系统的运行状况，从而制定合理高效的应急疏散方案。同时，由于疏散通道的监控设施以及其他ITS设备使得应急指挥中心能够及时准确了解疏散过程进行的状态，及时发现疏散过程中的次生事件，并及时调整疏散方案和交通控制措施。

第三节　避难通道评估与技术标准

城市避难疏散评价体系，主要由空间系统的评价、通道系统的评价、空间与通道系统联系（或接口）的评价三部分构成（表6-2）。在城市避难通道规划布局之前应首先针对避难通道系统进行评估，了解通道系统的抗灾性能。与此同时，还需明确规定疏散通道的宽度与对外通道指标。

表6-2　避难疏散评价体系的总体构成

分类		评价内容	评价指标
空间系统的评价	服务水平	避震疏散空间结构	各类场所的总面积及所占比例
		空间布局	服务半径、覆盖率和重复率
		舒适程度	人均避难面积、场所饱和度

分类		评价内容	评价指标
通道系统的评价	通道系统抗灾性能	避震疏散通道结构	各级疏散通道的总长度及比例
		通道的通达性与应变性	各路段的网络连接度和控制值（作为重要疏散通道的判别依据）
		通道的可靠性（通行概率）	有效疏散宽度及路段易损度
空间与通道系统联系的评价		基本评价	出入口评价、距离评价和网络评价
		疏散空间与通道的契合情况	疏散空间与疏散通道的吻合度
		避震疏散的薄弱度分析	疏散服务的薄弱部分及通道系统的不完整性

一、避难通道系统评估

由于避难通道的主体为城市道路、公路等，且对于多数城市而言，地震造成的破坏往往最大，故以地震灾害为例，介绍城市应急避难通道的评估工作。

1. 避难疏散通道系统的评价

对城市避震疏散通道系统的评价主要在于通道系统的抗灾性能，主要表现在通达性和可靠性两个方面。通道系统的通达性评价可以通过网络集成度的方法进行分析，而通道系统的可靠性则主要是看各个路段的有效疏散宽度、街道高宽比保障和在地震灾害中的易损程度。

（1）通道系统的通达性

借鉴空间句法（Space Syntax）集成度的理论和分析方法，主要研究连接度和控制值。为了与避震疏散交通的实际相结合，将城市GIS数据系统中的道路中心线，转化为轴线来进行空间句法计算，以路段（交叉口之间的道路）作为一个空间单元，比较其各自的连接度和控制度，分析每一路段在避震疏散过程中的重要程度，具体计算方法如表6-3所示。

连接度（connectivity）：表示与一个路段直接相连的路段数，在疏散通道系统中连接度值越多，则表示该路段对外连接的选择性越多，抗灾性能越好。

控制值（control value）：假设每个路段对外连接的权重都是1，则某路段i从相邻路段j分配到的权重为$1/C_j$（路段j的连接值）。那么与路段直接相连的其他路段的连接值倒数之和，就是路段i从与之直接相连路段中分配到

表6-3　路段连接度与控制值的计算式

名称	计算式	内涵
连接度	$C_i = k$，k表示与路段i直接相连的路段数	与一个路段直接相连的路段数
控制值	$ctrl_i = \sum_{j=1}^{K} \dfrac{1}{C_j}$	一个路段对与之相连路段的控制程度

的权重，就是路段i的控制值，表示该路段对与之直接相连的路段的影响程度。在避震疏散通道上的实际意义，就是一个路段的通行情况对其周边路段的影响。路段的控制值越高，对其相连道路的影响就越大，在其周边区域内的重要性就越高。在实际中应考虑不同的道路等级的影响，因为不同道路在避震疏散中的作用是不一样的。快速路可能控制值不一定是最高的，但可能作为主要疏散通道。

（2）不包括桥梁路段的可靠性

对不包括桥梁路段可靠性的影响，主要来自两个方面，一方面是道路本身即路基在地震作用下的受损对路段通行能力造成的影响，另一方面则是道路两侧建筑物或者路上构筑物受震坍塌后造成的堵塞对路段通行能力带来的影响。避震疏散通道的有效宽度是考虑地震中通道两侧的建筑受灾倒塌时，通道的横断面部分受阻，但还有足够的宽度保证救援车辆、消防车辆以及疏散人群的通行。

（3）包括桥梁路段的可靠性

包括桥梁的路段实际上是桥梁单元和路段单元的串联，因此地震对包括桥梁路段可靠性的影响，应分为对桥梁单元的影响和对路段单元的影响。在评价包括桥梁路段的可靠性时，不同于无桥梁路段直接采用路段单元的通行概率，而是将桥梁单元的通行概率和路段单元的通行概率相叠合。如果考虑到工程结构、地震发生概率和加速度的空间差异等因素，那将更为复杂。

2. 通道疏散能力评估

灾害发生时，疏散通道的通行能力直接关系到受灾人口的应急疏散与救援行动能否顺利开展。避震疏散交通一般分为紧急疏散交通、转移疏散交通和救援交通。这些可通过计算机进行灾时通道疏散的多情景、多灾种仿真模拟，了解疏散的人流、车流以及交通整体运作的变动情况。

（1）紧急疏散交通

紧急疏散交通，主要发生在城市社区等局部层面，这类交通以步行为主，主要集中在灾害发生后的10min以内。这对城市支路、社区级道路等城市微观道路系统产生瞬间巨大交通压力。由于紧急疏散的时间短，其交通特点表现为产生瞬间人流高峰，且流量很大。另外由于紧急逃生的自发性特点，交通组织性差，秩序比较混乱。

（2）转移疏散交通

转移疏散交通，通常发生在城市整体层面，这类交通以步行为主，机动交通为辅，时间主要集中在灾害发生后的1～24h（不包括地震过后的安置转移）。主要给城市主干路和次干路等城市宏观道路系统带来交通压力。其交通特点表现为流量比较平稳，持续时间较长。另外转移疏散多为有组织的交通行为，秩序较好。

（3）救援交通

救援交通，除了灾害发生初期群众的自救和互救行为所产生的交通之外，多为有组织的交通行为。根据主体的不同可以分为紧急营救交通和救援货运交通。

通过对避难通道疏散能力的模拟评估，能够发现灾时人流、车流量较大以及交通不畅的区域，进而为制定相关应急预案提供参考。

二、避难通道技术指标

1. 疏散道路宽度指标

考虑到不同等级的避震疏散通道在疏散交通和救援交通上所发挥的作用不同，对有效宽度的要求也有所不同。紧急疏散通道主要是城市紧急疏散和紧急救援的通道，以步行为主，但是考虑消防车的进入，有效宽度不小于4m；主要疏散通道和次要疏散通道是城市避震疏散和抗震救灾的主要通道，除了满足大量疏散居民的步行需求之外，还要为消防车、救护车、救援机械车辆以及救灾物资等众多车辆预留通行宽度。因此次要疏散通道的有效宽度要不小于7m，人车混行的情况保障行人与车辆同时通行的需要。而主要疏散通道的要求更高，有效宽度不小于15m，即在保障行人通行的基础上，满足车辆双向通行的要求。

城市疏散道路的宽度应考虑两侧建筑物受灾倒塌后，路面部分受阻，仍可保证救灾车辆通行的要求（图6-2）。道路两侧建筑高度要严格控制。

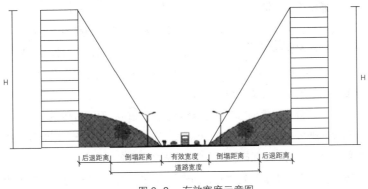

图6-2　有效宽度示意图

疏散道路的宽度应符合下列关系式：

$$w=H_1 \times K_1 + H_2 \times K_2 - (S_1 + S_2) + N$$
$$N=W - H_1 \times K_1 - H_2 \times K_2 + (S_1 + S_2)$$

式中W为道路红线宽度，H_1、H_2为两侧建筑高度，S_1、S_2为两侧建筑后退红线距离，N为疏散道路的有效宽度，K_1、K_2为两侧建筑可能倒塌瓦砾影响宽度系数。

两侧建筑物可能倒塌瓦砾影响宽度系数可按相关规定（表6-4）取值。

表6-4　宽度系数K值一览表

建筑类型	宽度系数布置方式建筑高度	<24m	24m～54m（含24m）	54m～100m（含54m）	100m～160m（含100m）	≤160m
标准设防类建筑	平行红线布置	2/3	2/3～1/2	0.5	0.5～0.4	根据情况定，不低于前款要求
	垂直红线布置	0.5	0.5～0.3	0.3～0.25	0.25～0.2	
提高设防要求建筑	按防止坠落物安全距离确定	0.2	0.2～0.1之间插值采用		0.1	

计算疏散通道的有效宽度时，道路两侧的建筑倒塌后对瓦砾废墟的影

响，亦可通过仿真分析来确定：

救灾干道：应满足当双侧建筑物同时倒塌时，保证道路畅通，此时可能倒塌瓦砾影响宽度系数按照1/2考虑；当单侧较高建筑倒塌时保证道路畅通，此时可能倒塌瓦砾影响宽度系数按照2/3考虑。两侧建筑倒塌后的废墟的宽度可按建筑高度的2/3计算。

疏散主干道：应满足当双侧建筑物同时倒塌时，保证道路畅通，此时可能倒塌瓦砾影响宽度系数按照1/3考虑；当单侧较高建筑物倒塌时保证道路通畅，此时可能倒塌瓦砾影响宽度系数按照1/2考虑。

疏散次干道：应满足当单侧较高建筑倒塌时保证道路畅通，此时可能倒塌瓦砾影响宽度系数按照1/2考虑。

在满足上述要求的同时，对于没有进行抗震设防的建筑物在计算时要满足两侧建筑物同时倒塌时对交通的要求；对于乙级设防的建筑物可降低一级标准考虑。

2. 对外通道指标

城市出入口应保证灾时外部救援和抗震救灾要求。每个城市防灾分区在各个方向至少应保证有两条防灾疏散通道。

第四节 疏散及应急救援方向

疏散与应急救援包括两方面：首先是市内的疏散与应急救援，依托灾后市内具备通行能力的城市道路进行内部疏散转移与应急救援，含各个区之间的协调疏散救援；其次是区域对外的疏散与应急救援，主要利用完好的快速通道及高等级公路、铁路等进行疏散与应急救援。

一、内部转移疏散方向

灾害发生时，在第一时间内需要将受灾人口就近转移至避难场所。此外，依据对城市内各个区县避难场所用地资源的评价，用地资源较紧张的地区，灾时需重点向外疏散避难人口。

以北京为例，东城、西城、宣武等城4区及海淀、大兴区的用地资源已很紧张，灾时需向外疏散受灾人口。其中，虽然大兴区用地资源较少，但作为远郊区县，其新城集中建设区避难人口不宜再向中心城地区转移（图6-3，图6-4）。

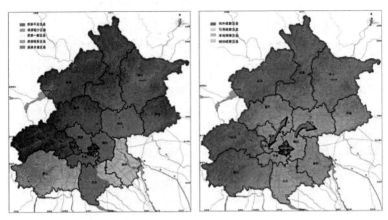

图6-3　北京各区县用地资源条件　　　图6-4　中心城避难人口应急疏散
　　　　　分析图　　　　　　　　　　　　　　　转移方向分析图

（资料来源：《北京市地震应急疏散救援通道规划（2012）》）

二、对外转移疏散方向

城市对外应急疏散救援通道的作用主要是在灾难发生后，尤其是对破坏力强，影响范围广的重大灾害，需要向周边地区进行人员疏散和物资救援。作为应急疏散救援通道，灾时应保证其道路的顺利通行。为了达到减轻灾害的目的，除了首先加强公路工程和桥梁的抗震设计外，其次就是对已建成的公路交通系统的抗震能力，进行连通性分析，为编制防灾规划和制定防灾决策提供重要的科学依据。

以北京为例，从北京市周边地区的地形特点可以看出，西部张家口地区、北部承德地区为山区地带，不宜地震后大批人员的安置和物资的调配；东部为唐山地区，处于地震破裂带；而东南部廊坊天津地区、南部石家庄、保定、沧州地区均处于平原地带，不仅能安置大量的人员，而且利于物资的运输。因此北京市地震应急疏散方向应以东南、南部两个方向为主。随着京津冀一体化的不断向广度和深度推进，京津之间的联系将会更加紧密，当疏散人口数量不大时，首先考虑天津地区，即东南方向。但是，当震级比较大时，疏散人口较多，同时天津地区也比较危险且靠近渤海湾，延伸不够，则以南部地区为主要疏散方向。

高速公路是连接北京与周边省市的主要通道。地震时高速公路中桥梁的破坏常常是造成道路交通不能运行的主要原因。对于高速公路的路基路面来说，因其设计等级比较高，在地震中虽会有不同程度的破坏，但终不是造成交通瘫痪的主要原因，不会影响道路基本通行能力太多。高速公路设计红线都比较宽，道路两侧的建筑物的破坏，不会影响道路的有效宽度，更不会造成路段的阻塞。因此，把路基路面的高速公路作为中心城对外应急疏散通道是较为合适的（图6-5，图6-6）。

图6-5 北京市地震应急疏散方向示意图

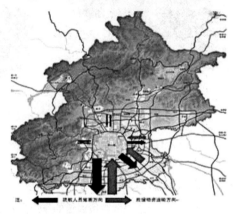

图6-6 北京市地震应急疏散方向比例示意图

注：箭头的粗细代表疏散的比重

（资料来源：《北京市地震应急疏散救援通道规划（2012）》）

第五节 避难通道布局规划

避难通道布局规划主要包括对城市出入口、对外交通枢纽、救灾干道、疏散主干道、疏散次干道等的布局，街区疏散通道可在详细规划阶段进行布局设计（图6-7）。

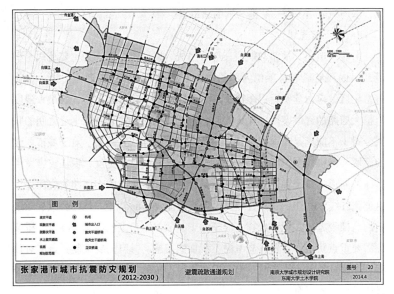

图 6-7　避震疏散通道规划图
（资料来源：《张家港市城市抗震防灾规划（2012-2030）》）

一、城市出入口

城市出入口应保证灾时外部救援要求，同时保证每个防灾分区至少有两个出入口。出入口应能保障在灾后的畅通，一般以城市高等级公路和铁路为主、高等级航道和空中航线为辅。城市的出入口数量宜符合以下要求：中小城市不少于4个，大城市和特大城市不少于8个。

二、对外交通枢纽

对外交通枢纽是保障城市对外交通和内部交通联系转换的关键点，包括：铁路站场、水路码头、空港、立交枢纽等，必须进行重点防范。

三、城市内部避难通道布局规划

1. 救灾干道规划

由公路、铁路、航道和空港四部分组成。城市境内省道、国道（高速公路）路面等级高，路基路面强度比较高，安全性好。根据各地具体需求特点，可以规划以高速公路、干线公路、城市快速路和铁路为主要救灾干道，以河流航道、航空空港为辅助通道。

2. 疏散主干道规划

由城市道路、铁路和航道三部分组成。以城市主干道为主要疏散主干道，以内河航道和各单位内部的铁路专用线等为辅助疏散主干道。在建筑密集区，应对建筑后退距离不够的地区采取改建等控制手段，最大限度地扩大道路的红线宽度，保证灾时各主干道与城市对外疏散干道之间的联系。对于不能满足疏散通道要求的街道，应适当拓宽路面。对于城市新建的区域要严格控制道路两侧的建筑高度和道路的红线宽度，保证灾害发生后疏散通道的畅通和避灾据点的可达性。新建、加建的多层建筑应保证后退道路红线5m以上，高层建筑的后退距离应保证8m以上，同时要减少通道上的高架设施或其他障碍物。对于位于疏散主干道上的高架、隧道、桥梁等需要重点防范的位置，应考虑工程加固措施。并且需要编制紧急应对预案，在某一处节点受损时，组织道路绕行、抢修等恢复措施，避免整个疏散通道体系的瘫痪。

3. 疏散次干道规划

以城市部分满足疏散要求的城市次干道为主要疏散次干道；同时也是紧急避难场所外的疏散通道，道路必须保证灾后的有效宽度不少于4m。结合旧城改造规划，增辟干道和疏通死巷，保证整个道路网络系统的完整。

第六节　提高通道灾时通行能力的措施

避难通道灾时通行能力直接影响到灾时的疏散与救援速度。提高通道灾时通行能力重在平时的管理、预案的研究以及灾时的应急管理，包括严格控制建筑后退道路红线的管理、确保道路两侧建筑防灾性能、完善城市道路系统、制定灾时应急交通预案、加强避难标识系统研究与建设及灾时交通管制等措施。

一、严格控制建筑后退道路红线的管理

建筑后退道路红线越近，道路越容易受到建筑物破坏的影响。因此，

对于规划建筑，应严格保证道路红线的权威性，同时按照城市当地的建筑规划管理技术规定，坚决贯彻执行对建筑后退红线的要求；对于现状建筑，能够整改的必须整改，而一些限于历史原因不能拆除或者整改的，应通过加固相邻建筑的方法，降低其形成连锁反应的可能，降低其对道路系统的影响。

二、确保道路两侧建筑防灾性能

灾害造成路侧建筑物的坍塌或者损坏，将对临近道路的通行能力造成影响。建筑物坍塌形成的瓦砾堆会削减道路的宽度，进而行人出于安全考虑，会远离建筑物行走而占用城市道路。因此，对灾时通行能力较低的主干路及其两侧建筑，应采取相对应的改造加固措施，保证其灾后的有效通行宽度，进而保证救灾疏散的顺利进行。

在道路两侧新建建筑的设计施工及审批过程中，应严格按照相关规范要求进行抗震等防灾方面的要求进行设防，对特殊建筑应提高一度进行设防，保障道路灾后畅通，提高灾时通行能力。

三、完善城市道路系统

首先，应加强城市的快速路网的建设，增强城市交通的快速对外疏解能力。由于快速路红线较宽，两侧建筑后退红线较远，在救灾上也相应成为可选择的路径。同时，对于地质条件较差，有可能在灾时形成对外交通救援通道瓶颈的快速路段，进行必要的加固改造，保证快速通道的畅通和安全。

其次，需加密城市支路网，改善城市交通微循环，灾时居民的疏散路径选择也较多，对快速疏散意义重大。在支路网不完善的城市，结合支路网建设，对连接城市避难场所和周边用地的支路加强其防灾性能，提升支路网络在救灾疏散时的通行能力。

四、制定灾时应急交通预案

城市在地震灾害中能够保存下来及时用于救援的交通系统与日常交通所依赖的交通系统有很大区别。地铁、高架路、铁路等这些正常环境下在交通系统中发挥重大作用的基础设施，在地震灾害后很难作为救灾通道。震后交通系统的潜在破坏地段包括桥梁的破坏，建筑物倒塌引起疏散通道的堵塞，道路、铁路本身破坏，一般由地震或场地破坏引起。因此，在制定交通系统地震应急预案时，应针对城市交通系统中可能遭受破坏的地段，制定相应的应急交通对策，储备必需的物资及时进行道路抢修，保证震后交通的通行。

五、加强避难标识系统研究与建设

避难标识系统则是在灾时最贴近人的行为活动的应急系统，合理有效的标识能够使受灾人员第一时间评估自己的受灾状态、缩短应急疏散的时间、提供一个合理的应急疏散路线等，以确保应急救援工作的顺利进行，保障居民的安全以及防灾应急预案系统中各项调度指挥系统、应急救援系统的正常运作。因此，加强城市避难标识系统研究与建设就显得尤为重要。

六、灾时交通管制

交通管制是对交通的强制性管理。避难行动开始后，避难道路上的人流、车流明显增加，极易出现交通堵塞、拥挤或混乱，发生交通事故、践踏事故或次生灾害。交通管制的主要任务是合理分配车流、人流及其流动方向，确定车辆迁回线路，疏散拥堵线路，确保灾民安全避难疏散和紧急车辆通行，把灾后的交通混乱降到最低程度，为避难行动和抢险救灾创造良好的交通环境。

交通管制的主要内容有：道路交通系统受灾情况调查，道路关闭区间确定；救援专用道路和替换绕行道路的确定，为确保这些道路的交通畅通，需对其交通秩序进行重点维护；交叉口信号配时的调整，交通信号设施损毁的交叉口的控制管理，关键路口的控制管理；灾时对公交的特殊管理，实施公交优先、改善公交服务质量及鼓励合乘和乘坐公交的措施；停车管理；各种相关信息的提供；其他，如交通设施受损情况的报告、评估和修复计划、对违反灾时交通管理规定的处理办法等。

交通管制按照实施阶段划分可以分为初期管制和二期管制两阶段。初期管制是在尚未准确掌握灾害破坏情况时由官方发布，其管制内容主要包括：市中心区的交通应完全关闭；将通向市中心区的干道指定为紧急救援车辆专用道路，禁止一般车辆行驶；在禁止通行路段或地区，除紧急救援车辆外的其他车辆应尽快驶离道路或停于路侧以让出中央车道。二期管制则在破坏情况得到了缓解后开始实施，分为紧急救援优先阶段和完全恢复重建阶段。紧急救援阶段救援主干道，禁止一般车辆通行，仅允许救援车辆和药品运送车辆等特殊车辆通行，经过灾害地区的车辆应绕道行驶。恢复重建阶段在地震发生72h后，本阶段支持恢复重建工作为交通管制目标，准许运送救灾物资（如食物）的车辆和公共汽车等通过疏散道路。

参考文献

[1] 陈明星，沈非，查良松，金宝石. 基于空间句法的城市交通网络特征研究——以安徽省芜湖市为例[J]. 地理与地理信息科学，2005（02）.

[2] 戴慎志. 城市综合防灾规划[M]. 北京：中国建筑工业出版社，2011.

[3] 傅小娇. 城市防灾疏散通道的规划原则及程序初探[J]. 城市建筑. 2006（10）.

[4] 李繁彦. 台北市防灾空间规划[J]. 城市发展研究，2001（06）.

[5] 廖曙江，江宁. 重庆市城市社区级防灾疏散避难场所规划研究[J]. 消防科学与技术，2011（02）.

[6] 刘硕，贾艾晨. 洪灾中避难路线的选择研究[J]. 水利与建筑工程学报，2008（04）.

[7] 桑晓磊. 城市避震疏散交通系统及评价方法体系研究[J]. 上海城市规划. 2013（04）.

[8] 徐波. 城市防灾减灾规划研究[D]. 同济大学，2007.

第七章

城市自然灾害防御规划

城市自然灾害是城市公共安全中影响较大的一项灾害，也是目前城市公共安全规划研究最多的一项灾害。城市自然灾害又称为自然灾难、天然灾难、天然灾害、天灾、天患、灾荒，是指自然界中致灾因子发生异常现象，这种异常现象造成周围的生物和人类社会生命财产的损失。本章对自然灾害的类型、形成机制、风险评估方法以及防御规划进行简单介绍。

第一节 城市自然灾害类型

城市自然灾害多种多样，常见的主要自然灾害有旱灾、洪灾、涝灾、地震灾、滑坡和泥石流灾。有文献统计，目前全球各种灾害造成的损失中，洪水占40%，热带气旋占20%，干旱占15%，地震占15%，其余占10%。通常按照发生领域、影响范围、陆地地形、致灾原因、发生时期、受灾程度等不同而分成不同类型。如根据自然灾害的发生领域及特征，可将自然灾害分为陆地灾害、海洋灾害；根据影响范围，可将其划分为全球性灾害、区域性灾害；根据受灾陆地地形类型，可将其划分为山地灾害、平原灾害与滨海灾害；根据成灾原因，可将其划分为原生灾害、次生灾害；根据发生时期，可划分为地史灾害、历史灾害、当代灾害以及未来灾害；根据受灾程度，又可划分为特大灾害、大灾害、中灾害及小灾害。这里我们主要以灾害成因及特点为依据，将城市自然灾害划分为四大类，包括气象灾害、地质灾害、海洋灾害和生物灾害。

一、气象灾害

气象灾害指因气象异常而导致的灾害。主要包括暴雨洪涝、干旱、寒潮、台风、沙尘暴等种类。气象灾害具有灾害种类多、影响范围广、发生频率高、灾情后果重、持续时间长、易发生次生灾害等特点。

洪涝灾害。洪涝灾害是目前全球造成损失最大的自然灾害，造成40%的损失，包括洪水灾害和内涝灾害，主要分布在沿江、沿河、沿湖及沿海地区。洪水灾害指由于暴雨或冰雪融化以及水利工程失事等原因引起的江河湖泊水量迅猛增加，水位急剧上涨，水流溢出天然水道或人工堤坝所造成的灾害。内涝灾害指由大雨、暴雨或持续降雨等使低洼地区淹没、积水的现象。洪涝灾害会危害农作物生长，造成农作物减产或绝收；破坏房屋、建筑、水利工程、交通和电力等城市基础设施，对人们生活造成影响；造成不同程度的人员伤亡。2013年10月6～9日，受台风"菲特"影响，余姚遭遇新中国成立以来最严重水灾。70%以上城区受淹，主城区城市交通瘫痪，全线停水、停电，山区公路交通全部中断；造成余姚市直接经济损失69.91亿元，受灾人口832870人，房屋受损较严重的25650间，转移人口61665人。

干旱。指因长期降水偏少或无降水造成的自然灾害，主要分布在全球干旱、半干旱区及季风气候区。例如我国西北地区属干旱区。东北及华北地区的春旱，是由于春末初夏，锋面雨带还未来临，气温回升快，蒸发旺盛；还有江淮地区七八月时的伏旱。干旱一般不会造成直接经济损失与人员伤亡，往往造成农作物、林木的干枯死亡，河流、水塘、湖泊干涸，人畜用水和工农业生产用水困难，还有可能导致局部地区的社会动荡，对城市公共安全产生连锁影响。

热带气旋。指发生在热带海洋上的空气漩涡。主要分布在孟加拉湾北部及沿海地区，我国东南沿海、日本和东南亚国家，加勒比海地区和美国东部海岸等区域。热带气旋形成强风、暴雨、风暴潮，引起洪涝灾害，冲毁农田，毁坏房屋及建筑设施，中断交通等生命线工程，造成海难事故和人员伤亡。

其他气象灾害。城市还存在大风、冰雹、低温冷冻、干热风、雪灾、龙卷风、连阴雨、雷暴、沙尘暴、冻雨以及大雾等其他气象灾害种类。如雷暴易发生在电信、建筑、石油、化工等行业和空旷地带、居民住宅等场所。龙卷风是强对流运动发展而成的小尺度天气系统，是一种破坏力极大的小范围强烈涡旋，美国就是个多龙卷风国家。沙尘暴是沙暴和尘暴的合称，是指强风把地面大量沙尘物质吹起并卷入空中，使空气特别混浊，水平能见度小于一千米的严重风沙天气现象。多发生在内陆沙漠地区，会造成不同程度的风力破坏及地皮刮蚀，我国北京就是沙尘暴高发区之一。

二、地质灾害

地质灾害指由于地质动力作用所导致的岩体或土体位移、地面变形以及地质环境恶化，并危害人类生命财产安全的现象或过程。主要包括地震、滑坡、泥石流、崩塌、地面塌陷、地裂缝等种类。

地震。地震是城市自然灾害防御规划的主要灾种，它是指地壳快速释放能量过程中造成的震动，具有难预报、损失大的特点。其实地球上每天都在发生地震，只是大多数是人们感觉不到的，这些震级往往较小或发生在海底等偏远地区。但是一旦在人类密集区发生强震，往往会给城市带来巨大灾难。地震产生的地震波，可产生地面塌陷，引起山体滑坡、海啸、火灾、燃气泄漏、传染病爆发等次生灾害，造成建筑物的破坏甚至倒塌，造成人员伤亡及生命财产损失；有时地震次生灾害造成的损失可能超过地震本身。

地震在全球的分布很不均匀，存在着一些密集地带，即地震带。最大的两个地震带是环太平洋地震带和欧亚地震带，分布着占全球85%的浅源地震、全部的中源和深源地震（图7-1）。

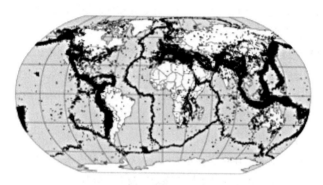

图 7-1　全球 1963 ~ 1998 年发生的地震分布

滑坡与崩塌。滑坡又名"走山"、"垮山"、"土溜"。在2008年国土资源部、水利部、地矿部的地质灾害勘查规范中，滑坡被定义为斜坡岩土体沿着贯通的剪切破坏面所发生的滑移地质现象。滑坡的主要危害是摧毁农田、建筑物、伤害人畜、毁坏森林、道路等市政设施，造成停电、停水等现象。滑坡具有多种类型，如按照滑坡体积大小，可以将滑坡划分为小型、中型、大型以及特大型滑坡（巨型滑坡）；按照滑动速度，又可分为蠕动型、慢速、中速、高速滑坡等。

崩塌又名崩落、垮塌或塌方，是较陡斜坡上的岩土在重力作用下突然脱离母体崩落、滚动、堆积在坡脚（或沟谷）的地质现象。崩塌按照崩塌体的不同分为土崩、岩崩，可以发生在任何地带。按照发生位置又分为山崩和岸崩。崩塌会使建筑物，有时甚至使整个居民点遭到毁坏，使公路和铁路被掩埋，使交通中断，给运输带来重大损失（图7-2）。

泥石流。泥石流是山区特有的一种不良地质现象，它是由暴雨或上游冰雪消融形成的携带有大量泥土和石块的间歇性洪流。其特征往往是突然

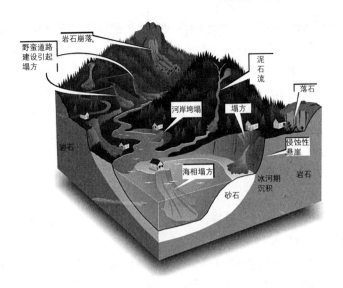

图 7-2　崩塌的分类与形成

爆发，浑浊的流体沿着陡峭的山沟前推后拥，奔腾咆哮而下，地面为之震动、山谷犹如雷鸣。

其他地质灾害。 城市还存在地裂缝、地面塌陷、液化、土地冻融、火山、地热害、岩爆、煤层自燃、黄土湿陷、岩土膨胀、水土流失、土地沙漠化、沼泽化、土壤盐碱化以及坑道突水、突泥、突瓦斯等其他地质灾害。矿产开采形成的地裂缝往往与地面塌陷相伴而生。

三、海洋灾害

海洋灾害指由于海洋的自然环境激烈变化而在海上或海岸地带发生的自然灾害。主要包括风暴潮、海啸、海水倒灌、海浪、海冰、赤潮等种类。

风暴潮是最严重的海洋灾害之一，由热带气旋或温带气旋等大气运动所引起的海面异常升降现象。风暴潮会倾覆海上船只，毁坏海上设施，淹没沿海地区的城镇、村庄及耕地，破坏房屋与工程设施，造成人员伤亡。海啸指由于海底突然变动，如海底地震、海底火山爆发等引起海水大幅度升降而形成的巨大波浪。海水倒灌是指海水经地表到达陆地的水文现象，普遍出现于沿海低洼地区。其成因主要是与地层低陷和潮汐有关，台风季节或暴雨时亦很容易引发海水倒灌。海水倒灌现象一般只在内河入海口处发生，可引发咸潮现象，威胁河流淡水水质。随着全球海平面的上升，海水倒灌势必越来越严重，所带来的可能是沿海地区土壤恶化腐蚀和淡水盐碱化等问题。赤潮是海水中某些微小的微型藻、原生动物或细菌在一定的环境条件下爆发性增殖或聚集在一起而引起水体变色的一种生态异常现象。最早是因海水变红而得名，现已成为各种赤潮的统称。在海水封闭、水温较高的情况下，由于人类生产、生活排放含氮、磷的污水，造成海洋水体富营养化。赤潮破坏海洋生态平衡，严重影响海洋渔业生产和水产资源，危及人类健康。

四、生物灾害

由动植物的活动和变化所造成的灾害，就是生物灾害。主要有农林牧生物灾害、森林火灾和草原火灾等。

农林牧生物灾害指在农耕区、林区、牧区，由于某种原因而导致的在农作物、森林、牲畜等生物中，病害、虫害、草海、鼠害暴发或流行的现象。如禽流感、蝗灾、鼠害等。通常给农业、林业、畜牧业生产造成重大损害。森林火灾和草原火灾指由于人们生活生产用火或雷电、煤自燃所引起的森林林木或草原牧草失去控制的大范围燃烧现象，往往会烧毁大量林木、牧草，造成不同程度的人畜伤亡，严重地破坏了生态环境。

气候变化、环境变化会改变动物的数量、习性，繁殖能力过强或过弱、数量过多或过少，会造成生态失衡，引起生物灾害。干旱使蝗灾爆发，造成农作物颗粒无收；老鼠缺少天敌而过度繁殖，不仅危及农作物及农业生产，还传染多种疾病，破坏城市基础设施。气候变化发生森林虫害病，使成千上万亩林木毁灭，造成整个生态系统的失衡，其损失不比地震、洪涝灾害、森林火灾等轻。

第二节　城市自然灾害形成机制

灾害是自然致灾因子与人类社会系统在一定时期的相互作用，造成了人类社会系统结构和功能的巨大改变，产生了严重后果，并且短期内难以修复。致灾因子与承灾体的特征可以用自然特征和社会特征来描述，致灾因子与承灾体的相互作用反映在自然现象与人类对自然利用系统的交界中，另外灾害间的连锁反应也是诱发灾害发生的一种原因。因此，本节从自然灾害形成的自然因素和社会因素、自然现象与人类对自然利用系统交界机制、灾害间连锁反应机制来剖析城市自然灾害的形成。

一、自然灾害形成的影响要素

城市自然灾害的起因众多，气象条件导致的干旱、暴雨、地壳运动带来的地震、暴雨引发泥石流，人工伐树造成水土流失等等。但本质上，灾害包括两个基本属性：自然属性和社会属性，因此城市灾害发生也就不外乎自然变异与人为影响这两个原因。

酿成城市自然灾害，除了地球的自然变异外，这也是通常人类所不可控的，但是当下在人类社会高速发展的背景下，人为影响可以说是成灾的主要影响要素，也是我们所能避免或者减轻的方面。城市自然灾害的人为影响要素，就是人类从事的各种社会活动（包括经济、军事、科技、教育、政治、文化等各个方面）对城市自然灾害的发生与发展产生影响的诸种要素，大致包括以下六类。

1. 灾害文化

美国学者Harry Moorc根据对墨西哥湾湖海岸飓风的研究发现，经常受到同样灾害力量袭击的地区，会产生一种"灾害文化"。灾害文化包括公众的灾害知识积累、灾害经历、甚至是灾害创伤等，会反馈成公众的灾害意识，作用在公众的日常灾害态度及灾时的应对行为，即灾害响应。灾害文化在很大程度上影响甚至决定了公众的灾害响应度。如果是积极向上的灾害文化，就能提高市民的防灾减灾意识，有利于防灾减灾政策的顺利实施；反之，则将有可能导致或放大灾害。城市通过正确的引导培养积极向上的灾害文化，就可以有效减轻灾害损失。例如，日本长野市，在八十年代经历过几次损失惨重的大滑坡灾害，之后他们已形成较好的灾害文化，对城市防灾减灾起到了积极的影响。

2. 政策导向

国家及城市的政策导向会影响城市的发展建设。城市的发展离不开区域这个大环境的供给，对于防灾减灾来说，地方主义是万万不可取的。譬如河流治理，是整个流域的问题，必须要实行区域联动，从整个流域上进行统筹协调，如果从局部利益出发，上中下游之间，枯水季节与丰水季节之间，各地各时的利益总是难以协调一致的，在灾害治理上也是"扬汤止沸"而非"釜底抽薪"。1991年夏季太湖流域的巨大水灾给我们留下一个深刻教训与反思：江、浙、沪二省一市同饮太湖水，但在太湖水治理上地方利益的坚持导致各利益主体难以达成区域共识，在一定程度上贻误了太湖流域骨干工程的建设，最终导致环太湖地区各地均受到洪水重创。

3. 城市建设

城市规划是龙头，是城市发展的顶层设计。合理科学的城市规划与建设不仅有利于城市的生产和人民生活，还必须具有防灾减灾的重要功能。管子认为都城选址应是"非于大山之下必于广川之上，高勿近阜而水用足，低勿近水而沟防省"，即使在地势较低的地方也不靠近河流居住，这样就可以省去修沟渠堤防，说明中国古代的城市建设就开始修筑堤坝，防止水灾，非常重视城市防灾能力的建设。当然随着人类工程技术的进步也由于地形土地资源的限制等客观原因，现在世界上百万人口以上的大城市80%以上都分布在沿江沿海，越来越多的城市通过围海造田来缓解土地供应紧张问题。100多年来，澳门利用填海的方法使土地面积扩大了一倍。当然，这并非意味着灾害已经不复存在，关键在于城市防灾减灾的投资与效益之间的权衡。

城市的基础设施建设水平很大程度上影响并决定了城市的灾害防御能力，城市的基础设施作为城市生命线工程的物质载体，在灾前降低风险发生的可能性与损失程度，灾时保障城市抗灾工作的顺利进行以及灾后的安置恢复阶段都肩负重担，具有举足轻重的地位。城市作为一个复杂系统，基础设施建设不能仅从单项设施的工程建设加以防范，必须要从整个设施系统上考虑，优化结构网络，实现整体效益最优。

4. 资源开发

社会的进步、城市的发展必然是建立在人类对自然资源利用与开发的基础上的。随着人口的增多，人类对自然的索求也与日俱增，这就带来城市资源的开发利用问题。众所周知，只有对自然资源合理的、科学的、适度的开发利用才是可持续的发展模式，也必将对城市的发展起正效应，但若没有节制地过度开发，短期内可能感受不到自然的报复，但在未来某个时刻必将给城市带来巨灾。例如1934年5月的北美黑风暴，由于对城市土地资源的不断开垦，森林被砍伐，土壤风蚀严重、连续的干旱又加剧了土地沙化，在高空气流的作用下，尘粒沙土被卷起，形成巨大的黑色风暴，持续了3天3夜，给美国的农牧业生产带来了严重的影响，使原已遭受旱灾的小麦大片枯萎而死，引起当时美国谷物市场的波动，冲击经济的发展；同时刮走肥沃的土壤表层，留下贫瘠的沙质土层，改变土壤结构，严重制约日后该地区农业的发展。再生资源在一定期限内也是非再生的，因此可以说自然资源都是非再生的，对待城市资源开发利用上，一定要把握好"度"。

5. 科学技术

科学技术是第一生产力。因此，城市自然灾害的防御也离不开科学技术。当下遥感技术、地理信息系统技术、全球定位系统、通信信息技术、建在工程质量探测技术以及先进的防灾建筑技术等正被利用到在防灾减灾工作中，必将起到事半功倍之效。例如，气象卫星能够获得气象和地表覆盖动态信息，为气象预报服务，为气象灾害监测提供技术支撑。

6. 灾害应急管理

城市自然灾害是不可避免的，灾前我们能做的只是加固城市防御工事，提高城市防御能力，减小发生的可能性，降低风险损失。灾害一旦发生，灾害应急就是人们抵抗灾害的有效手段，科学合理的灾害应急能指导人们在灾难面前采取积极正确的避难措施，有序应对灾害，从而大大降低灾害损失，避免灾情扩大，提高城市的灾害承受能力与处理能力。平时，有效的灾害监测、科学的应急预案编制、定期的应急演习活动、充足的应急物资储备、应急指挥与执行人员的训练等是灾害应急的前提与保障。

二、自然现象与人类利用的共同作用

自然灾害存在于自然现象与人类对自然利用系统的交界中。大自然和人类的交互作用生产有用的资源造福于人类，但同时也产生灾害风险危险威胁人类。为应对灾害，人类社会可能会寻求修正自然事件系统，包括风、水和地球，同时也会改变使用系统的位置、生计和社会组织。因此，灾害的应对，不仅改变了自然，也修缮了人类对环境的利用（图7–3）。

地震、洪水等灾害事件仅仅是灾害发生的诱发因素、导火线、外因，国家制度、经济发展水平、社会组织结构、城市灾害管理能力和城市居民的防灾意识等则是影响灾害规模和影响强度的基本因素和内因。因此地理特征多样性和不同的社会经济承受能力（或人类控制自然的能力）会影响到对灾害风险的感受程度。在经济社会的可承受程度之内，自然事件可以被理解成资源，超过一定阈值他们就会成为风险（图7-4，图7-5）。如河流的水位过高，超过防洪堤警戒水位，就可能决堤，发生洪水，给城市造成生命财产损失。如果水位过低，可能因缺水而发生旱灾，影响居民正常的生产和生活活动。当然，我们可以增强控制自然的能力，比如加强加高防洪堤来预防洪水，节约集约用水或增建水库来应对缺水风险。如果我们适应自然的能力减弱了，那灾害就会频繁发生。所以，从根本上来说，自然灾害是自然和社会共同作用的结果，起主要作用的是人类活动。

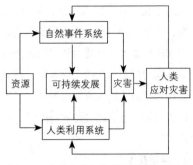

图 7-3　自然事件与人类利用系统交界中的环境风险

三、灾害的连锁效应作用

灾害发生具有连锁效应，在其他自然力量和人类经济社会系统的作用下会向复合化发展，形成次生灾害（图7-6）。如地震常常引发的火灾、海

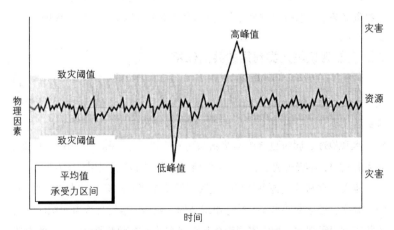

图 7-4　灾害风险的感受程度与地理特征多样性、社会经济承载能力的关系
［资料来源：Hewitt 和 Burton 等（1971）］

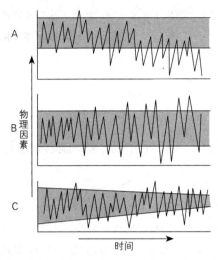

图 7-5　自然事件和社会经济承载能力的变化对灾害风险的感受度的影响
［资料来源：de Vries（1985）］

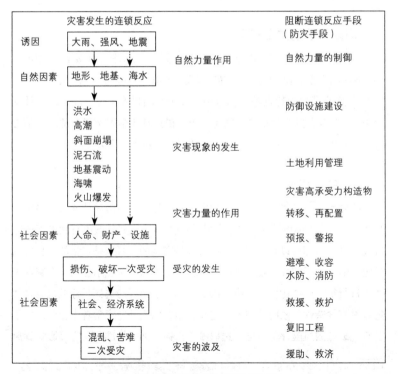

图7-6　自然灾害发生的连锁反应

啸及疫病等次生灾害，如果不采取有效的措施，次生灾害产生的危害甚至远大于一次灾害。而对于可能引发灾害的不同阶段则需要采用不同的措施来抑制。

第三节　城市自然灾害风险评估方法

根据联合国ISDR*的定义，风险是由自然的或人为的因素导致的损害结果，是其致灾因子和脆弱性的函数关系，可以用风险（R）=致灾因子（H）×脆弱性（V）来表示。这也是我们进行风险评估的理论依据。目前，国内外已形成较成熟的风险分析与评估流程的模型，常用的有综合指标法和脆弱性曲线法（灾损曲线法）两种。

一、风险评估的主要模型

目前，国内外应用较广泛的灾害风险分析与评估模型主要有UNDRO模型、NOAA模型、EPC模型、FEMA模型、SMUG模型、APELL模型等（表7-1）。这些模型的特点是，都适用于多个空间尺度（城市、地区、社区等）；均考虑了多灾种和主要危险因子；根据具体情况选择合适的评估方法；风险评估结果对风险管理和减灾计划有重要指导价值。

二、综合指标法

综合指标法是将致灾因子、承灾体脆弱性这些风险属性通过一些指标具体化，并借助GIS等计算机手段综合叠加运算，划分城市自然灾害风险等级。这些指标可以是直接的，也可以是间接的；可以是定量的，也可以是定性的。由于定性、定量指标兼有，通常可以采用特尔菲法（专家调查法）进行指标标准化。综合指标法的关键在于指标的选择与标准化。自然灾害具有复杂性、系统性与不确定性，因此国内外专家学者也相应提出了各有优缺点的风险评估指标。选取哪些指标、如何标准化会直接影响到风

---

* UN/ISDR. Living with Risk: A Global Review of Disaster Reduc-tion Initiatives 2004 Version [Z]. United Nations Publication, 2004.

表 7-1 城市灾害风险分析与评估模型

模型	来源	步骤	优点	缺点
UNDRO	联合国救灾组织	识别危险→脆弱性评价→风险评估→风险分级→风险叠加→经济影响	方法严谨、精确度高；分析过程全面，吸纳多方专家意见，专业性强；强化空间特性，提出了"发生地点判断"优于"发生可能性判断"的观点	对数据要求较高；技术门槛较高；评估过程公众参与度较低
NOAA	美国国家海洋大气局	危险辨识→危险区分析→关键设施分析→社会分析→经济分析→环境分析→减灾机会分析→结果总结	考虑对灾害链的分析；建立了风险计算的定量公式	对GIS依赖性较大；对不同灾害危险区的评价标准不统一
EPC	加拿大	维护危险清单→灾害评价与分级→内部因素风险评价→外部因素风险评价→脆弱性评估→风险叠加与排序	灾种全面；应用门槛低，便于在公众中传播	评估方法过于简单，评估模型稳定性不够；历史数据评估方法不全
FEMA	美国联邦应急管理署	灾害发生历史→脆弱人群→最大威胁区→可能性分析→风险评分→风险阈值	危险辨识重视公众参与；风险综合评估引入各因素权重	确定危险因素、脆弱性的方法模糊；权重、结果分级的科学性有待提高
SMUG	澳大利亚灾害协会	严重程度分析→管理能力分析→紧急程度分析→风险概率分析→发生态势预测→综合评分	将"管理能力"纳入衡量风险的重要因素；危险分析中引入"紧急程度"评价	忽略危害后果及脆弱性评价；公众参与度不够，受专家主观影响明显
APELL	联合国环境规划署工业和环境规划中心	确定目标→危险分析→事件类型→危害目标→后果分析与分级→可能性分析→评估总结	方法简便，易于操作；将"预警系统"作为影响风险的重要因素	对脆弱性的认识和评价不够深入；灾种和危险因素涵盖不全且定义模糊

险评估的准确性。

以地震灾害风险评估为例，国内外学者提出了各有侧重的指标体系。严竣（2010）从致灾因子、承灾体暴露性、承灾体脆弱性、应急能力四方面来进行风险评估，选用21个具体指标构建了地震灾害风险评估指标体系；高忠伟（2010）等在研究文化遗产地震风险时，从地震危险性分析、地震损失分析和地震易损性分析三方面构建风险评估指标体系。目前国际上已完成了灾害风险指标计划（DRI）、多发区指标计划（Hotspots）和美洲计划（American Programme）3个主要的自然灾害风险评估指标计划，首次提出了跨区域和多灾种综合性的灾害风险评估指标体系。

1. 灾害风险指标计划（DRI）

灾害风险指标计划（DRI）是2000年由联合国开发的风险评估方法，也是第一个从全球视角出发，开发了以国家为单位的人类脆弱性指标，包括相对脆弱性和社会–经济脆弱性两个具体指标。考虑数据的可获取性、全面性、准确性，选取百万暴露人口的死亡率作为相对脆弱性指标。相对死亡率越高，相对脆弱性越高。社会–经济脆弱性指标是专家综合考虑多灾种，共选取24个社会–脆弱性变量，针对不同灾种采取不同的数学公式计算出每种灾害的相对脆弱性指数，并采取复合对数回归模型对其与数据库中实际数值间的差异进行检验校正，确保结果的科学性与正确性。相对脆弱性计算公式：相对脆弱性=特定灾种的死亡人数/百万暴露人口。

2. 多发区指标计划（Hotspots）

多发区指标计划（Hotspots）由美国哥伦比亚大学在2001年开发的风险评估方法。该方法从全球视角出发，构建了死亡风险、经济损失风险和经济损失率风险（损失占经济总量的比例）等3个灾害风险指数，并应用于每一种灾害，然后绘制以省为评估单元的单灾种全球灾害风险区划图。在这里，风险的计算公式是：风险=灾害等级×暴露要素×脆弱性指数。

3. 美洲计划（American Programme）

美洲计划由美国哥伦比亚大学等机构合作，从全球转到国家层面，开发了四个独立的指标体系：灾害赤字指数（DDI）、地方灾害指数（LDI）、普适脆弱性指数（PVI）和风险管理指数（RMI），用于描述国家级的灾害风险构成要素。PVI反映国家级的人类脆弱性水平，用来衡量国家内部固有的脆弱性的复合指数。PVI可直接由暴露和敏感度（ES）、社会–经济脆弱度（SF）、恢复力缺乏（LR）等3个二级指标的平均值表示。

三、脆弱性曲线法

脆弱性曲线，又叫灾损曲线（函数），是致灾（h）与灾害（d）之间的关系曲线或方程式，即V=f（h，d），用来衡量不同灾种的强度与其相应损失（率）之间的关系，主要以曲线、曲面或表格的形式表达。

1964年，White首次将脆弱性曲线方法应用于水灾脆弱性评估。由于人类对水灾和地震灾害的研究历史相对较长，数据获取较容易，也较全面，因此也有较完善的体系及应用实践。近年来，台风、滑坡、泥石流、雪崩和海啸等灾害的脆弱性曲线法也在不断得到研究完善。随着风险评价理论和技术的进步，脆弱性曲线今后将会朝着多元化、多层次、综合化的方向发展。

脆弱性指标方法应用的关键在于致灾因子和承灾体脆弱性指标的选取、数据的充足度、模型的构建，其中数据的可获得性对此法的应用限制最为突出。按照数据的来源可将脆弱性曲线构建分为四大类：基于灾情统计数据的脆弱性曲线构建、基于已有脆弱性曲线的再构建、基于系统调查的脆弱性曲线构建和基于模型模拟的脆弱性曲线构建。

表7-2 脆弱性曲线构建的4种类型

归纳型	基于灾情数据的脆弱性曲线构建	基于已有脆弱性曲线的再构建
数据来源	实际灾情数据（历史文献、灾害数据库、实地调查或保险数据、保险历史赔付清单）	已有脆弱性曲线数据为基础，补充完善指标数据
优点	较好地反映实际灾害情境中承灾体的脆弱性水平	节省独立构建的工作量，避免重复劳动且便于同类曲线间比较
不足	受多种实际因素影响，很难全面反映，案例数据的不完备使灾损曲线具有不确定性	由于具有特定地区的针对性，在区域上进一步推广受限
应用	北美、澳大利亚、日本等利用保险数据推定易损性曲线	石勇根据区域经济差异，从物价、GDP、汇率等对台湾水灾曲线参数进行修正，重构了上海地区水深—住宅损失脆弱性曲线

推导型	基于系统调查的脆弱性曲线构建	基于模型模拟的脆弱性曲线构建
数据来源	承灾体价值调查、受灾情景假设	在数字环境下通过模型模拟方法，跟踪致灾因子和承灾体的相互作用过程，定量表达脆弱性曲线。
优点	摆脱了灾害案例数据不完备的局限	深入发掘灾害信息，较少受到实际灾情数据限制；从灾害自身机理出发细刻画承灾体的脆弱性
不足	调查工作量大，较难适用于大范围；调查数据准确性和假设情景的合理性直接决定了脆弱性曲线的精度，主观因素较大	处理海量数据时，模型运算量大，技术要求高；模型构建和模拟时，为确保精度，需对实际灾情数据不断检验和修正
应用	首次出现且应用广泛于水灾脆弱性曲线研究	地震灾害研究中，构建以超越概率表示的结构理论易损性曲线。

1. 水灾脆弱性曲线

水灾是最早应用脆弱性曲线，也是目前发展较为完善、实践较多的灾种之一，尤其是美国、日本、英国等水灾风险的研究更为深入。英国洪灾研究中心（FHRC）的Penning-Roswell等，在1977年以英国居住和商用房产为对象，以建筑物和财产的损失金额作为具体的脆弱性指标，以2种水灾延时情况、4种社会条件为曲线变量要素，得到21类建筑共168条的水灾脆弱性曲线（图7-7）。基于不确定性原理，日本的2000年东海暴雨灾害实证研究中提出水灾馅饼模型（图7-8），即：随着淹没水深的增加，不仅损失随之增加，而且家庭受灾概率也将增大；同一水深，损失和受灾概率因备灾行为的到位程度而呈现差异性。

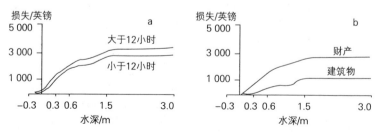

图7-7 建筑物水灾脆弱性曲线（a 按洪水淹没时长 b 按承灾体）

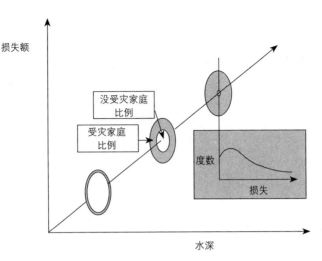

图 7-8 水灾损失馅饼模型（Zhai et al, 2005）

2. 地震脆弱性曲线

地震脆弱性曲线最初被应用于核电站的地震概率风险评估。后来国内外专家学者提出了更具有针对性的地震脆弱性曲线。例如，Orsini采取建筑震害现场调查法，使用无参数的地震强度等级，采用推导型的曲线构建模式，建立地震脆弱性曲线。Singhal等针对钢筋混凝土框架结构的建筑物，运用蒙特卡罗仿真法，建立脆弱性曲线。Hwang等则主要构建针对桥梁的地震脆弱性曲线，在缺乏桥梁结构地震破坏数据的地区，综合考虑了地震地面运动、局部工程场地条件和桥梁自身参数的不确定性（图7-9）。

3. 滑坡、泥石流、雪崩灾害脆弱性曲线

直到20世纪90年代，脆弱性曲线逐渐被应用于滑坡、泥石流领域的风险评估中。Bell等构建了冰岛的滑坡中建筑物和人的脆弱性曲线；Galli等则以意大利为案例，分别构建了建筑物和道路的滑坡脆弱性阈值曲线。2012年Wilhelm等利用瑞士、冰岛等地的灾情数据构建了建筑物及人员的雪崩脆弱性曲线，这才出现了雪崩的脆弱性曲线研究实践，目前还主要以北欧及西欧等地为研究对象。

4. 冰雹、旱灾脆弱性曲线

澳大利亚和瑞士较早开展冰雹、旱灾的脆弱性曲线研究。最初通过实地系统调查，基于田间试验和定点观测来获取农作物雹灾致灾和损失数

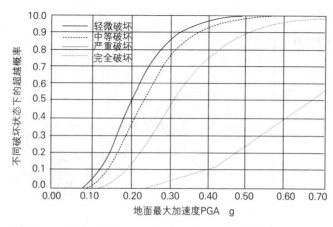

图 7-9　钢筋混凝土桥的地震易损性曲线

据，并以此构建脆弱性曲线。随着技术的进步、研究的深入，开始基于模型模拟获取实验数据，通过历史保险数据间接获取灾情数据，以及借助遥感等技术获取反演数据，选取保险索赔损失与最大可能损失的比例来衡量损失率，以冰雹动能（E_{KINPIX}）表示致灾因子，构建了建筑物、农作物、汽车等承灾体的冰雹脆弱性曲线（图7-10）。

　　旱灾脆弱性曲线研究多针对农业风险评估。Yamobaba以美国内布拉斯加州为例，选取玉米产量和标准化降水量指数（SPI）为评价指标，构建了玉米的旱灾脆弱性曲线，评估了玉米受旱风险。在实际应用中，采用模型方法建立农业旱灾主要承灾体的脆弱性曲线库，可以为农业旱灾脆弱性机

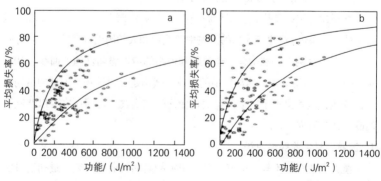

图 7-10　建筑物冰雹脆弱性曲线（注：a是住宅，b是农用建筑）

制的研究提供一种技术支撑。

5. 台风（飓风）脆弱性曲线

工程和保险是台风脆弱性曲线研究的主要结合点。目前应用最广泛的脆弱性曲线是沃克（Walker）基于灾情数据构建的。沃克认为不同的建筑物设防水平会造成脆弱性差异，他利用20世纪80年代澳大利亚房屋飓风保险数据，构建不同时期的建筑物与最大风速相关的脆弱性曲线。Khanduri等认为建筑结构影响房屋脆弱性，以损失率来衡量脆弱性（用经济损失所占房屋总体价值的百分比表示），选取过程降水量、日最大降水量和最大风速等来衡量致灾强度，针对美国不同结构的房屋，建立了风速与建筑物平均损失率的脆弱性曲线（图7-11）。

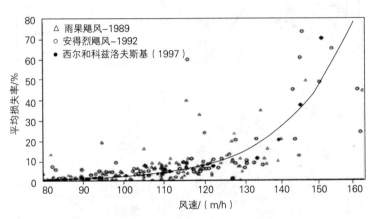

图 7-11　木结构房屋飓风脆弱性曲线

四、案例：汕头市地震风险评估

本节以汕头市地震风险评估为例，采用综合指标法，对城市自然灾害风险进行评估。首先分别对汕头市的自然灾变强度、承灾体易损性和响应能力分别进行评估，其次基于相对风险度=承灾体易损性/地震响应能力指数，对汕头市地震风险度等级进行测算区划。

1. 自然灾变强度分析

自然灾变强度是对汕头市的地震地质环境、地震活动性、地震烈度区划、地震烈度危险性曲线等致灾因子的现状分析，汕头市的地震地质环境状况可以通过区域构造情况了解到（图7-12）。通过对历史地震灾害的数据观察，总结潮汕区域、汕头市、汕头市各城区的地震活动性状况。根据震情形势、震害预测和经济社会发展因素综合评估及《中国地震烈度区划图（1990）》和《建筑抗震设计规范》（GB50011—2010年），确定汕头市金平区、龙湖区、濠江区、澄海区、南澳区的抗震设防烈度均为8度，设计基本地震加速度值为0.20g；潮阳区、潮南区两区的抗震设防烈度均为7度，设计基本地震加速度为0.15g。根据中国地震烈度区划图（1990）和中国地震危险性特征区划图得到汕头市中心区及以北地区基本烈度为8度，南部地区基本烈度为7，形状参数取值为k=10，可得到地震烈度危险性曲线。

2. 承灾体易损性分析

承灾体的易损性包括群体建筑抗震能力、地区人口密度和地均GDP，

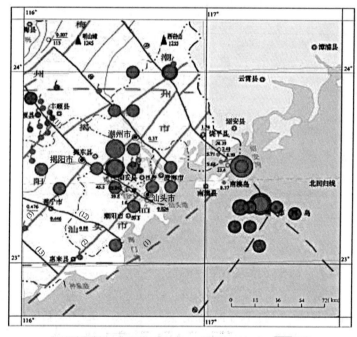

图7-12 区域构造略图

建筑抗震能力指标越高，一个地区人口密度越大，地均GDP越大，则这个地区越容易受到地震损害。评估首先将整个区域按照街道划分成评价单元，再通过GIS计算各个单元按照建筑抗震能力、人口密度、地均GDP三个指标，标准化后，按照一定的权重计算承灾体易损性指数（表7-3、图7-13～图7-16）。

表7-3 承灾体易损性指数评价指标体系

指标	计算方法	单位	权重
建筑抗震能力	各街道（镇）根据建筑建造年代、结构、层数、用途、场地条件定性判断，取值1～5，数值越小，抗震能力越强	无	0.57
人口密度	各街道（镇）常住人口/各街道（镇）的总建成区面积	人/每百平方米	0.29
地均GDP	各区（县）GDP/各区（县）的总建成区面积	万元/公顷	0.14

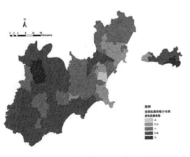

图7-13 建筑抗震能力评估图

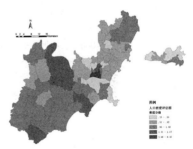

图7-14 人口密度评估图

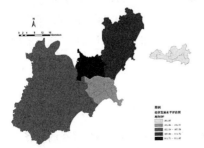

图7-15 地均GDP评估图

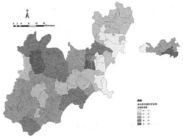

图7-16 汕头市易损性评估图

3. 地震响应能力分析

地震响应能力可以通过公共空间密度、救援能力、救护能力、应急计划完善程度来衡量。一个地区的公共空间越少、救援能力越弱、救护能力越弱、应急计划完善程度越小，则这个地区受到地震威胁后，响应的能力越弱。没有及时的应对措施，会使灾害造成的损失扩大化。

和易损性评价一样，以街道划为评价单元，再通过GIS计算各个单元按照公共空间、救援能力、救护能力、应急计划完善程度四个指标，标准化后，按照一定的权重计算承灾体易损性指数（表7-4、图7-17～图7-21）

表7-4　响应能力评价指标体系

指标	计算方法	单位	权重
公共空间密度	各街道内公园、广场、学校操场、体育馆等公共开放空间的总面积/街道（镇）总建成区面积	%	0.31
救援能力	每10000人拥有消防员数量	人	0.16
救护能力	每1000个居民拥有的病床数量	张	0.37
应急体系	按照各区应急计算完善程度定性判断，区值0～1，值越大，应急计划完善程度越高		0.16

4. 地震风险度评估

鉴于自然灾变强度难以在空间上落实，地震发生点的不确定性，故在地震风险总体评估中将自然灾变强度视为均值，只讨论地震风险的相对风险度，因为一个地区的地震易损性指数越小，地震响应能力越大，则这个地区的地缝风险度就越低，所以通过两者比值来计算每个街道（镇）的地震相对风险度。

$$相对风险度 = \frac{承载体易损性指数}{地震响应能力指数}$$

然后根据地震风险度，按照表7-5进行等级判断，得到最终的地震风险度评估图（图7-22）。

表 7-5　地震风险严重度等级划分标准

地震风险	严重度等级
0.34 ~ 1.41	低
1.42 ~ 2.88	较低
2.89 ~ 4.77	中
4.78 ~ 7.11	较高
7.12 ~ 13.06	高

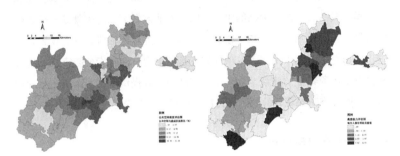

图 7-17　公共空间密度评估图　　　　图 7-18　救援能力评估图

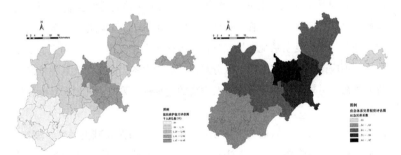

图 7-19　救护能力评估图　　　　图 7-20　应急救援能力评估图

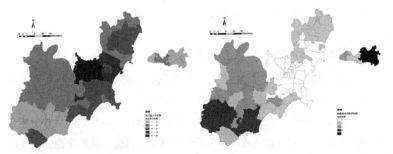

图 7-21　地震响应能力评估图　　　　图 7-22　地震相对风险评估图

第四节　城市自然灾害防御规划

目前，我国的城市自然灾害防御规划，又称城市防灾减灾规划，主要有三类：其一，各部门编制的单灾种防灾专业规划，如防洪规划、抗震防灾规划、人防规划等；其二，根据灾害事故种类制定的应急处置预案；其三，城市总体规划中的防灾专项规划，是基于现有的各专业防灾规划内容和要点提出原则性的建议，为城市总体规划编制提供依据。本节主要介绍城市自然灾害防御规划的原则与目标，规划任务与内容以及规划流程。

一、规划原则与目标

人类进行防灾减灾，在一定意义上就是协调人与自然的关系，但在协调好人与自然关系的进程中，协调好人与人的关系是必要条件。根据复杂系统科学，应该将灾害置于城市区域的大系统中，也就是城市区域的自然—经济—社会复杂系统中加以分析、考虑和决策；其次考虑到灾害的复合化，不应该将各类灾害严格区分对待，应考虑各类灾害的关系建立综合防灾体系；另外应针对灾害发生及演变的过程性，采取不同的针对性措施来制御灾害。

日本作为各类灾害的高发国家具有先进的城市防灾减灾经验，表7-6显示了其防灾减灾体系与规划体系，形成了完整的硬件与软件措施、行政力量与市民力量、灾前与灾后对策相结合的综合防灾体系，对我国城市防灾减灾体系建设具有重要借鉴意义。

二、城市自然灾害防御规划任务与内容

城市自然灾害防御规划的目标，是实现安全城市，创造宜居的城市生活环境，所以，在区域减灾的基础上，城市应采取措施，立足于防。城市综合防灾工作的重点是减小城市灾害发生的可能性，以及如何将城市所在区域发生的灾害对城市造成的损失降低到最小。因此，从系统论的角度出发，城市综合防灾工作可以分解为三个阶段的工作，包括灾前对城市灾害

表7-6 日本城市防灾减灾对策体系与规划

		行政力量	社会力量	
			社团力量	家庭力量
硬件/空间整备	灾前对策	建设防灾城市 • 防灾城市建设规划 • 城市防灾构造规划 • 城市规划道路整备 • 城市规划公园整备	防灾街区建设 • 防灾街区规划 • 街道建设 • 广场建设 • 防灾设施建设	防灾家庭建设 • 住宅的安全确保 • 固定家具 • 强抗震/不燃化 • 围墙
	灾后对策	灾后重建 • 灾后重建规划编制 • 面上建成区整备工程 • 基础设施整备工程	灾后重建 • 灾后重建规划编制 • 建成区整备工程的推动 • 地区设施的整备	住宅的重建 • 个别重建 • 联合重建 • 公寓性重建
软件/应对活动	灾前对策	防灾体系建设 • 地域防灾规划编制 • 灾害对策条例制定 • 防灾储备 • 防灾训练	地域防灾组织建设 • 活动手册 • 防灾储备 • 防灾训练 • 和防灾街区建设的协作	家庭的防灾准备 • 家族防灾会议 • 防灾储备 • 安全与否确认方法 • 避难方法
	灾后对策	灾害应急本部活动 • 灾害救助法 • 灾后重建本部活动 • 灾民生活重建支援法 • 综合复兴规划编制	灾害应急活动 • 地域避难所的运作 • 灾后重建活动 • 地域应急板房的运营 • 协助地域灾后重建	应急生活的确保 • 家庭纽带 • 生活重建 • 生活自立 • 工作确保

的监测、预报、防护、抗御，灾时的救援行动以及灾后的恢复重建等多方面的工作。

1. 城市自然灾害防御规划的主要任务

城市自然灾害防御规划的主要任务，是根据城市自身自然环境特点、历史灾害情况、灾害风险评估结果，在充分考虑城市地位和人口规模的前提下，合理制定城市的各项防灾标准，合理确定各项防灾设施的等级、规模与布局；并且要充分考虑防灾设施的平灾结合，制定防灾设施统筹建设、综合利用、防护管理等的对策与措施；结合风险预测，合理规划布局城市生命线工程，确保灾时生命线工程的正常运作；科学编制灾害应急预案，制定防灾演习、防灾教育等计划。

2. 城市自然灾害防御规划的内容

遵循灾害发生的时序，城市自然灾害防御规划内容，一般包括以下几个方面的基本内容：

（1）规划区域综合现状。对区域内以及城市内部与防灾减灾有关的现状，包括街区、森林、危险物设施、交通现状等都进行较为详细的调查、统计和分析。

（2）灾害风险评估与预测。对城市现状风险水平、城市风险抗御能力进行评估。通过情景模拟等多种方法，结合未来城市规划设想，对城市未来潜在的风险进行预判。

（3）目标确定。提出区域减灾目标，将总目标分解成分目标，包括确定消防、防洪、人防、抗震等工程性的设防标准，城市防灾教育目标，城市防灾工程的经济成本等目标。

（4）防灾空间规划。确定城市防灾空间的整体格局，明确城市避难场所和避难通道的体系布局，加强灾害脆弱地区和生命线系统的抗灾能力建设。

（5）城市自然灾害各灾种防御规划。包括城市防洪规划、城市抗震防灾规划等规划，提出设防目标和具体的工程性和非工程性防御措施。

（6）规划实施的保障措施。包括体制保障、法律保障、投入保障和技术保障等方面，特别要重视智慧技术在防御规划中的应用。

城市自然灾害防御规划，除以上基本内容外，有时还会包括灾后应急规划、灾后安置规划和灾后恢复重建规划。具体内容，可参照第十一章和第十二章。

三、规划流程

城市自然灾害防御规划的工作流程，主要分为现状与规划两部分。现状部分包括对现状风险等级和现状城市风险防御能力的评估，规划部分包括灾害风险预判、规划目标确定、规划对策提出与实施时序（图7-23）。

（一）第一阶段：现状研究

现状研究是在资料搜集、现状调研等基础上，对现状情况形成的认识与理解。现状研究是一切研究的基础，属于规划的第一阶段。这一阶段首先是进行大量的资料收集；其次要判断其可信度与价值度，进行信息筛

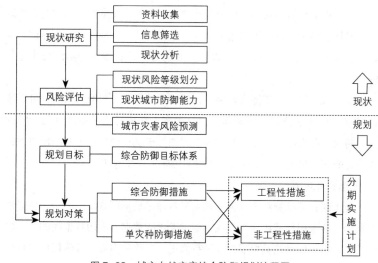

图 7-23 城市自然灾害综合防御规划流程图

选；最后是对已获得的信息进行分析与提取，即得到现状存在或潜在的特征、主要问题及形成原因，是现状研究的关键部分。

1. 基础资料搜集

基础资料应尽可能全面，正确。获取资料的途径是多方面的，要结合现场踏勘（深入观察法）、访谈、测绘等直接获取法，和借助地理信息系统（GIS）、全球定位系统（GPS）、信息网络、地形图、遥感（RS）等间接获取法。搜集时还要综合资料的可获得性，可靠性，有选择地去搜集相关资料与信息，具体包括以下几个方面的内容：

（1）城市的基本概况。城市的自然条件、人口规模、用地规模、经济水平、历史文化以及历史灾害情况等城市基本情况；城市经济与社会发展规划、土地规划、总体规划等相关规划及上位规划；居住建筑、公共设施与工业建筑等各类建筑；城市基础设施、道路桥梁设施、重点工程与超大工程；地上避难场所与地下空间；危险源点与次生灾害潜在区域等现状资料；

（2）地质与水文地质条件。地质与水文条件是城市自然灾害发生的主要自然因素之一，通常包括场地与填土分布、地基承载力、塌陷与采空区、易液化土层与大孔隙土层的位置与分布、可能的滑坡与崩塌点等地质条件；流域水系与源头、河岸线、河漫滩与阶地、水体与水位、给排水等水利工程建设等水文条件资料。

（3）地形地貌资料。地形地貌是城市自然灾害发生的另一主要自然因素，具体包括现状地形图与边界；河谷地带与低丘山地；冲沟与盆地；阶地与台地；地面沉降与隆起；坡度、高程与高差；道路的走向与线型等资料。

（4）城市综合抗灾能力资料。包括工程类与非工程类两大类，可以通过现状已编制的防灾专项规划及应急预案，获取城市基本烈度与设防区域、防灾工程设施与生命线系统等工程类等信息；城市灾害监测预报、灾害应急响应、相关法律法规与政策框架等非工程性信息。

2. 基础资料筛选

由于现状基础资料杂且多，基础资料筛选是不可或缺的一步。数据来源上尽可能选用权威机构发布或鉴定批准过的数据，采用数据间的互相检验或课题组集体讨论其可靠性并进行修正，多途径多方法地确保信息数据的可靠性、完整性和适用性。当所必需的信息缺失或不可靠时，需进行基础资料再收集，补充资料或选择可替换的间接数据。

3. 现状问题分析

基于现状资料整理，对城市自然灾害防御的现状与城市发展概况有基本了解后，应要对现状进行深入分析。通常采用因果分析法、类比法等，以同类城市作参照，从工程性和非工程性两方面，找出城市防灾工作中存在的主要问题，并认清其产生机制。另外，还要对具体的每一个灾害进行详细而深入的分析，发现问题的共性和个性，为下一步的自然灾害风险评估和减缓规划铺垫基础。

（二）第二阶段：风险评估

自然灾害的风险评估，是城市自然灾害综合防御规划编制的技术支撑与重要依据，是灾害应急管理及防灾减灾工作的核心内容。具体的自然灾害风险评估方法前文已有归纳描述，在此不再赘述。不管采取何种方法，评估的流程都是一样的，主要包括灾种确定、致灾因子分析、城市防御能力评估、城市现状风险等级划分以及未来的灾害风险预判五个方面与步骤。

1. 灾种确定

我国幅员辽阔，城市地域特征显著，城市灾害类型也更为复杂与多样化。因此，确定灾种是城市自然灾害风险评估首要一步。

2007年7月10日，建设部（建质[2007]）170号《关于加强建设系统防灾减灾工作意见》特别指出不同城市防御灾害的重点，"处在高烈度抗震设防区的城镇要以防御地震为主，严寒地区以防御雪灾为主，沿江沿河城镇要考虑防洪和防范江河水源污染，山区要考虑避开山洪和地质灾害危险区，并结合其他自然灾害和次生灾害的综合防御，在防灾规划中整合与城市建设、管理相关的防灾要求。"为此，通过前一阶段现状资料收集与分析，我们能够统计城市历史上曾经发生过的灾害事件，绘制历史灾害地图，并结合城市的地形地貌、地质条件等自然条件，确定城市自然灾变的类型、可能性、强度及城市潜在的脆弱点。对城市各种灾害进行风险危险等级排序，明确影响城市的主要灾害种类。

2. 致灾因子及孕灾环境分析

致灾因子指在自然灾变机制作用下，在孕灾环境中产生的各种灾变因子。通常用来描述灾害事件特征的各种因子，诸如灾害发生的强度、规模、频率、影响范围、主要承灾体等。孕灾环境指灾害发生所依赖的自然社会环境，包括地质环境、水文环境、气候环境以及社会环境等。不同的灾害由于孕灾环境、自然灾变机制不同，因此致灾因子也各不相同。洪涝灾害致灾因子包括洪水致灾因子和内涝致灾因子，具体有降雨量、降水历时、降水强度、河流水情等，其孕灾环境包括地形因子、土地覆盖类型等；台风灾害致灾因子包括台风影响地区、影响时间、近中心最大风速、中心最低气压、台风路径、过程降水量等。根据各种灾害的特点，合理选择实地调查法、问卷访谈法、模拟实验法、模型预测法、遥感技术方法、历史资料统计法和间接资料分析法等多种方法来分析。

3. 城市自然灾害防御能力评估

城市自然灾害防御能力，又叫作城市脆弱性，综合反映了城市抵御风险的水平，按照灾害发生的时序，具体可以分解为城市应对某一种或多种灾害的抗御能力、救护能力及恢复能力三个指标。城市抗灾能力是指城市的防灾工程、受灾体抗御某一灾害的综合能力，包括灾前减少灾害发生的可能性、灾时降低灾害风险的损失度。如城市抗洪涝灾害能力，指城市附近的江、河堤坝及各种水利设施的防洪防汛能力、城市排水设施的排涝能力；城市抗震能力，指在某一地震烈度下，若城市各类建筑、生命线系统工程还能基本维持正常运行的能力，则城市能够承受该烈度的地震风险。城市救护能力是指灾时城市的应急能力，灾害发生时城市能够支持受灾人员的及时救护以及对城市中生命线工程、交通枢纽、社会治安以及所发生的次生灾害快速抢救，最小化风险损失。城市恢复能力是灾后城市恢复运行的能力，深刻反映了一个城市的综合实力。通常遭受同样强度的灾害，综合竞争力越高的城市风险可接受度越高，能较快从灾害中恢复。

不同的灾害作用在城市中不同的承灾体时，即使是同一承灾体，也会表现出不同的反应形式，如城市中房屋，对于地震灾害其抗灾能力表现为抗震能力，对于风灾则表现为抗风荷载能力。因此进行城市承载能力评估时，要对每类具体的灾害选择最能表征其灾害特征的具体指标。

4. 城市现状风险评估

这里，可以采用综合指标法对城市现状风险评估等级进行划分，也可以采用脆弱性曲线法，对城市的现状及未来的风险进行定量确定。

5. 城市灾害风险预判

城市灾害风险预判，主要包括可能发生的灾害种类，该灾害可能发生的时间、地点、类型、规模，等级和影响对象，可能性是多少，并制定高中低等多种情景下的风险发生清单。预判时间段，应与城市总体规划、近期建设规划相一致，同时结合规划的实施，作为防灾规划的对策依据。方法上可以采用经验数据法、情景模拟法、专家预测法等。

（三）第三阶段：目标确定

通过现状研究与风险评估，在认清现状与潜在状况的基础上，就要依据城市自然灾害防御规划的原则与目标，结合城市自身情况，因地制宜地确定该城市的自然灾害防御的总体目标，构建适宜的、弹性的城市自然灾害防御目标体系，为城市自然灾害防御对策措施的制定提供依据和参照。

目前，国内城市防灾规划中的目标要么过于宽泛、笼统，如"尽最大可能减少人民生命和财产损失"；要么过于具体，如"在几年内，建造多少公里的防洪大堤"等。防灾规划的实施涉及多个部门、多个方面，因此应该在坚持风险最小化的总原则下，多部门达成共识，制定符合各部门利益的"多目标"。例如，管理方面要求加强各个部门之间的相互协作；社会方面要提高居民防灾意识与能力；经济方面要节省防灾工程措施的投资，最小化城市建设成本；环境方面则关注减少防灾工程对生态环境的不利影响。

（四）第四阶段：规划对策

第一，确定城市自然灾害防御措施。城市自然灾害防御涉及单灾种和综合灾害两个范畴。初步确定各单灾种的工程性和非工程性措施，在此基础上，确定城市自然灾害综合防御的工程性（图7-24）和非工程性措施。

第二，评估城市自然灾害防御规划措施。为确保各项对策措施的可实施性，需对每个对策措施进行投资经济性评估、生态环境影响评估以及历史文化遗产保护影响评估。

第三，在以上两方面工作的基础上，制定单灾种及综合灾害的防灾计划项目库。项目库按照建设时序制定不同时期的项目，某一时期内的项目按照其评估结果制定建设实施的优先次序。

第四，明确实施部门职责。城市自然灾害防御是一项多部门合作的工作，为确保防灾措施的实施，编制规划时，尽可能将对策措施分解落实到具体的责任人或部门。明确相关责任人、责任单位的基本职责和义务，为规划的高效实施提供强有力的保障与支撑。

图7-24　防灾城市建设示意图（资料来源：《「防災都市づくり推進計画」》）

参考文献

[1] G. Bankoff, G. Frerks, D. Hilhorst (eds.). Mapping Vulnerability: Disasters, Development and People. 2003. ISBN ISBN 1-85383-964-7.

[2] Guofang Zhai, Teruki Fukuzono and Saburo Ikeda (2003): Effect of Flooding on Megalopolitan Land Prices: A Case Study of the 2000's Tokai Flood Disaster in Japan. *Journal of Natural Disaster Science*, Vol. 25 No. 1: 23-36.

[3] Guofang Zhai, Teruki Fukuzono and Saburo Ikeda (2005): Modeling Flood Damage: Case of Tokai Flood 2000, Journal of the American Water Resources Association, Vol. 41 No. 2: 77-92. DOI 10.1111/j. 1752-1688.2005. tb03719. x.

[4] Guofang Zhai, Teruki Fukuzono, and Saburo Ikeda (2006): An Empirical Model of Fatalities and Injuries due to Floods in Japan. *Journal of the American Water Resources Association*. Vol. 42 No. 4: 863-875. DOI 10.1111/j. 1752-1688.2006. tb04500. x.

[5] Guofang Zhai, Teruki Fukuzono, and Saburo Ikeda (2007): Multi-Attribute Evaluation of Flood Management in Japan: A Choice Experiment Approach. *Water and Environment Journal*. Vol. 21 Issue 4, 265-274. DOI 10.1111/j. 1747-6593.2007.00072. x.

[6] Guofang Zhai, Teruko Sato, Teruki Fukuzono, Saburo Ikeda and Kentaro Yoshida (2006): Willingness to pay for flood risk reduction and its determinants in Japan. *Journal of .the American Water Resources Association*. Vol. 42 No. 4: 927-940. DOI 10.1111/j. 1752-1688.2006. tb04505. x.

[7] Shanshan Ye, Guofang Zhai and Jiyuan Hu (2011): Damages and Lessons of Wenchuan Earthquake in China. *Human and Ecological Risk Assessment*. 1549-7860, Volume 17, Issue 3, 2011, Pages 598-612.

[8] 东京都. 防災都市づくり推進計画～「燃えない」「壊れない」震災に強い都市の実現を目指して ～. 2010年1月.

[9] 高忠伟, 王志涛, 苏经宇等. 文化遗产地震风险评估体系及指标研究[J]. 中国文物科学研究, 2010: 49-52.

[10] 胡继元, 叶珊珊, 翟国方 (2009). 汶川地震的灾情特征、灾后重建以及经验教训。现代城市研究. 24: 25-32.

[11] 黄蕙, 温家洪, 司瑞洁等. 自然灾害风险评估国际计划述评 I——指标体系 [J]. 灾害学, 2008, 23 (2): 112-116.

[12] 阮梦乔, 翟国方. 日本地域防灾规划的实践及对我国的启示[J]. 国际城市规划, 2011, 26 (4): 16-21.

[13] 施莱茵. 世界气象日关注污染与健康关系. VOA. Mar 24, 2009 [2009-03-24].

[14] 史培军. 中国自然灾害、减灾建设与可持续发展[J]. 自然资源学报, 1995, 10（3）: 267-277.

[15] 孙峥. 城市自然灾害定量评估方法及应用[D]. 中国海洋大学.

[16] 王江波. 我国城市综合防灾规划编制方法研究[J]. 规划师, 2007, 1（23）: 53-55.

[17] 许飞琼. 灾害损失评估及其系统结构[Z]. 灾害学, 1998, 13（3）: 80-83.

[18] 颜峻, 左哲. 自然灾害分险评估指标体系及方法研究[J]. 中国安全科学学报, 2010, 20（11）: 61-65.

[19] 燕群, 蒙吉军, 康玉芳. 基于防灾规划的城市自然灾害风险分析与评估研究进展[J]. 地理与地理信息科学, 2011, 06: 78-83+95.

[20] 于庆东, 沈荣芳. 灾害经济损失评估理论与方法探讨[zZ]. 灾害学, 1996, 11（2）: 10—14

[21] 翟国方（2013）. 日本: 减灾规划与城市更新协同作用. 中国国土资源报, 2013.4. 25. http://www.gtzyb.com/guojizaixian/20130425_36919.shtml。

[22] 翟国方（2012）。中国城市风险研究进展.《城市与区域规划评论》总第1期。南京大学出版社ISBN 978-7-305-10734-4. pp. 61-71.

[23] 张翰卿, 戴慎志. 美国的城市综合防灾规划及其启示[J]. 国际城市规划, 2007, 22（4）: 58-64.

[24] 塚越功, 梶秀树. 都市防灾学 地震对策 地震对策与理论窦践[M]. 第一版.

[25] 周瑶, 王静爱. 自然灾害脆弱性曲线研究进展[J]. 地球科学进展, 2012, 27（4）: 435-442.

第八章
城市事故灾难防御规划

　　城市事故防御是近年来公共安全关注的热点之一，是城市公共安全规划的重要组成部分。本章主要介绍城市事故灾难防御规划，共分四节。第一节介绍城市事故的定义及分类；第二节介绍城市事故的形成机制，即缘何而生、缘何而发展；第三节介绍现代风险评估方法在城市事故风险中的应用；第四节介绍城市事故灾难防御规划的内容。

第一节 城市事故灾难分类

本节首先对城市事故灾难进行定义，然后从城市活动、城市物质空间组成、事故结果类型三个角度对城市事故灾难进行了分类。

一、城市事故灾难定义

城市的事故灾难（Urban Accident）是威胁城市公共安全的几大恶魔之一，自城市产生以来，便不断地出现在生产和生活的各个角落，有时毫无征兆地给居民造成伤害，甚至吞噬居民的生命。在全球范围内，每年约有400万人死于意外伤害事故，约占人类死亡总数的8%，是除自然死亡外人类生命与健康的第一杀手。

近年来，我国由于城市化进程明显加快，乡村人口向城镇大规模聚集，常住人口与多元化人口流动高峰期的到来，导致城市事故数量与日俱增。据南京市中级人民法院通报，2013年全市法院共受理交通事故损害赔偿案件12342件，占民事案件总量的15.83%，成为第一大类民生案件；2012年北京市发生各类安全生产事故907起，死亡999人。

与城市自然灾害不同，城市事故灾难大多是"人祸"，即由人为原因造成的事件。城市事故灾难是指在城市居民的日常生产和生活各项活动中，由于人为原因（直接或非直接的）造成的，影响城市安全状况，给城市居民健康和生命安全、财产安全造成一定损失的，具有偶然性的非常规突发事件，如交通事故、火灾、化工园区爆炸等危害群体安全的事件，也包括如触电、溺水、坠楼、烫伤等危害个体人身安全的事件。

城市事故灾难具有以下特点：

1. **随机性**。这是城市事故灾难最重要的特点。每一次具体事故的发生"因人而异"、"因地而异"。以交通事故为例，恶劣的驾驶环境下事故不一定发生，良好的环境下事故未必一定不发生；不同的驾驶员也可能有完全不同的结果。从损失角度来看，也是随机性的，损失大小与一些客观和主观因素相关，但并不绝对。

当心触电

危险

图 8-1 常见的城市事故（资料来源于百度图片链接见书后）

2. **突发性**。还以交通事故为例，交通事故发生前征兆并不明显，即使征兆出现，但事件发生过程太短，驾驶人员无法正确把握，无法阻止事件发生。即使在目前的风险分析方法和技术前提下，城市事故灾难也无法精确预测到事件发生的时间、地点和影响。

3. **不可避免性**。城市事故灾难的随机性和突发性决定了城市事故灾难具有不可避免性，即使对风险源的排查再仔细，采取的保护与应急措施再全面，也不可能将事故发生的概率降为零，这是因为人的认识是有限的，对事故形成机制的认识也是有一定过程的。城市事故的发生具有一定的必然性，不以人的意志为转移。

4. **规律性**。虽然每一起事故难以精确预测，但众多事故发生的背后存在一些惊人的相似之处。现代风险分析方法从事件链的角度对众多事故进行系统分析，得出了对事故发生起至关重要作用的主观和客观因素，并发现这些因素有着周期性的变化，其特征也间接地反映到事故的发生规律上。以交通事故为例，如客运量激增时，会造成事故多发；又如夏季恶劣的高温条件会造成港口装卸事故多发等。

5. **可减少性**。虽然城市事故灾难不可能完全避免，但在科学的安全管理理论指导和预防、应急处理对策下，事故发生的次数、危害程度可以大幅度减少。在事故预防中，应把握事故发生的规律性，充分利用规律，减少事故的发生。

二、城市事故灾难分类

在事故分类中，一是按管理要求的分类法，如加害物分类法、事故程度分类法、损失工日分类法等；二是按预防需要的分类法，如致因物分类法、原因体系分类法、空间特征分类法等。

本书从城市公共安全的角度出发，着重研究城市活动和城市物质空间与事故灾难的关系，从四个角度对城市事故灾难进行分类。

1. 按城市活动与事故关系划分

在《雅典宪章》中，城市的所有活动可以概括为四大类：居住、工作、交通、游憩。与城市四大主要功能相对应，城市事故灾难可划分为：

（1）城市生产事故

城市生产事故是指城市中各产业的从业人员在进行生产活动时由于操作不当或技术失误，无意中造成的人员伤亡或财产损失。这里的生产包括城市所进行的各类产业部门，第一产业、第二产业和第三产业，其中，第二产业，即工业和建筑业所造成的生产事故最多，危害性也最大。

当代工业生产事故重要的根源是机械和电器的利用。其为提高人类生活质量、发展社会经济产生了巨大的作用，但由于其具有巨大的能量，一旦应用失误或控制不力，就会转化为破坏力量。

化工事故是工业生产安全的重要问题，化工园区也是城市事故的重要风险源。1984年印度博帕尔农药厂毒气泄漏事故，造成了人类化工史上最严重之记录，2500多人死亡，近20万人中毒，10万人终身残废。2013年11月22日，青岛市中石化输油储运公司潍坊分公司输油管线破裂并发生爆炸，共造成62人遇难，136人受伤，直接经济损失7.5亿元。

（2）城市生活事故

城市生活事故是指人们在城市日常生活（如居住、购物、娱乐等）中发生的意想不到的对人的生命与健康危害及损害的事件。

对于现代家庭来说，各类技术的不断引入，高层建筑、家用电器、新材料与新能源的利用，使家庭在获得更舒适生活的同时，也把各类生活风险源带进了居所。坠落、烫伤、家用电器起火等意外事故与日俱增。在新加坡，在全社会一年发生的意外事故中，家庭事故高达14%，并有上升趋势。

（3）城市交通事故

城市交通事故，是指各类运输工具在城市道路、公路、铁路、轨道等其他运输空间上因过错或者意外造成的人身伤亡或者财产损失的事件。交通事故发生的频率之高，使其所造成的损失之和，不仅在事故灾难中，在所有自然和人为灾害中位居首位。据统计，全世界每年死于道路交通事故的人数高达35万，并有1000多万人因车祸致残。

我国对交通事故的认识主要经历两个阶段，第一阶段是在1991年，对交通事故的定义为：交通事故是指车辆驾驶员、行人、乘车人以及其他在道路上进行与交通有关活动的人员，因违反《中华人民共和国道路交通管理条例》和其他道路交通管理法规、规章的行为，过失造成人身伤亡或者财产损失的事故；第二阶段是在2003年，于2003年10月28日通过并于2004年5月1日实施的《中华人民共和国道路交通安全法》，对道路、车辆和交通事故作了重新的定义，其中交通事故是指车辆在道路上因过错或者意外造成的人身伤亡或者财产损失的事件。

但伴随着交通运输条件的进一步发展，各类轨道交通客流量的快速增长，城市道路和公路已不再成为主要的运输空间，常规公交和小汽车也不再是唯一的运输工具。地铁的大规模使用，也使得交通事故的发生地点不再局限于地面，地铁安全事故也逐渐成为交通安全所必须关注的领域。

（4）城市游憩事故

城市游憩事故是指人们在观光游览过程中出现的一系列意外，对旅客自身生命安全及景点造成损失的事件。城市游憩事故往往由人而起，但受害对象不仅是旅客及其他人员自身，更包括具有不可估量价值的自然和历史物质文化遗产及非物质文化遗产。旅客稍有疏忽，可能造成不可逆转的人类的巨大损失。

2014年1月11日凌晨1时27分，

图8-2　香格里拉大火
（资料来源于百度图片，链接见书后）

位于云南省迪庆藏族自治州州府香格里拉县的独克宗古城发生大火，初步统计火灾烧毁房屋100多栋，据报道造成经济损失达1亿多元。烧毁的房屋多为古建筑，古城内部分文物、唐卡及其他佛教文化艺术品也被烧毁。

2. 按城市物质空间组成要素划分

城市事故在城市的分布有一定的规律性，某些空间出现某种城市事故的数量远比其他地区多，特定的城市事故只出现在某些固定区域。这是城市事故风险源的空间不均衡分布所造成的。因此，按城市事故风险源所处的城市物质空间，将城市事故划分为：

（1）工业园区事故：发生于城市工业用地，多为安全生产事故。城市工业园区所储存的工业原料，大型机械及电气化设备都是风险源。如化工园区化学原料泄漏导致的毒气释放、爆炸及火灾等。

（2）道路空间事故：发生于城市道路空间，多为交通事故。人与物的运输有赖于机动车和非机动车的快速行驶，多种交通流的分流、交织与冲突形成了交通事故的风险源。

（3）市政管网事故：城市基础设施为城市生产活动和居民日常生活带来便利的同时，也是城市隐藏于地表之下，或架设于高空之上的"隐形杀手"。城市用地在通过一级开发后，需要达到"七通一平"的条件：具备给水、排水、通电、通路、通信、通暖气、通天然气或煤气以及场地平整的条件。其中天然气、煤气、电路管网均存在较大的事故风险，一旦发生事故，轻则中断供给，重则发生煤气泄漏、爆炸、高压电线失火等重大事故灾难。

（4）危旧房集中地事故：指发生于"城中村"等城市危旧房集中地的事故，以火灾、楼房倒塌为主。一方面由于城市危旧房建设年代已久，建筑结构与各类设备老化，另一方面由于其设计的防火、抗震等技术等级较低，不符合现在通行的建筑设计规范，导致发生事故的可能性远高于城市新建建筑区域。

（5）高层楼宇事故：并不是所有的城市新建建筑都能远离城市事故。近年来在各大城市CBD新建的高层、超高层建筑同样是城市重大风险源。如何扑救高层建筑火灾一向是消防研究的世界性难题。发生事故灾害时高层建筑人员如何快速疏散也是在设计高层建筑时所必须考虑的重要因素。

（6）地下空间事故：现代城市用地扩张呈现立体化趋势，城市空间开始向地下蔓延。地下商业街区、地铁站的不断建立，也将事故风险源由城市地表带到地下。地下空间事故主要包括地铁安全事故、火灾、水灾、工程事故、拥挤踩踏等。

（7）其他事故：发生在其他城市空间中的事故。

3. 按事故的结果类型划分

从物理学角度来看，城市事故灾难是风险源释放过多的能量作用于受体或干扰系统正常能量交换，以及危险物质大量扩散，从而造成损失的直接原因。风险源对外释放能量及其转化的表现形式往往不同。按其能量及危险物质的转化或转移方式，将城市事故灾难划分为：

（1）火灾：可燃物与氧化剂作用发生的剧烈放热反应被称为燃烧，而违反人的意愿，在时间或空间上失去控制，而造成损害的燃烧叫火灾。

我国平均每年发生火灾3万~7万次，由于城市建筑密集，人和财物集中，所以城市火灾造成的损失往往巨大。火灾不仅对人的生命安全、财产安全造成损失，更对大自然留给我们的馈赠和人类文明精华的见证者——自然遗产和历史文化遗产造成严重的威胁。1987年5月6日至6月2日在黑龙江省大兴安岭地区发生的森林火灾，是新中国成立以来最严重的火灾。该大火使我国境内的1800万英亩（相当于苏格兰大小）的东北原始森林受到不同程度的损害。

（2）爆炸：物质由一种状态迅速转化为另一种状态，并在瞬间以机械功的形式释放出巨大能量，或气体在短时间内发生剧烈膨胀，并伴有热、光、声效应。爆炸灾害可以分为三种，即自然界中的爆炸现象，如雷电；人为受控的爆炸现象；非人为受控造成的灾害。城市事故灾难中的爆炸主要是指非人为受控造成的灾害。

（3）碰撞：具有极高动能的物体在碰撞瞬间静止，造成动能意外释放而造成的事故。以交通事故最为典型，设计车速越高的道路，发生交通事故的可能性就越大。

（4）其他表现形式：如建筑物倒塌，物体高空下坠，触电等。

4. 按事故危害大小划分

按城市事故灾难所造成的人员和财产损失大小进行划分。根据国家《生产安全事故报告和调查处理条例》第三条，根据生产安全事故（以下简称事故）造成的人员伤亡或者直接经济损失，事故一般分为以下等级：

（1）特大事故，是指造成30人以上死亡，或者100人以上重伤（包括急性工业中毒，下同），或者1亿元以上直接经济损失的事故；

（2）重大事故，是指造成10人以上30人以下死亡，或者50人以上100人以下重伤，或者5000万元以上1亿元以下直接经济损失的事故；

（3）较大事故，是指造成3人以上10人以下死亡，或者10人以上50人以下重伤，或者1000万元以上5000万元以下直接经济损失的事故；

（4）一般事故，是指造成3人以下死亡，或者10人以下重伤，或者1000万元以下直接经济损失的事故。

第二节　城市事故灾难形成机制

城市事故灾难本身并不是某种实体，而是一种过程，是灾害要素，诸如能量、物质等突破临界后对承灾载体和环境产生作用的过程[6]。对于大多数事故灾难来说，这些过程都有一定的发展规律，城市公共安全研究的目的就是更好地掌握城市事故灾难如何产生、如何扩散、如何作用于受体的规律，从而找到科学合理的应对方法，降低其可能造成的危害。

事故灾难发生的原因，可以分为内因和外因。内因是城市空间所存在的各类风险源，是事故灾难发生的根本原因。外因是导致事故发生的一系列主观和客观因素，围绕在风险源的周边，是事故的触发条件。

在事故灾难发生的初期，只是风险源自身能量与物质的释放，并没有形成危害。而只有经过一定时间的空间扩散，真正作用于承灾载体，并造成损失时，一次完整的事故灾难才最终形成。因此，城市事故灾难的形成通常需要具备四个必要条件，也可以说是事故灾难发生的四个阶段：

（1）事故风险源的存在；

（2）外在因素达到触发条件；

（3）事故时空扩散；

（4）灾害要素作用于承灾载体，发生损失。

每一种事故灾难的形成机制均有其独特性，需针对每一类型的事件进行以上四个阶段的特征性研究。了解事故灾难的形成机制是进行风险评价和管理的基础，事故发生的四大条件也是风险评价和管理所关注的重要视角，针对每一阶段确定风险值（事故发生概率和可能遭受的损失的组合），

图8-3　城市事故灾难发生作用机制

并明确降低风险值的方法和措施，是风险评价和管理的核心任务。

一、事故风险源

1. 事故风险源定义

城市事故风险源的定义有广义和狭义之分。狭义的城市事故风险源是指具有潜在能量和物质释放危险的、在一定的触发因素作用下可转化为事故的部位、设备及其位置、场所、区域[1]。其是能量、危险物质集中的核心，是事故灾难的源头。

理论上来说，城市中绝大多数具有能量的物质实体都有可能成为城市事故灾难的风险源，大到一个化工园区、核电站，小到高层住宅上的一个花盆。但从事故灾难发生的概率和可能损失大小来看，城市空间中的化工园区，道路上通行的机动车辆以及输送水资源和能源的基础设施，是城市公共安全规划中所关注的几大主要风险源。

从范围上来看，事故风险源具有一定的相对性。如果以整个城市为研究范围，那化工园区，燃气管道则常被认定为风险源；以某一化工园区为研究范围，则危险物品的放置和加工区域被认定为风险源。风险源的确定与其研究范围密切相关。

广义的事故风险源是指导致事故发生的一系列原因，既包括狭义风险源中的危险区域，还有导致事件发生的直接原因和深层次原因，例如人的行为，甚至包括社会经济结构、能源利用结构等。本章主要讨论狭义风险源。

2. 事故风险源分类

按事故风险源在事故发生，发展中的作用，通常可分为两大类：

（1）第一类风险源。风险源都是具有一定能量和危险物质的核心，因此把产生能量的能量源和拥有能量的能量载体看作是第一类风险源。在城市事故风险评价中，根据研究尺度不同，第一类风险源可能是城市某一功能片区，也可能是某一栋建筑，甚至是某一装置或容器，奔驰的车辆，带电的导体等。

第一类风险源决定事故发生后的损失大小。事故损失是由事故发生时释放的能量或危险物质的多少决定的。不同的一类风险源，释放能量和物质的强度不同，速度不同，破坏机理不同，造成的损失也就不同。

（2）第二类风险源。为了控制第一类风险源发生事故，往往在其周边需设置一定的约束条件和屏蔽措施。但是，再可靠的屏蔽措施也有失效的时候，甚至在一定条件变为事故灾难的触发条件。因此，将导致约束、限制能量屏蔽措施失效或破坏的各种不安全因素称为第二类风险源。第二类风险源涉及人、物、周边小环境3个方面的问题。可能是人的操作不当，也可能是约束物体在特定条件下自身存在状态改变，也可能是周边小环境因子突变而造成事故。

第二类风险源决定了事故发生的可能性。他们失效的原因是多方面的，难以准确把握，因此可看成是随机事件。第二类风险源数量越多，组合越复杂，发生事故的可能性也就越大。

城市事故的发生，是两类风险源共同作用的结果。第一类风险源是事故发生的根源，第二类风险源是事故发生的必要条件，两者组合成的风险源是城市事故发生的潜在因素，两类风险源共同决定风险源的危险性。

3. 事故风险源辨识

风险源的辨识是指在研究区域范围内发现并识别系统的风险源。它是城市事故风险评价和控制的基础工作，只有充分了解哪些是风险源，位于系统中的位置和可能造成的损失大小，才能考虑下一步的控制措施。在风险源辨识中，两类风险源都需要进行识别，但以第一类风险源为主。

风险源辨识方法可以分为两类：

（1）对照法。根据现有的标准、规范、规程或长期在生产和生活中积累的经验来辨识风险源。2010年4月15日，国家安全生产监督管理总局发布了《企业安全生产标准化基本规范》安全生产行业标准，为排除生产隐患和监控重大风险源提供了宏观指导范本；交通事故方面，公安部也发布了《道路交通安全违法行为处理程序规定》，彻底惩治违规行为，杜绝交通风险源的出现。

对照法的最大优点是简单易行，操作人员根据章程一一检验便可。缺点是重点不突出，往往就事论事，且无法应用于新兴产业和新开发的生产部门。

（2）系统安全分析法。运用复杂系统分析方法，揭示系统中可能导致事故的各种因素及相互关联来辨别系统中的风险源。这类方法操作较复杂，但往往针对系统复杂的生产设施和生活场所，经常被用来辨识可能带来一系列严重后果与"事故链"的风险源，也可用于辨识没有事故经验的风险源。

事故树分析就是典型的系统分析方法，通过危险源的事故树分析，事故后果模拟以及事故连锁效应破坏概率计算，获得区域内各个危险源的事故连锁风险值，根据风险值大小，对危险源进行辨识[7]。

二、事故的触发条件

一类风险源和二类风险源在城市空间中广泛客观存在，不可能将其彻底消灭，这也是城市事故灾难的不可避免性的原因之一。两类风险源只有在一定的触发条件下才可转化为城市事故，而这些触发条件具有规律性，这也决定了城市事故风险的另两个特性：规律性和可减少性。通过对触发条件的研究，采取各种技术和方法风险源"远离"触发条件，是我们进行风险控制和管理的重点。

所谓的事故触发条件，是一系列围绕着风险源外部的人、物、环境因子的特定组合，也可能是风险源之间的组合（如多个存储危险化学品的容器集中放置，更容易引发泄漏事故），内、外因素也兼有。不同的城市事故灾难，其风险源性质和自身特点不同，触发条件也不尽相同，此时需针对每一类事故进行特征性、具体性研究，方可得出结论。一般是搜集同类事故灾难的详细资料然后汇总到一起，分析其中存在的共同外部因素，如事故发生与时间、空间或某一类理化性质是否存在高度的一致性或相关性，进而从这些一致性中找寻触发事件。导致事故发生的触发条件众多，或明显或隐秘，或直接或间接，也需要采取系统分析法进行逐个分析。

以城市交通事故为例，严格意义上来说在道路空间上行驶的每一辆车都是风险源，在任意时间、城市道路网的任意一点都可能发生城市事故。但研究中发现交通事故的发生有一定规律性，陈宽民研究了西安市城市道路交通事故的时间分布、空间分布、人群分布后发现，交通事故时间分布存在"高峰"现象；事故多发区域分布在城乡结合部位和主干路上；机动车驾驶员是事故的多发人群，但行人引发的事故死伤严重。

对于滨海城市来说，海上交通事故属于城市交通事故的重要内容，也是发展海运的巨大威胁。李慧敏（2012）运用预先分析法（PHA）法，对山东成山头水域海上交通事故发生的各种环境因素进行分析，对各种危险致因因子及在其影响下转化为事故状态的触发条件进行识别，结果如表8-1所示。

表8-1 海上交通事故触发条件统计

环境因素	人为原因	形成事故的直接原因	事故情况	结果	占事故总数的比率（%）
雾、风流压，养殖区，对环境不熟	未谨慎驾驶	偏离既定航线	触损	船舶损坏或沉没	26.8%
雾、风浪大，流急，交通密集，船失控	未谨慎驾驶	船舶定线制水域交通流形式复杂	碰撞、触损	船舶损坏或沉没，货物损失	29.3%
雾、风流压，渔船多，交通流交汇	未谨慎驾驶	操船行为受制约	碰撞	船舶损坏或沉没，货物损失	17.8%
风大流急，船舶转向受限	操船不当	操船不当	碰撞	船舶损坏或沉没，人员伤亡	8.9%

三、事故时空扩散

风险源在一定触发条件下转变为城市事故，其到达承灾载体（人或物）需要时空过程，这就是事故的时空扩散。风险源释放出能量、物质需传递或转化到承灾载体上发生作用，才最终造成损失。了解事故灾难的扩散机制，对事故发生后迅速作出响应和制定应急措施具有重要意义。

不同类型的城市事故，其时空扩散机理、速度和范围均不同，同样需进行特征性研究。交通事故多数是由于车辆碰撞，其巨大动能在一瞬间向驾驶员及车辆内部传递，扩散时间很短，交通事故本身的影响范围也很小。但像城市化工园区爆炸、危险化学品泄漏、城市建筑火灾等事故，其扩散时间长，影响范围广，遭受损失的地段远远不只其本身。针对这些类型的事故灾难，有学者构建数理模型，对有害气体的扩散过程进行模拟，寻找扩散规律。如1980年，Lee W. H等人应用高斯扩散模式模拟出稳定大气条件下LNG储罐大量泄漏对美国加利福尼亚港口地区的影响，其中考虑了不同季节因素对气体扩散的影响；建筑火灾中则使用元胞自动机模型（CA）进行火灾蔓延及人员疏散研究。

值得注意的是，风险源释放的能量和物质在传递和转化过程中，可能会成为其他事故风险源的触发条件，从而引起一系列的次生/衍生事故，从而构成"事件链"，或称"灾害链"。最初发生的事故称为原生事故，而由原生事故导致产生的一系列事故被称为次生事故。例如，城市交通事故可分为原生型道路交通事故和衍生型道路交通事故。原生型是指发生在道路交通领域，或虽然不是（或不仅仅是）发生在道路交通领域，但影响范围仅限在道路交通领域或主要限在道路交通领域；衍生型道路交通事故是指不是（或主要不是）发生在道路交通领域，但其影响范围衍生扩散到道路交通领域的其他事故。

事件链研究也是目前城市事故研究的一大热点，通过分析原生事故与次生事故之间的联系，采取各种工程与非工程措施隔离、切断这些联系，将原生事故的影响控制在最小。

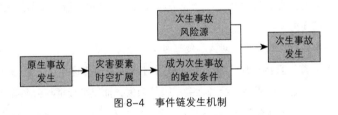

图8-4　事件链发生机制

四、事故作用于承灾载体

承灾载体是突发事件的作用对象，包括人、物、系统（人与物及其功能共同组成的社会经济运行系统）三个方面。事故由风险源达到触发条件后发生，经过时空扩散，最终到达承灾载体，形成一个完整的过程。承灾载体受到损害是事故灾难的最后一个环节，也是风险评价和管理中关注的核心要素，是事故灾难应急的保护对象。

人是承灾载体组成要素中最脆弱的因素，但也是核心保护要素。"以人为本"不仅是城市事故灾难防御，更是整个城市公共安全最为核心的概念。"保护人的生命安全"是事故灾难防御，以及城市公共安全的首要使命。人在事故灾难中受到的伤害可分为个体伤害和群体伤害，对应到风险评价中的内容就是个人风险与社会风险。按伤害来源的类型来分，可分为物理伤害、核生化伤害、心理伤害。在事故灾难的众多案例研究中可发现，心理伤害往往比物理伤害和其他只影响到肉体的伤害要严重，其对人的心理冲击是内在的、深刻且难以把握。但目前，我国针对事故灾难对人的心理影响的研究还较少，需要今后认真研究。

物的概念范围很广，既包括自然物体也包括人类所创造的物体。将生物圈中的所有物都当作潜在的承灾载体来看是不现实的。在城市事故研究中，学者们对于物的研究常基于以下两个前提：

（1）以损害人的生命或财产为前提：即与人类生产和生活密切相关的物，它的损坏同时带来了人的生命健康和财产的损失。

（2）伤害和损失具有一定规模：至少对个体人造成了明显的物理伤害、核生化伤害以及心理伤害等。以城市系统为例，学者们多研究建筑物、桥梁、管网系统等对人类构成重大危险的物。

社会经济运行系统是承灾载体的重要类型。在城市事故灾难中，对社会经济系统的正常运转造成破坏性影响，其造成的后果往往比单纯的人或物的破坏更严重。这表现在社会经济运行系统的破坏常造成长期的破坏，恢复的难度更大。

一次城市事故灾难，对人、物、社会经济系统都存在着一定程度的伤害。事故首先直接作用于物和人，或通过作用物而传递给人，造成人与物的损失，进而造成整个经济社会系统的损失，而整个经济社会系统的损失，又进一步传递给更多的人和物。这也是造成"事件链"的重要原因之一。例如，城市电力长时间的中断，将导致城市其他系统也难以正常运转。如夜晚城市道路需要灯光照明，"全城断电"致使交通运输系统也瘫痪，一定程度上加剧了交通事故的发生。

承灾载体在灾害要素的作用过程中所受的破坏表现可分为本体破坏和功能破坏两种形式。本体破坏是指承灾载体在突发事件中发生的实体破

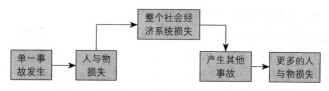

图8-5　事故作用于社会经济系统的损失示意图

坏，而功能破坏是指由于事故的作用导致承灾载体原本的各项功能无法正常运行。提高承灾载体的抗灾能力，要从防止本体破坏和功能破坏两部分入手。

第三节　城市事故灾害评估方法

本节主要介绍城市事故风险评估的一般过程与方法。城市事故风险评估应该包括以下几个阶段：事故风险认知（个人风险与社会风险）；风险源识别与评价；事故可能性及后果分析，最终提供的结果应包括两方面的内容：研究对象总体风险水平及城市规划区内部风险区划。方法包括定性、半定量与定量的一系列方法的组合。

风险评估也称安全评价，是指以实现城市公共安全为目的，运用安全系统工程原理和各种定性、半定量、定量方法，对城市空间中的风险要素（城市事故风险源及触发条件）进行辨识，判断发生各类事故的可能性、严重性和空间分布，从而为制定包括防御规划在内的防范措施和管理决策提供依据。

风险评估不是目的，而是手段。针对不同的对象，风险评估的内容有所不同。针对城市事故灾难而言，风险评估的程序与事故形成机制密切相关，并是为下一阶段制定防御规划而准备的，因此评估的内容包括：城市事故风险源的空间分布，不同类型事故触发条件（环境因素、人为因素等）与事故的相关性研究；事故发生概率与危险性影响因素研究；事故发生与扩散模型构建；承灾载体脆弱性评估等；最终得出一张关于城市空间中各类事故发生可能性、损害程度和空间分布的"风险地图"，完成风险区划。

1983年，美国国家科学院（NAS）提出风险评价是由危害鉴别、剂量-效应关系评价、暴露评价和风险表征4个部分组成，并对各部分都作了明确说明，这标志着风险评价框架基本形成。

根据城市事故灾难的特征及形成机制，结合风险评估的以上四个部分，事故风险的评估，一般应包括以下五个步骤：（1）事故风险种类认知；

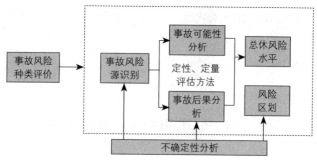

图 8-6　风险评估过程

（2）事故风险源识别与评价；（3）事故可能性分析；（4）事故后果分析；
（5）总体风险水平和风险区划。

一、城市事故灾难风险种类

城市事故灾难风险可分为两种：个人风险和社会风险。

1. 个人风险

个人风险是指在某一特定位置未采取任何防护措施的人由于危险源发生事故而造成健康损害或死亡的概率。衡量个人风险的常用指标是年死亡风险AFR（annual fatality risk），它是指一个人在一年时间内的死亡概率。

在个人风险值研究中通常是通过建立一些重要影响因素与个人致死率之间的关系来获得的。例如，在火灾、爆炸、毒气泄漏中，通常建立危险剂量（热辐射、爆炸波、浓度等）与死亡概率的关系；在交通事故研究中，建立实际车速与死亡概率的关系。

1982年，Kletz提出工业设施对距离最近居民可接受的最大死亡风险水平是10^{-6}/年，这一风险水平为许多国家使用多年。下表列出了英国、荷兰等国家和机构制定的个人风险标准。在风险空间分析中，多采用个人风险等值线（个人死亡概率等值线）来表示个人风险的空间分布。

2. 社会风险

社会风险用于描述事故发生概率与事故造成的人员受伤或死亡人数的相互关系，是指同时影响许多人的灾难性事故的风险。社会风险的描述方法有F—N曲线和FAR值。F—N曲线是描述死亡人数N与其超过某种损失的概率F之间关系的图形。如图8-7所示。

表8-2　不同国家和地区个人风险标准

国家或机构	适用范围	最大可接受风险	可以忽略的风险
荷兰	新建工厂	10^{-6}	10^{-6}
英国	现有危险性企业	10^{-6}	无
英国	新建核电站	10^{-6}	10^{-6}
英国	危险物品运输	10^{-6}	10^{-6}
中国香港	新建工厂	10^{-6}	无

（资料来源：高建明等（2007））

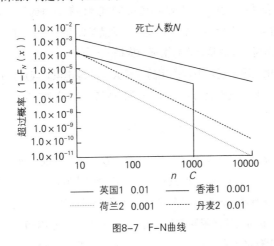

图8-7　F-N曲线

FAR（fatal accident rate）表示单位时间某范围内全部人员中的可能死亡人数。通常是1000雇员生涯死亡率，或10^8小时暴露量的死亡率。日本对于各类事故灾难的FAR值规定见下表8-3。

表8-3　日本测算的不同事故灾难 FAR 值

类别	船舶	机动车	火灾	工业
FAR	6.30	43.50	0.20	0.64

二、城市事故风险源评价

事故风险源评价是指对系统中危险源危险性的综合评价。依据两类风险源的划分方式，综合评价也分为对风险源自身危险性的评价，和风险源控制措施实施效果的评价。这里的危险性包括前文中提到的个人风险与社会风险。

某一类事故风险源的个人风险与社会风险存在累积效应，即风险随着风险源数量的递增，或是随风险源自身的某一与风险密切相关的属性逐步变化而逐步增加。例如，在城市道路空间中，交通量越大的路段，发生的交通事故数量越多；设计行驶车速越高的路段，发生事故所造成的损失就越大。

在风险管理实践中，达到一定风险值才被认为是风险源，这个风险值也是判定风险源使用的风险标准；风险值在风险标准之上的风险源，再依据风险值的不同对风险源划分等级。这里的风险值指的是前文中提到的个人风险和社会风险，但通常以风险源的数量或风险源自身的与风险密切相关的某一属性数据为衡量依据。如危险化学品是以存放重量，压力容器是以蒸汽压力，高空作业是以高差指标为依据。

在城市化工园区规划中常采用的《重大危险源辨识》规定，对于多种（N种）物质同时存放或使用的场所，根据下式确定风险源等级：

$$a=q_1/Q_1+q_2/Q_2+q_3/Q_3+\cdots+q_n/Q_n \geqslant 1$$

q_1，q_2，q_n是每种物质实际存储量；Q_1，Q_2，Q_n是各危险物质对应的生产场所或储存区的临界量。即只要有一种危险物质数量超过它的临界值，则该单元或场所就构成重大危险源，进而作为风险评价的重点对象。表8-4是国际劳工局建议使用的部分危险物质的临界值。根据a值，可以对风险源进行辨识分级（表8-5）。大于1，国标重要危险源；0.5～1，一般危险源；<0.5，较小危险源。

表8-4　国际劳工局建议用以鉴别重大危险装置的重点物质

物质名称	临界量（大于）	物质名称	临界量（大于）
一般易燃物质		氨	500t
易燃气体	200t	氯	25t
高易燃气体	50000t	二氧化硫	250t
特种易燃物质		硫化氢	50t
氢	50t	氢氰酸	20t
环氧乙烷	50t	二硫化碳	200t
特种炸药		氟化氢	50t

续表

物质名称	临界量（大于）	物质名称	临界量（大于）
硝酸铵	2500t	氯化氢	250t
硝酸甘油	10t	三氧化硫	75t
三硝基甲苯	50t	光气	750kg

表8-5　危险源简单辨识分级表

危险系数	分级	说明
$a \geqslant 1$	企业A级危险源	国标重要危险源
$0.5 \leqslant a < 1$	企业B级危险源	一般危险源
$0.25 \leqslant a < 0.5$	企业C级危险源	较小危险源

对于交通事故来说，可以从人、车、路、环境和管理等方面对道路交通的风险源进行分类和辨识。其中，人—车要素，即驾驶人操作车辆的行为，是关键、核心要素，是主要的事故来源。赵学刚和谭迎新运用人的因素分析和分类系统（HFACS）方法可建立区域道路交通事故伤亡风险源识别框架，用风险源分类的风险概率指数评价方法，对人—车要素中的风险源——驾驶人的不同违章行为进行定量分级，得出以下结果（分级为0~8，等级越高，风险越大）。

表8-6　驾驶人违章行为风险分级结果

违章行为	风险等级	违章行为	风险等级
超速驾驶	6	违章牵引	0
酒后驾驶	5	违章抢行	0
逆向驾驶	7	违章上道路行驶	5
疲劳驾驶	4	违章停车	0
违章变更车道	1	违章占道行驶	5
违章超车	5	违章装载	4
违章倒车	0	违反交通信号	3
违章掉头	0	未按规定让行	4
违章会车	7	无证驾驶	8

（资料来源：赵学刚和谭迎新（2013））

三、城市事故可能性及后果分析

确定风险源分布和分级后，接下来就是进行区域定量风险评价。区域定量风险评价（Quantitative Area Risk Assessment，QARA）是在充分考虑地理信息、人口分布、工厂位置、危险品运输路线、气象资料以及事故形态等因素的基础上，对区域内固定危险源和移动危险源的个人风险以及社会风险进行评价，最终确定个人和社会风险的总体水平，以及个人风险值和社会风险值在空间上的分布情况。区域定量风险评价包括两个部分，一是事故可能性及后果分析，二是承灾载体脆弱性评估，最终的目的是得出综合风险值和风险区划。

事故可能性分析是以具体的风险源设备（设施）为研究对象，通过定性或者定量的研究方法，确定危险源设备发生事故的概率以及发生事故的种类。事故后果定量分析，可运用相关数学模型，将事故对人员、建（构）筑物、设备或环境的危害量化。可能性及后果分析是传统的，既是事故本身风险评价的重要组成部分，也是个人风险和社会风险值确定的两个重要方面。事故后果分析又包括两个方面，一是事故危险性分析，二是承灾载体的脆弱性分析。

1. 城市事故可能性分析

目前，针对事故可能性分析常用的定性和定量方法如表8-7所示，比较常用的有安全检查表法和事故树分析法（Accident Tree Analysis，简称ATA）。

表8-7　基于事故发生可能性研究方法

定性研究	定量研究
专家评议法	故障类型及影响分析
安全检查法	事故树分析
安全检查表分析法	概率分析方法
危险与可操作性研究	马尔可夫模型分析法
预先危险性分析	原因—结果分析法
作业条件危险性分析	管理失误和风险树分析
如果……怎么办法	事故树分析法
因果分析图法	统计图表分析法

安全检查表法是对危险源系统进行全面分析后，列出所有的危险因素，确定检查项目，然后编制成表，并按此进行逐一检查，回答是与否。编制表格的控制指标主要是根据有关标准、规范等。若发现有遗漏之处，也容易添加进去。

事故树分析，源于故障树分析法（Fault Tree Analysis，简称FTA），是从分析的特定事故开始，层层分析其原因，一直分析到不能分解为止。将特定的事故和原因之间用逻辑门符号连接起来，得到简洁明了的逻辑树图形，即故障树。主要步骤有：

（1）确定分析事件；

（2）确定系统事故发生概率、事故损失的安全目标值；

（3）调查原因事件：确定最基本的原因事件；

（4）编制事故树；

（5）定性分析：确定每一个原因事件的结构重要度；

（6）定量分析：找出各基本事件的发生概率，计算顶上事件的发生概率；

（7）结论。

目前，国内学者多采用计算机辅助软件进行事故可能性计算。马月鹏利用SAFETI软件对上海焦化有限公司的化工园区进行定量风险评价，得到了个人风险等值线和社会风险F—N图（图8-8）。

2. 城市事故危险性分析

事故危险性分析是指利用各种数学模型对事故结果的物理影响成果的分析，也称效应分析。

事故危险性分析最重要的是确定事故危害阈值标准。事故的危险性与灾害要素的本身强度有关，也与其释放的事件有关。因此，重大事故危害阈值一般分为两类：一类是单纯考虑事故本身强度的阈值，并用一些物理量来表示，如热辐射通量、爆炸超压；另一类是剂量型的阈值，不仅考虑事故结果本身强度的影响，也考虑到事故结果作用时间和累积作用效果的影响，如热辐射剂量，毒物剂量等。

目前我国还没有一个统一的事故危害阈值的标准。由各个企业、机构、地方在安全评价、安全规划、应急策划等工作中，参考国内外相关文献资料自行确定危害阈值。本书借鉴国内外相关资料，列出了相关标准，供规划研究参考。

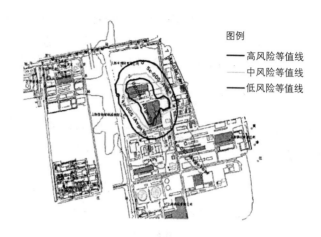

图例
—— 高风险等值线
—— 中风险等值线
—— 低风险等值线

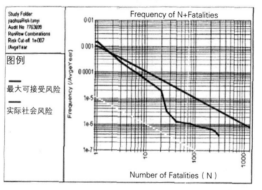

图8-8　个人风险等值线与社会风险 F—N 曲线（资料来源：Pearce（2000）

（1）火灾危害阈值

火灾主要通过热辐射危害受体，因此通常以热辐射通量确定危害阈值（表8-8）。

表 8-8　不同热辐射通量的伤害效应

热通量（kW/m²）	人员伤害或结构破坏效应
1.4	不会造成伤害
1.7	感觉疼痛的最低标准
4.0	暴露20s后有疼痛感，皮肤会起泡
7.0	穿防护服的消防员最大可忍受的限值

热通量（kW/m²）	人员伤害或结构破坏效应
11.7	绝热保护的薄型钢可能失去机械性能
12.5	电线绝热层可能熔化，塑料管熔化，100%致死
35.0	木材和纺织品燃烧的临界值，建筑起火的临界值

（资料来源：师立晨和多英全（2009））

（2）爆炸灾害阈值

在爆炸事故中主要考虑冲击波的危害，因此一般根据超压准则确定伤害阈值（表8-9）。

表 8-9　法国和意大利爆炸事故超压伤害阈值标准

爆炸超压（kPa）	高致死阈值	致死出现阈值	不可逆效应阈值	可逆效应阈值
法国	20	14	5	—
意大利	30	14	7	3

（资料来源：师立晨和多英全（2009））

（3）毒物伤害阈值

不同的毒物对人体伤害程度不同，需针对具体毒物进行特征性研究。但国内外不同部门对于所有毒物暴露阈值根据人体伤害程度确定了一定的分级标准，具体有应急反应计划指南（ERPGs）和临时紧急暴露极限（TEELs）等标准（表8-10）。

表 8-10　应急反应计划指南（ERPGs）阈值的定义

级别	定义
ERPG—3	几乎所有人员可以暴露1h，不致造成生命威胁的气体最大浓度
ERPG—2	几乎所有人员可以暴露1h，不致造成不可逆或其他严重健康效应或影响人员采取防护能力的症状的气体最大浓度
ERPG—1	几乎所有人员可以暴露1h，除了轻微、临时的不良健康反应或不当气味外，不会产生其他不良影响的气体最大浓度

（资料来源：师立晨和多英全（2009））

表8-11　临时紧急暴露浓度（TEELs）阈值定义

级别	定义
TEEL—3	与ERPG—3相同
TEEL—2	与ERPG—2相同
TEEL—1	与ERPG—1相同
TEEL—0	低于此浓度大部分人员无害

（资料来源：师立晨和多英全（2009））

在风险评估与区划实践中，通常根据热辐射、超压、毒气的扩散规律划定致命区、重伤区、不可逆伤害区的扩散半径和覆盖范围，作为城市规划和土地利用规划的参考（表8-12）。

以一座设置了多个丙烷储罐的小型LPG中转站为例，根据发生沸腾液体膨胀蒸气爆炸（BLEVE）事故时的热辐射扩散规律，划定了基于不同热负荷、热剂量的不同伤害范围（图8-9）。

表8-12　热负荷阈值与土地利用规划参考半径

分区	热负荷/（s·kW$^{4/3}$·m$^{-8/3}$）	热剂量/kW·m^{-2}	半径/m
致命区（内部区域）	1800	46.71	410
重伤区（中部区域）	1000	30.06	510
不可逆伤害区（外部区域）	600	20.49	625

（资料来源：于辉和刘茂（2010））

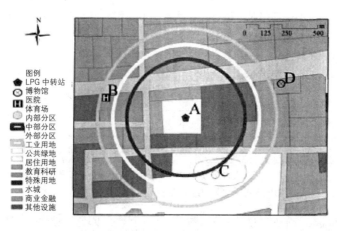

图8-9　LPG中转站不同伤害半径

（资料来源：于辉和刘茂（2010））

3. 城市承灾载体脆弱性分析

从事故灾难的角度来说，脆弱性是个人、建筑、财产、资源等对事故的敏感程度和由此产生的消极反应。在前文中提到，承灾载体包括人、物和社会经济系统三个方面，脆弱性包括暴露性和易损性。因此在脆弱性分析中，多从人员、设施和整体环境三方面评价脆弱性。例如在化工园区脆弱性评估中，从人员脆弱性、设施脆弱性和化工园区脆弱性三个角度构建指标体系；在交通事故脆弱性评估中，应从人员、车辆、道路设施和道路环境四个角度评价；建筑火灾中，应从人员、物品、建筑本身、周边建筑四个角度评价。

在现有研究中，有将人员、设施、环境脆弱性因子赋予权重，对研究区域整体进行评估，明确整体脆弱性程度（表8-13）；也有针对社会生态环境和人员分别进行脆弱性评估并分级，明确不同受体脆弱性程度在空间的分布情况，并采取相应防护措施（表8-14）。

环境风险受体分布

0 600 1,200 2,400m 潜在保护区 ▨ 一般保护区 ■ 重要保护区
比例尺

图8-10 某化工园区环境风险受体空间分布
（资料来源：解加成（2013））

表 8-13　基于 AHP 的化工园区脆弱性评估指标权重

| 目标层 | | 准则层 | | 指标层 | | 综合权重 |
名称	权重	名称	权重	名称	权重	
人员脆弱性（H）0.717		人员脆弱性暴露程度（H1）0.79		人员暴露密度（H11）	0.375	0.2124
				人员暴露位置（H12）	0.625	0.3540
		人员脆弱性目标易损性（H2）0.21		年龄结构（H21）	0.56	0.0843
				健康状况（H22）	0.26	0.0391
				接受培训程度（H23）	0.05	0.0075
				信息接收能力（H24）	0.12	0.0181
设施脆弱性（M）0.078		设施脆弱性目标暴露程度（M1）0.75		设施暴露密度（M11）	0.17	0.0099
				设施暴露位置（M12）	0.83	0.0486
		设施脆弱性目标易损性（M2）0.25		资产密集程度（M21）	0.2	0.0039
				设施重要程度（M22）	0.66	0.0129
				设施耐火等级（M23）	0.045	0.0009
				设施抗冲击能力（M24）	0.095	0.0019
环境脆弱性（E）0.205		环境脆弱性目标暴露程度（E1）0.17		环境暴露比例（E11）	0.375	0.0131
				环境暴露位置（E12）	0.625	0.0218
		环境脆弱性目标易损性（E2）0.83		环境重要程度（E21）	0.383	0.0652
				环境恢复能力（E22）	0.617	0.1050

（资料来源：马月鹏等（2012））

表 8-14　环境受体风险分级

分级	风险受体		脆弱等级
	社会生态环境	人群	
特殊保护区	重要目标（如党政机关、军事管理区等）；具有重要生态功能的环境（饮用水源地、濒危动物栖息地、自然保护区、特殊生境）；具有历史社会文化价值的环境（文物古迹、风景名胜、自然遗迹等）；	高敏感人群（学生、病人、幼儿及老年人）及特殊高密度场所（如体育场、交通枢纽、大型商场内的大量人群）	4
重要保护区	具有极高经济价值（自然产卵场及索饵场、越冬场和洄游通道、天然渔场、水产养殖区）；具有生态稳定性差的区域（资源性缺水、水土流失、沙化区域、水体富营养化海域等）；	普通人群（居民区、宾馆、度假村等居住类场所人员，办公场所、商场、饭店、娱乐场等公众聚集类高密度场所内的人员）	3
一般保护区	工业园区内的各种建筑物、铁路、公路等交通设施；	职业人群（工业园区内企业员工、行政管理人员）	2
潜在保护区	具有潜在生态功能和价值的地区（农田；林地、草地、盐碱地等）；	低密度人群（远离村庄的单个住户、养殖户）	1

（资料来源：吴宗之（2012））

四、不确定性分析

在本章第一节就谈到，城市事故灾难最重要的两个特点是随机性和突发性，每一起事件的起因，扩散过程和最终结果在风险评估中都难以精确预测。某种意义上，风险分析的过程就是对不确定性把握的过程。

在城市事故灾难风险分析中不确定性通常来源于三方面：

（1）参数的不确定性，由于模型中所要用到的参数值不是精确，而是根据实验测得的，实验本身可能存在误差，测量也存在误差。

（2）模型的不确定性，由于模型都是对真实物理规律的一种简化，所以总会带有一定的不确定性。而在事故预测模型中融入随机、模糊等不确定因素，将其量化合成，将模型改造成可以直接适用于风险分析的模型，是事故灾难风险分析中基于预测模型研究的研究热点。如Papazoglou研究了BLEVE模型的参数和公式的不确定性，并对最终结果的不确定性的由来进行了量化。

（3）事故场景的不确定性，来自于对事故场景认识的局限。

不确定性研究应包含在风险评估的全过程中，从风险源评价开始，直到完成风险总体评价和风险区划。在实际应用中，不确定性研究多体现在事故可能性和后果分析之中，最主要任务是使可能性和受损程度的预测更加科学化。

研究事故灾难的不确定性方法有概率统计法、模糊数学法、灰色理论方法、突变理论方法、可靠性理论方法等，还要包括随机模拟法、模式识别方法等。定量的不确定性分析将增加风险评价结果的可信度，更加符合实际情况，具有广泛的应用前景。

五、城市事故风险评价结果与风险区划

经过上述阶段，运用各种定性和定量方法后，事故风险评价最终希望得到两个结果：一是对整个研究区域的风险情况进行总体判断，将风险情景、可能性和后果综合考虑，得出总体风险水平；二是研究区域内不同分区的风险值，也可以说是事故风险在研究区域内的空间分布。前者可以通过与现有风险标准的对比，让我们了解现状与理想风险值之间的差距，确定下一步工作，即事故灾难防御规划的目标和总体战略要求；后者可以指导具体空间防护规划工作，确定防护重点、防护设施建设空间布局及应急避难措施等。

依据前文对风险的划分，总体风险水平包括总体个人风险水平和总体社会风险水平。事故风险评价所得出的具体风险值也需与ALARP准则（最低合理可行性准则）进行对比，判断个人风险的可接受程度。考虑到我国

规划区域建设实际情况及评价项目的社会经济效益、技术风险及风险可实现性对风险容忍度的影响等因素，因此确定该评价过程个人和社会风险的不可接受水平为10^{-4}，可忽略风险选择国际上普遍采用的10^{-6}，以这两个值作为评判标准。

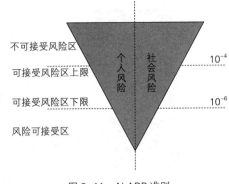

图 8-11 ALARP 准则

在某些特定的事故研究中，也有采用类似于ALARP准则的其他判断标准。如在化工园区事故风险评价中，对园区安全容量和危险量的分析，得出园区整体的风险评估值。园区安全容量的概念是指园区正常的生产活动、园区人们的正常生活水平不遭受损害的条件下，园区能承受的最大危险量；危险量是园区内所有企业危险量之和，主要指各类风险源。危险量与安全容量的比值称为危安比。

判断标准为"二八法则"，即园区危安比最大临界点一般为0.8，反映了园区的最大可接受风险量。当危安比在三种不同值域区间下，即大于1、在0.8～1之间、小于0.8时，对应的园区安全规划的重点不同。

风险区划是研究区域内风险相对大小的排序过程，是区域风险管理的主要手段之一，是个人风险与社会风险的空间分布。其目的在于客观地揭示区域内及区域之间风险分布的相似性和差异性，实现分区管理。风险区划需将研究区域栅格化，并根据事故灾难的风险源、时空扩散机制、受体脆弱性分布等对每个栅格进行综合风险评价，从而确定整体风险的差异化空间分布。每个分区的风险值也需与ALARP准则进行比较，从而确定不同分区的分级化防护措施。

在大连松木岛化工园区的风险评价中，有关学者基于环境风险受体脆弱度分级和事故后果相结合的评价方法，计算了每一个栅格的风险值，并将环境风险区划图与区域发展规划图叠加。如图所示，低风险区约占研究区域面积的88%面积，中风险区约占6.6%，高风险区约占5.4%。

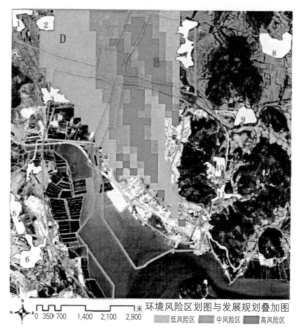

图 8-12 大连松木岛化工园区环境风险区划图

（资料来源：解加成（2013））

第四节 城市事故灾难防御规划

城市事故灾难防御规划，是以城市事故风险现状及防御能力现状为出发点，为抵御各种事故灾难对城市居民生命财产和各项工程措施造成的损害，对规划期内城市事故灾难的防御目标、总体防御格局、应急避难场所和通道、重大危险源、生命线系统等各项防御设施进行总体部署，是城市公共安全规划的重要组成部分。

城市事故灾难防御规划，应以城市总体规划确定的综合防灾与公共安全保障体系为依据，落实城市总体规划的相关要求，并与城市其他专项规划相协调。

和其他规划一样，事故灾难防御规划是一项重要的城市公共政策。其主要手段是对城市各项开发建设活动进行协调控制，辅之以一系列的经济、社会、法律制度和措施，最终目的是为保障城市居民的生命和财产安全和维系城市各项功能的正常运转，并与城市经济社会发展相协调。

城市事故灾难防御规划虽以城市为主要研究对象，但要避免就城市论城市，考虑大区域层次下的事故风险源、防御设施、人员密集场所的分布，促进各城市之间、城乡之间在防御事故方面的联系，加大区域协调力度。当城市遭遇自身难以抵抗的事故袭击时，通过区域层面的防灾资源协调与快速集中，形成一方有难，八方支援，系统化的区域公共安全防御体系。

城市事故灾难防御规划应至少包括以下内容：

（1）现状事故风险调查：对城市事故灾难防御现状进行全方位的考察，内容包括：历年来发生的事故灾难次数、类型、空间分布、损失情况统计；市域范围内重大危险源调查；影响危险源扩散的自然及社会因素调查；目前防御设施等级、效果、空间分布情况等。

（2）综合评价城市事故风险水平，指出问题所在。

（3）确定规划期限内城市事故风险总体控制目标。

（4）确定城市事故灾难防御总体战略。

（5）提出重大危险源布局方案，以及不同类型的事故防御及避难措施，特别是各项建设设施的空间布局。

（6）提出不同时段各项设施建设的时序安排，确定需要优先建设的重要工程项目。

（7）提出具体实施措施和规划所需要的各项政策和保障措施。

按目前城市事故的主要类型和现阶段防御重点，城市事故灾难防御规划主要包括城市化工园区安全规划、城市道路交通安全管理规划和城市消防规划。

一、城市化工园区安全规划

化工园区具有产业集聚、用地集约、布局集中、物流便捷、安全环保等优势，是我国进行重化石化和化学工业产业结构调整、实现技术进步、低碳、绿色发展、安全发展等战略的主战场；但其内部也储存着大量易燃、易爆、有毒有害的危险物品，犹如一把利剑，时刻对园内工人和园外城市居民的生命安全构成威胁。

化工园区安全规划，是指为使化工园区的安全生产与经济社会协调发展，对化工园区选址定位，园区内部土地利用、功能布局以及安全管理模式、应急预案等的综合部署和合理安排。化工园区安全规划应至少包括园区选址、园区内部功能布局、安全管理模式和应急预案编制四方面内容。

（1）园区选址：选址应在城市总体规划确定的城市土地利用和各功能区布局的框架下，进行科学、合理布局，满足周边城市主城区、主要居住区、重要水源地、生态保护区、风景名胜区等敏感区域的安全要求；选址时不仅要考虑园区与周边敏感性目标的关系，还要考量园区的地质条件，基础设施条件，交通运输条件，周边救援力量分布，周边企业分布、周边居民的安全认知水平等级等因素。

（2）园区内功能布局：化工园区总体上可分为生产区、储存区、道路和各项市政基础设施、管理区及生活服务区等基本功能区，特别需要重视重大危险源的优化布局和危险源周边的土地使用。总的目的是要合理利用土地，在确保各项工业活动正常开展并获得收益的同时，使园区潜在事故风险降到最低程度，资源消耗量尽可能少，严格控制环境污染排放量，实现安全、绿色、可持续发展。功能区布局优化是实现化工园区本质安全的重要手段。

（3）安全管理对策措施：只靠物质空间的合理布局是无法彻底保障化工园区安全的，还需要制定各项规章制度，对各企业的操作行为进行约束和管理，提升园区整体的安全管理水平。要在细致调查并分析园区内各企业安全管理模式和水平等级的基础上，探讨如何建立适合于化工园区自身实际情况的安全管理方法。

（4）应急预案编制：通过城市脆弱性目标分析和城市应急能力评估，提出化工园区应急体系建设方案，特别是化工园区的应急功能设置、体制架构与响应机制设计、标准操作程序和支持附件等内容的编制，以及当事故发生时，如何快速启动防御设施，阻滞危险物质的扩散，和如何快速疏散园区内工人和园区外城市居民。

下面以广州南沙（小虎）化工园区功能布局为例，说明相关技术方法的应用。

广州南沙（小虎）化工区位于广州市南沙区，以大型成品油和液体化学品仓储为主，规划的化工园区建成后危险物质总量将接近300多万吨，计划引进企业类型有6种：① 存储甲类易燃液体的企业；② 存储乙类易燃液体的企业；③ 存储易燃气体的企业；④ 易燃气体生产、使用企业；

⑤ 有毒气体生产、使用企业；⑥ 其他工业；再加居住区。约束条件为：每个规划方案中，6种企业每一种至少有一个，以此找出使潜在死亡人数最小化、经济收益最大化的所有规划方案。规划优化方案如图8-13所示。

图8-13展示了部分规划方案。每种种包含的土地利用类型和相应的地块数量相同，（*.1）为该类别风险最小、收益最小的规划方案，（*.2）该类别风险最大、收益最大的规划方案。*为1～6。

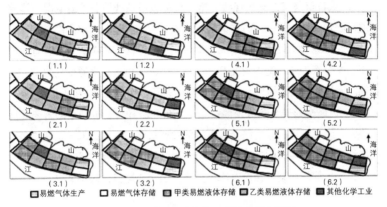

图8-13 南沙（小虎）化工园区功能布局图

（资料来源：吴宗之（2012））

二、城市道路交通安全管理规划

《中华人民共和国道路交通安全法》第四条规定：各级人民政府应当保障道路交通安全管理工作与经济建设和社会发展相适应。县级以上地方各级人民政府应当适应道路交通发展的需要，依据道路交通安全法律、法规和国家有关政策，制定道路交通安全管理规划，并组织实施。

道路交通安全管理规划是在道路交通安全系统现状进行调查并分析的基础上，总结规划范围内的道路交通安全问题，对规划期限内道路交通安全形势进行科学预测，提出交通安全的合理目标。以此目标为依据，运用各种现代化技术、方法、措施，提出高效合理的道路交通安全管理规划方案，包括一系列交通规章制度、道路安全设施、事故多发点整治、应急预案等。

道路交通安全系统由5大要素组成，分别是人—车—路—环—管，这5大要素缺一不可。在编制过程中要牢固树立"以人为本"的理念，积极建设可靠的道路交通安全设施，实现道路交通系统安全、有序、畅通、环境优良。同时，规划编制工作要坚持"系统工程"的特点，从以上5个因素入手，围绕整个道路交通系统开展工作，从人、车、路、环境和管理等多个环节综合采取措施。规划实施过程中要致力于政府各部门的协调配合，体现规划的公共政策性和横向沟通、协调特点。

道路交通安全管理规划应包括以下内容：

1. **城市道路交通安全现状分析**：包括城市经济社会发展概况、道路交通需求量的增长，交通方式的构成比重，城市对外、城市内部道路网布局及道路交通安全设施建设情况，道路交通安全法规体系及宣传教育、道路交通安全管理现状基本情况等。以及近年来城市道路交通事故数量和类型等。通过对现状的梳理，要了解主要问题及产生问题的主要原因。

2. **道路交通安全趋势预测**：基于城市经济社会、机动化的未来发展趋势，并结合城市历年道路交通事故的发展状况，考虑到未来发展的多种可能性，对未来城市的道路交通安全发展趋势进行预测，研究事故发生的规律，并根据规律制定相应对策，全程控制交通运转，减少事故的发生频率和危害。

3. **规划年限内道路交通安全目标和总体战略的确定**：在对道路交通安全发展趋势的基础上，提出切实可行的交通安全发展目标，如降低多少事故数量、降低死亡人数及财产损失金额等。并依据制定的发展目标，提出道路交通安全发展战略，即对各项有利于提高道路交通安全措施的总体部署。

4. **道路交通安全系统规划**：以城市综合交通规划及制定的道路交通安全总体战略为基础，从交通参与人员、车辆、道路、交通环境和交通管理五个方面对城市综合交通系统进行规划布局，重点是防止城市交通事故发生的各项安全设施。

5. **道路交通安全执法与教育**：根据现有的《道路交通安全法》和其他相关的法律法规以及城市已有的交通规章制度，指出存在的缺陷，提出完善城市交通法规的对策；提出针对城市全体居民的交通安全和相关法规宣传教育计划。

6. **道路交通管理模式研究**：分析城市交通管理的现存问题，包括管理体制、交通需求管理、驾驶人员身份管理等，提出进一步的优化意见。

7. **道路交通安全管理规划实施建议与保障措施**：对规划所提出的一

系列建设、管理、制度上的措施，提出具体实施意见，并确定近期、中期、远期实施计划和目标。针对拟定的实施计划，提出各项经济、社会、政策上的保障措施，使规划能够真正落地，切实执行。

三、城市消防规划

城市消防规划，是在对城市消防安全及火灾事故发生现状充分认识的基础上，制定符合城市消防及经济社会发展态势的消防安全发展目标及总体战略，并采取各种预防和减灾措施，包括建设性与非建设性的措施，最大限度减轻火灾对城市造成的损失。

城市消防规划是城市总体规划的重要组成部分，规划期限与范围应与城市总体规划保持一致。编制时应遵循"预防为主、防消结合"的方针，同时应以《中华人民共和国消防法》、《中华人民共和国城乡规划法》以及GNJ1-82《城镇消防站布局与技术装备标准》为依据，以国家、省、市有关城市消防工作的政策、法规和文件等为指导。同时，由于消防事业的综合性，消防安全建设需密切结合城市交通系统、城市给水工程和通信工程的建设，因此城市消防规划需与其他专项规划密切协调，保持一致性。

城市消防规划的重点可以用"一点、两面、三线、四管理"来概括，内容至少需包括以下几点：

1. **城市消防安全现状分析**：对近年来火灾事故发生数量、损失情况的统计；易燃易爆危险物品现状；老城区、城中村、高层建筑等消防困难区域的分布情况；城市消防站、消防给水、消防通信、消防车通道等公共消防设施和消防装备等现状情况。总结城市消防建设、消防管理方面存在的问题。

2. **确定城市消防安全目标及总体战略**：依据对城市消防安全的现状分析及总结出的问题，制定出有针对性的、符合城市经济社会发展实际的消防安全目标，包括给出降低火灾次数、降低人员财产损失，拟新增消防站和消防栓数量等定性和定量指标。根据制定的目标，确定规划的总体部署。

3. **确定城市消防规划体系**：即"两面"，包括消防安全结构和城市建设用地消防分类；城市消防空间结构应与城市空间结构基本一致；需划定城市重点消防地区。

4. **消防安全布局规划**：即消防安全重点关注的城市部分功能区，包括城市中火灾危险源区域、对火灾抵抗能力较弱的区域以及用于紧急疏散时的公共空间进行合理的空间安排。在目前所编制的消防规划中，重点关注生产、储存易燃易爆化学物品的工厂、仓库布局；老城区内经营危险物品的单位整顿；建筑密集区域，棚户区的改造与其消防条件的改善；文物保护单位，历史街区的消防条件改善；城市广场、公园绿地的优化布局以满足火灾来临时的隔离作用和避难需求。

5. **消防建设规划**：即消防相关设施建设规划，包括"一点"和"三线"。"一点"指城市消防站布点规划，在确定消防站布点前，首先要划定责任区。每一个消防站的责任区面积为4～7km²，消防车辆5分钟可到达责任区边缘。需设置包括陆上站、水上站、特勤站、空勤站、专职站在内的多层次、立体化的消防站网络体系；"三线"是指与消防安全密切相关的三类线性要素：消防通道、消防给水管线和消防通信设施布局。消防通道布局需结合城市道路系统，确定不同等级的消防通道，特别注重建筑密集区域的消防通道整治计划；消防给水系统规划以建立有效的消防供水保障体系为目标，通过新建或改造水厂、加压站和管网，解决局部缺水和水压不足问题，同时提出综合利用自然水体的具体方案，作为消防供水的有效补充。消防通信系统建设力图运用现代通信手段和计算机技术，构筑多功能的城市消防通信及指挥系统。图8-14为南京市消防站规划和消防通道规划。

6. **城市消防管理**：即"四管理"，包括居民社区火灾预防管理、消防安全重点单位管理、建筑设计防火监督管理、危险化学品管理。充分发挥派出所的消防监督和管理功能，宣传教育全面提高居民的防火意识；定期排查建筑结构与防火设施，及时查清

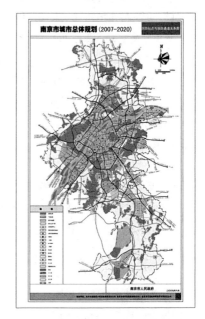

图8-14　南京市消防站与消防通道规划
（资料来源：《南京市城市总体规划
（2007—2020）》）

隐患。危险化学品单位依法实施消防监督管理。对危险化学品生产、储存、运输、销售实行审批制度。明确有关部门的职责分工，构建高效、快捷、沟通方便的消防管理体制。

7. **消防队伍建设**：消防队伍是对抗火灾的重要力量。除了应发挥出警迅速和人员技能、器材装备方面的优势外，还要积极参加其他灾害事故的抢险救援，要随时接受各单位和人民群众的报警求助，使消防队伍成为处理各类城市突发事件的突击队。

8. **消防规划的实施计划及保障措施**：从政策、法规、投资等方面制定措施，保障消防规划的全面实施。制定消防规划实施的近期、中期、远期计划，根据现状存在问题的突出性和经费安排等方面的考虑，合理安排各项消防设施的建设次序。

参考文献

[1] Abrahamsson M. Uncertainty in Quantitative Risk Analysis-characterisation and Methods of Treatment [R]. Report 1024, Department of Fire Safety Engineering, Lund University, Lund, Sweden, 2002.

[2] Guofang Zhai and Takeshi Suzuki (2008): Public Willingness to Pay for Environmental Management, Risk Reduction and Economic Development: Evidence from Tianjin, China. China Economic Review. Vol. 19, issue 4, 551-566. doi: 10.1016/j. chieco. 2008.08.001.

[3] Guofang Zhai and Takeshi Suzuki (2009): Risk Perception in Northeast Asia. Environmental Monitoring and Assessment. 157: 151-167. DOI: 10.1007/s10661-008-0524-y.

[4] Guofang Zhai and Saburo Ikeda (2008): Empirical Analysis of Japanese Flood Risk Acceptability within Multi-risk Context. Natural Hazards and Earth System Sciences, 8, 1049-1066, 2008.

[5] Lee W. H., Weinstein M. COMPUTER MODELING OF MASSIVE LNG SPILLS FROM STORAGE TANKS AT POINT CONCEPTION, OXNARD, AND LOS ANGELES, HARBOR, CALIFORNIA [J]. Proceedings -IEEE Computer Society's International Computer Software & Applications Conference, p 83-99, 1980.

[6] Papazoglou, Aneziris. Uncertainty Quantification in the Health Consequences of the Boiling L iquid Expanding Vapour Explosion Phenomenon[J]. Journal of Hazardous Materials, 1999, A 67: 217-235.

[7] Pearce. An Integrated approach for community hazard, impact, risk and

vulnerability analysis: HIRV: [dissertation]. The University of British Columbia, 2000.

[8] 北京市城市规划设计研究院，北京城市主要灾种评估指标体系及综合减灾行动对策研究—交通灾害专题研究报告[R]. 2007.5：47-61

[9] 陈宽民，王玉萍. 城市道路交通事故分布特点及预防对策[J]. 交通运输工程学报，2003，1.

[10] 城市防灾学[M]. 化学工业出版社，2006.

[11] 范维澄，刘奕，翁文国，申世飞. 公共安全科学导论[J]. 2013.

[12] 高建明，王喜奎，曾明荣. 个人风险和社会风险可接受标准研究进展及启示[J]. 中国安全生产科学技术，2007，3（3）：29-34.

[13] 国家安全生产监督管理局. 安全评价[M]. 北京：煤炭工业出版社，2004.1

[14] 胡二邦. 环境风险评价实用技术和方法[M]. 北京：中国环境科学出版社，2000.

[15] 季学伟，翁文国等. 城市事故灾难风险分析研究[J]. 中国安全科学学报，2006，16（11）.

[16] 李传贵，刘艳军，刘建等. 基于化工园区整体风险量分析的安全规划研究[J]. 中国安全科学学报，2009（6）：116-121.

[17] 李翠平，胡磊，侯定勇等. 基于元胞自动机的井巷火灾仿真[J]. 北京科技大学学报，2013（12）.

[18] 李惠敏. 成山头水域海上交通事故特征及致因分析研究[D]. 武汉理工大学，2012.

[19] 李颖，杨玉奎. 城市消防规划编制内容和深度的探讨———以广州市为例[J]. 城市规划，2002，7（9）；85-87.

[20] 廖学华. 基层政府应对突发自然灾害危机管理机制的构建[D]. 浙江大学，2011.

[21] 陆化普，周钱，徐薇等. 道路交通安全管理规划理论与应用研究[J]. 中南公路工程，2006，31（3）：67-70，101.

[22] 罗云，樊运晓. 风险分析和安全评价[J]. 2004.

[23] 马月鹏，李竹霞，倪凯等. 化工园区区域定量风险评价及其应用研究[J]. 安全与环境学报，2012，12（005）：239-242.

[24] 师立晨，多英全. 重大事故危害阈值的探讨[J]. 中国安全科学学报，2009，19（12）：51-56.

[25] 孙东亮，蒋军成，杜峰. 基于事故连锁风险的区域危险源辨识技术研究[J]. 工业安全与环保，2009，35（12）：48-50.

[26] 吴宗之. 化工园区安全规划方法与应用研究[C]. 第六届中国国际安全生产论坛论文集. 2012：46-51.

[27] 解加成. 基于风险区划的规划环评中环境风险评价研究[D]. 大连理工大学，2013.

[28] 杨立中，方伟峰，黄锐等. 基于元胞自动机的火灾中人员逃生的模型[J]. 科学通报，2002，47（12）：896-901.

[29] 于辉，刘茂. 危险工业设施周边土地利用规划研究[J]. 中国安全科学学报，2010，20（12）：134-139.

[30] 张明媛. 城市复合系统承灾能力研究[D]. 大连：大连理工大学，2006.

[31] 张志毅. 编制城市消防规划的几点体会与思考[J]. 现代城市研究，2003，12（30）：73-77.

[32] 赵学刚，谭迎新. 区域道路交通事故伤亡风险源分类评价研究[J]. 中国安全科学学报，2013，2：031.

[33] 中国新闻网[EB/OL]. http://www.chinanews.com/df/2013/01-10/4476902.shtml

[34] 中国新闻网[EB/OL]. http://www.chinanews.com/sh/2013/12-26/5664194.shtml

[35] 邹志云，胡琼虹，毛保华等. 道路交通安全管理规划理论体系研究[J]. 中国安全科学学报，2005，15（12）：42-46.

第九章

城市公共卫生安全规划

　　近年来，随着我国社会经济的快速发展，城市规模不断扩大，城市的公共卫生安全问题也日益凸显。因此，对于城市规划相关从业人员而言，有必要在充分了解城市公共卫生安全事件的概念、特征、分类与分级的基础之上，通过有效、多样的方法对城市公共卫生风险进行评估，同时运用GIS等技术模拟公共卫生安全事件在城市中的爆发与扩散过程，继而依据评估与模拟的结果，合理配置城市公共卫生资源，努力减少突发性公共卫生事件发生的可能，降低其可能造成的不良影响。

　　本章分五节介绍城市公共卫生安全规划。第一节介绍城市公共卫生安全事件的定义及分类；第二节介绍城市公共卫生安全事件的形成机制与发展趋势；第三节介绍城市公共卫生安全事件风险评估方法的应用；第四节介绍城市公共卫生安全事件时空分布的分析方法；第五节介绍城市公共卫生安全规划的内容。

第一节　城市公共卫生事件概论

在漫长的历史过程中，人类在疫病和其他卫生威胁的斗争中，积累了丰富的实践经验。尤其是随着生命科学的不断发展，人类逐渐掌握了预防及控制疾病的有效手段，懂得了主动保护人类自身的方法，了解到规范自身健康行为的必要性。在这个过程中，逐渐明确了"公共卫生"这个概念。

一、公共卫生概念界定

在现实生活中，人们对公共卫生的理解各有侧重，学者们从各自的学术角度对"公共卫生"进行了界定。从第一次世界大战前后开始，西方学者就不断尝试明确公共卫生的使命，解释公共卫生的内涵与外延，我国学者也作出了相应的贡献。随着社会经济条件的高速发展，以及各类分析研究技术的不断提升，中外学者对公共卫生的认识，也正处在不断发展和完善的阶段。

1. 国外对公共卫生概念的界定

自20世纪以来，西方公共卫生界人士纷纷发表对"公共卫生"概念的认识。其中，具有里程碑意义、被广泛接受的是温斯络（Charles Edward A. Winslow）定义。温斯络是美国公共卫生的领袖人物，早在1920年就描述了公共卫生是什么和公共卫生应该如何做，他认为："公共卫生是通过有组织的社区努力来预防疾病、延长寿命、促进健康和提高效益的科学和艺术。这些努力包括：改善环境卫生，控制传染病，教育人们注意个人卫生，组织医护人员提供疾病早期诊断和预防性治疗的服务，以及建立社会机制来保证每个人都达到足以维护健康的生活标准。以这样的形式来组织这些效益的目的是使每个公民都能实现其与生俱来的健康和长寿权利"。温斯络定义的内涵较为丰富，其中，"科学和艺术"、"有组织的社会努力"和"与生俱来的健康和长寿权利"等三点准确地概况了公共卫生的本质和使命。

美国医学研究所（Institution of Medicine，IOM）在其1988年发布的美国公共卫生研究报告《公共卫生的未来》中，明确提出了较为精练的公共卫生的定义："公共卫生就是我们作为一个社会为保障人人健康的各种条件所采取的集体行动。"

在《WTO与公共卫生协议案》中，"公共卫生"的内容分为八大类：① 传染病的控制；② 食品的安全；③ 烟草的控制；④ 药品和疫苗的可得性；⑤ 环境卫生；⑥ 健康教育与促进；⑦ 食品保障与营养；⑧ 卫生服务。

2. 我国公共卫生概念的提出

2003年中国取得了抗击SARS战役的阶段性胜利，对"公共卫生"的内涵也有了新的认识："公共卫生就是组织社会共同努力，改善环境卫生条件，预防控制传染病和其他疾病流行，培养良好卫生习惯和文明生活方式，提供医疗服务，达到预防疾病，促进人民身体健康的目的。"

具体而言，该定义可被阐释为："公共卫生建设需要国家、社会、团体和民众的广泛参与，共同努力。其中，政府要代表国家积极参与制定相关法律、法规和政策，对社会、民众和医疗卫生机构执行公共卫生法律法规实施监督检查，维护公共卫生秩序，促进公共卫生事业发展；组织社会各界和广大民众共同应对突发性公共卫生事件和传染病流行；教育民众养成良好卫生习惯和健康文明的生活方式；培养高素质的公共卫生管理和技术人才，为促进人民健康服务。"

这是中国首次较为系统、全面地提出的关于"公共卫生"的定义。这个定义反映了我国公共卫生界对现代公共卫生的共识，兼具历史性、现实性和前瞻性。该定义首先明确地提出了公共卫生就是要组织整个社会的全体成员共同预防疾病、促进健康，即公共卫生建设是属于社会系统工程。对该定义的解释明确指出了公共卫生建设的参与者应包括国家、社会、团体和民众，并首次明确提出了政府应代表国家对公共卫生负责的概念，界定了政府的五大责任，这在目前所有公共卫生定义中，是对政府责任描述最明确、最具体的。

从更广泛的意义上来说，公共卫生安全，是在一个国家和地区内创造一种安全和健康的工作环境和生活环境，使广大劳动者、旅游者、社区居民的健康与安全得到保障。因此，任何影响一定区域内人口的动态健康的事件，都可被视作公共卫生安全事件。

二、突发性公共卫生事件

1. 突发性公共卫生事件定义

"突发性公共卫生事件"的概念构成中，"突发"是指突然爆发，强调事件发生的不可预测性和结果的不确定性；"公共"是指需要调动公共资源，整合社会力量加以解决；"卫生"指的是关系到一国或一个地区人民大众健康的事业；"事件"是指已经发生的大事件，并会对社会造成一定的影响，存在或潜藏着对整个公共组织的威胁。对于"突发性公共卫生事件"这一概念，相似的表述还有"灾害（hazard）"、"灾难（disaster）"、"公共危机（crisis）"和"紧急状态（state of emergency）"等。国际上对突发性公共事件的定义也不一样。美国对突发事件的定义为：由美国总统宣布的，在任何场合、任何情景下，在任何地方发生的需联邦政府介入，提供补充性援助，以协助州和地方挽救生命，确保公共卫生、生命及财产安全或减轻灾难所带来威胁的重大事件。

中国政府对突发性公共卫生事件进行定义的是在2003年5月9日，国务院令第376号公布了《突发性公共卫生事件应急条例》。该条例指出，突发性公共卫生事件是指突然发生，造成或者可能造成社会公众健康严重损害的重大传染病疫情、群体性不明原因疾病、重大食物和职业中毒以及其他严重影响公众健康的事件。突发性公共卫生事件针对的是群体而不是个体。

2. 突发性公共卫生事件特征

突发性公共卫生事件往往具备以下几个基本特征：

（1）突发性和意外性

突发性公共卫生事件的发生往往出乎人们的意料，其发生的时间、地点、方式、影响的范围与程度等往往难以准确把握，而相关信息通报也很难做到准确、全面、及时。

（2）区域性或国际危害性

突发性公共卫生事件通常会同时波及整个工作或生活的社会群体，在空间上通常会表现出较为显著的范围性危害。全球化进程的加快，地区与国家之间各类要素的高速流动，都会使突发性公共卫生事件具备相当程度的国际危害性。经济全球化在带来人员、物资、技术和信息大规模交流的同时，也带来了公共卫生安全风险的全球化大规模传播。一些重大疫情可能通过交通、旅游、运输等多种渠道，人类、畜类、禽类或植物等多个物种向原发区域之外进行大范围、长距离的扩散。公共卫生安全风险源能跨区域间、国际间甚至洲际间的扩散，不分种族、民族、性别和社会群体，跨越不同的文化和社会制度，不仅可能给原发区，也可能给其他地区甚至全球带来巨大灾难。如2003年，非典疫情首先在我国广东省出现，随后山西省和北京市开始爆发非典疫情，与此同时，我国周边地区和国家也很快出现了非典疫情，并最终席卷30余个国家和地区，对全球范围内的人类健康产生巨大的威胁。

（3）对社会危害的严重性

由于突发公共卫生安全事件发生突然、涉及面广、影响范围大、治理困难，所以在事件发生之后除了会造成人民生命财产与社会经济的直接损失，往往还会对社会心理和个人心理造成破坏性冲击，进而渗透到社会生活的各个层面，引起社会的惊恐与不安，导致更严重、更持久、范围更广、规模更大的间接损失。

（4）发生原因复杂

突发性公共卫生事件往往是多种诱因共同导致、各种矛盾共同激化的结果，通常会呈现为一果多因、相互关联、牵一发而动全身的复杂状态。假如危机应对处置不当，不仅可能会加大损失规模、扩大影响范围、甚至会转为社会、政治事件，引发社会动荡。

（5）处理的综合性和系统性

在应对突发性公共卫生事件的全过程中，往往需要各参与主体综合协调，积极响应，灵活应对。其中，对突发性公共卫生事件的现场抢救、控制和转运救治，原因调查和善后处理等各个阶段，涉及多系统多部门，必须在政府领导下进行综合性、系统性的协调处理。

（6）常与违法行为、违章操作、责任心不强等有直接关系

在医疗与防治技术相对发达的现代社会，除了全球最落后的部分地区之外，突发性公共卫生事件较少因恶劣的卫生条件或低下的医疗能力而导致其形成，其产生原因通常可归结为对相关预防法令及条例的违反或无视。

3. 突发公共卫生安全事件分类

突发公共卫生安全事件的分类方法有以下两种：（1）根据引起紧急状态的原因，突发性公共卫生事件分为两类：一类是由自然灾害引起的突发性公共卫生事件；另一类是由人为因素或社会动乱引发的突发公共卫生安全事件。

（2）从发生原因上来分，通常可分为：

① 传染病疫情事件

主要指传染病（包括人畜共患传染病）、寄生虫病、地方病区域性流行、暴发流行或出现死亡；预防接种或预防服药后出现群体性异常反应；群体性医院感染等。包括法定传染病、新发传染病及输入性传染病。其中，重大传染病疫情是指某种传染病在短时间内发生、波及范围广泛，出现大量的病人或死亡病例，其发病率远远超过常年的发病率水平的情况。例如2004年青海爆发的鼠疫疫情。

② 群体性不明原因疾病事件

群体性不明原因疾病是指一定时间内（通常是指2周内），在某个相对集中的区域（如同一个医疗机构、自然村、社区、建筑工地、学校等集体单位）内同时或者相继出现3例及以上相同临床表现，经县级及以上医院组织专家会诊，不能诊断或解释病因，有重症病例或死亡病例发生的疾病。

群体性不明原因疾病具有临床表现相似性、发病人群聚集性、流行病学关联性、健康损害严重性的特点。这类疾病可能是传染病（包括新发传染病）、中毒或其他未知因素引起的疾病。这类事件由于系不明原因所致，通常危害较前几类要严重得多。公众缺乏相应的防护和治疗知识，没有针对该事件的特定监测预警系统，使该类事件常常造成严重的后果，控制上也存在很大难度。

③ 食源性疾病事件和职业危害事件

世界卫生组织认为，凡是通过摄食进入人体的各种致病因子引起的，通常具有感染性的或中毒性的一类疾病，都称之为食源性疾患。即指通过食物传播的方式和途径致使病原物质进入人体并引发的中毒或感染性疾病。1984年世界卫生组织将"食源性疾病"（foodborne diseases）一词作为正式的专业术语，以代替历史上使用的"食物中毒"一词。引发重大食源性疾病事件的主要原因有：由投毒、误食、农药误用等引起的食品中毒，细菌性食物中毒，河豚鱼和毒蕈等有毒动植物中毒等。

职业危害事件指在生产劳动过程及其环境中产生或存在的，包括劳动者职业活动中可能在作业场所接触到的粉尘、化学性毒物、物理因素、生物因素等可能导致职业病的各种有害因素，对职业人群的健康、安全和作业能力可能造成不良影响的事件情况。

④ 动物疫情事件

动物疫情事件，是指动物疫病发生、流行的情况，包括家畜家禽和人工饲养、合法捕获的其他动物。动物疫情涉及动物的饲养、屠宰、经营、隔离、运输等活动。

根据中国《重大动物疫情应急条例》里所称"重大动物疫情"，是指高致病性禽流感等发病率或者死亡率高的动物疫病突然发生，迅速传播，给养殖业生产安全造成严重威胁、危害，以及可能对公众身体健康与生命安全造成危害的情形，包括特别重大动物疫情。

⑤ 其他严重影响公众健康和生命安全的事件

包括严重自然灾害、事故灾害、社会安全事件等引发的危害公众健康和生命安全的事件，也包括因药品和医疗器械突发性公共事件。

地震、火山爆发、泥石流、台风、洪涝等自然灾害的发生，可能会引发多种疫病传播，特别是传染性疫病的爆发和流行，也可能会引发包括社会心理和个人心理影响在内的诸多严重的公共卫生问题。

有毒有害物质污染（如水体污染，大气污染、放射污染等）造成的群体中毒、中毒死亡类公共卫生事件，往往波及范围极广，常常会对后代人的生活安全造成极大的危害。

4. 突发性公共卫生事件分级

根据突发性公共卫生事件性质、危害程度、涉及范围，我国突发性公共卫生事件划分为特别重大（Ⅰ级）、重大（Ⅱ级）、较大（Ⅲ级）和一般（Ⅳ级）四级。具体分类如表9-1所示。

表9-1　突发公共卫生安全事件分级表

特别重大（Ⅰ级）突发公共卫生安全事件	1. 发生肺鼠疫、肺炭疽疫情并有扩散趋势；或肺鼠疫、肺炭疽疫情波及两个以上省份，并有进一步扩散趋势。 2. 发生传染性非典型肺炎、人感染高致病性禽流感病例，并有扩散趋势。 3. 发生群体性不明原因疾病，涉及多个省份，并有扩散趋势。 4. 发生新传染病或我国尚未发现的传染病发生或传入，并有扩散趋势，或发现我国已消灭的传染病重新流行。 5. 发生烈性病菌株、毒株、致病因子等丢失事件。 6. 周边以及与广东省通航的国家和地区发生特大传染病疫情，并出现输入性病例，严重危及我区公共卫生安全的事件。 7. 国务院卫生行政部门认定的其他特别重大的突发性公共卫生事件。

重大（Ⅱ级）突发公共卫生安全事件	1. 在1个县（市、区）行政区域内，1个平均潜伏期内（6天）发生5例以上肺鼠疫、肺炭疽病例，或相关联的疫情波及两个以上的县（市、区）。 2. 发生传染性非典型肺炎、人感染高致病性禽流感疑似病例。 3. 腺鼠疫发生流行，在1个地级以上市行政区域内，1个平均潜伏期内多点连续发病20例以上，或流行范围波及包括佛山市在内的两个以上地级以上市。 4. 霍乱在1个地级以上市行政区域内流行，1周内发病30例以上，或波及包括佛山市在内的两个以上地级以上市，有扩散趋势。 5. 乙类、丙类传染病疫情波及两个以上县（市、区），1周内发病水平超过前5年同期平均发病水平两倍以上。 6. 我国尚未发现的传染病发生或传入，尚未造成扩散。 7. 发生群体性不明原因疾病，扩散到县（市、区）以外的地区。 8. 发生重大医源性感染事件。 9. 预防接种或群体预防性用药出现人员死亡。 10. 一次发生急性职业中毒50人以上（含50例），或死亡5人以上。 11. 境内外隐匿运输、邮寄烈性生物病原体、生物毒素造成我市人员感染或死亡的。 12. 省级以上卫生行政部门认定的其他重大突发性公共卫生事件。
较大（Ⅲ级）突发公共卫生安全事件	1. 发生肺鼠疫、肺炭疽病例，1个平均潜伏期内（6天）病例数未超过5例，流行范围在1个县（市、区）行政区域内。 2. 腺鼠疫发生流行，在1个县（市、区）行政区域内，1个平均潜伏期内连续发病10例以上，或波及两个以上县（市、区）。 3. 霍乱在1个县（市、区）行政区域内发生，1周内发病10～29例，或波及两个以上县（市、区），或地级以上市城区首次发生。 4. 1周内在1个县（市、区）行政区域内，乙、丙类传染病发病水平超过前5年同期平均发病水平1倍以上。 5. 在1个县（市、区）范围内发现群体性不明原因疾病。 6. 预防接种或群体预防性服药出现群体心因性反应或不良反应。 7. 一次发生急性职业中毒10～49人，或死亡4人以下。 8. 地级以上卫生行政部门认定的其他较大突发性公共卫生事件。
一般（Ⅳ级）突发公共卫生安全事件	1. 腺鼠疫在1个县（市、区）行政区域内发生，1个平均潜伏期内病例数未超过10例。 2. 霍乱在1个县（市、区）行政区域内发生，1周内发病9例以下（含9例）。 3. 1次发生急性职业中毒9人以下（含9例），未出现死亡病例。 4. 县级以上卫生行政部门认定的其他一般突发性公共卫生事件。

第二节　城市公共卫生安全事件形成机制与发展趋势

公共卫生安全事件的形成机制，即由于传染源或毒物污染源因爆发或失控等原因，危险源暴露在公众面前，从而使得处在其影响范围内的人类、动植物及其他事物等受体遭到危险源的影响，在部分情况下，受到影响的受体也成为新的危险源，对其影响范围内的人类、动植物及其他事物等受体产生新一轮的影响。这些影响可能呈几何级增长，在短时间内受影响的范围和人员规模急剧扩大，最终形成突发性公共卫生事件。

中国是世界上少数多灾国家之一，近年来新发、再发传染病及不明原因疾病也呈现出频繁暴发的迹象，化学污染、中毒和放射事故逐年增多。目前，中国公共卫生安全事件主要呈现以下的发展趋势。

1. 突发公共卫生事件频发

2003年中国暴发SARS疫情、2004年中国发生人感染高致病性禽流感大流行疫情、2007年初全国范围内发生手足口病疫情、2008年发生三鹿奶粉事件、2009年中国发生输入性甲型H1N1流感病毒流行疫情等，典型的突发公共卫生安全事件充分反映了近年来各类突发性公共卫生事件的显著上升趋势。

2. 与灾害相关的突发公共卫生事件不容忽视

中国幅员辽阔，地理气候条件复杂，是世界上自然灾害最为严重的国家之一，70%以上的城市、50%以上的人口分布在自然灾害频发的地区。大灾之后往往有各类疫病发生，每次发生大的自然灾害，都是对突发性公共卫生事件应对能力的严峻考验。

3. 与社会因素有关的突发公共卫生事件增多

随着中国近些年来的快速城镇化进程，急剧增长的城镇人口数量使得城市公共卫生基础设施规模与质量出现了巨大的缺口，食品及饮用水安全问题形式日益严峻；人口的大规模流动和高度聚集为传染病流行提供了很好的温床；化学品生产、使用量的增加，使得有毒有害物质的泄露风险升高，各类中毒事件时有发生。

4. 日常生活中毒事件较为突出

监测资料显示近年来市售蔬菜有20%以上农药残留超过国家标准，部分城市超标率甚至一度达到70%。在我国的部分地区中，猪肉中瘦肉精检出率高居不下。而相对严重的空气铅污染状况，及文具玩具频发铅含量超标的状况又使得我国儿童铅中毒发病人数急剧增多。

5. 人为因素是诱发突发公共卫生事件的主要因素

对经济利益最大化的追求是诱发突发性公共卫生事件最主要的人为因素之一，也是一些突发性公共卫生事件频繁在各地重复发生的最重要的原因之一。例如，不法商贩或企业为了降低经营成本，无视各类卫生法律法规，在食品、药品、衣物等日常生活必需品的生产、加工、运输与销售环节违法经营，肮脏的生产环境、恶劣的运输条件和细菌毒物超标严重的销售窝点在全国各地均被媒体披露，此类行为公共卫生安全造成了严重的威胁。

第三节　城市公共卫生安全事件风险评估方法

风险评估是公共卫生安全管理的重要环节，及早发现、识别和评估突发事件的公共卫生风险，对有效防范和应对突发性公共卫生事件具有重要的意义。

一、评估方法

在突发事件公共卫生风险评估工作中，常用的定性方法包括：专家会商法、检查表法、类比法、现场调查法、德尔菲法、头脑风暴法、故障类型与影响分析法、经验分析法等；常用的半定量方法包括：风险矩阵法、分析流程图法、层次分析法、影响图分析法、事件树、故障树、历史演变法等；常用的定量方法包括：概率法、指数法、灰色理论分析法、模糊综合评价法、计算机模拟分析法等。下面简单介绍城市公共卫生安全事件风险评估的几个主要方法。

1. 专家会商法

专家会商法是指通过专家集体讨论的形式进行评估。该评估方法依据风险评估的基本理论和常用步骤，主要由参与会商的专家根据评估的内容及相关信息，结合自身的知识和经验进行充分讨论，提出风险评估的相关意见和建议。会商组织者根据专家意见进行归纳整理，形成风险评估报告。该方法的优点是组织实施相对简单、快速，不同专家可以充分交换意见，评估时考虑的内容可能更加全面。但意见和结论容易受到少数"权威"专家的影响，参与评估的专家不同，得出的结果也可能会有所不同。

例如，广东省2009年墨西哥猪流感疫情评估过程中，主要了采取专家会商法。

2009年4月28日，世界卫生组织（WHO）将在全球范围内墨西哥猪流感大流行警戒级别提升至第Ⅳ级，随后广东省卫生厅于4月29号立即召开专家研讨会，组织疫情评估，讨论应对措施。专家组成员主要由病原学组、流行病学组合临床组专家组成。专家组初步讨论后确定了此次疫情评估内容主要包括：（1）目前猪流感疫情对广东省的威胁程度和应对措施；（2）广东省级储备物资是否需要增加；（3）当猪流感疫情发生时，如何调用和使用抗病毒药品；（4）制定和完善广东省应对猪流感大流行的相关预案和工作方案；（5）进一步评估广东省在猪流感病原学和相关快速检测技术方面的能力。

专家组会商后，主要根据（1）广交会正在进行，从美洲国家来粤参会人员多，分布广，流动性大；（2）广东省跨国公司和企业每天都有商务人员直接从广州和深圳等地入境，尤其是来自美洲和欧洲国家的人员；（3）广东省与港澳人员往来密切，通过港澳入境的有来自疫区国家的人员等三点理由，得出结论：根据当时人感染H1N1猪流感疫情的国际流行趋势，广东省不可避免会出现输入性病例，出现输入性病例的具体时间尚不能确定，并存在因输入性病例引起本地爆发和流行的可能性。

2. 德尔菲法

德尔菲法是指按照确定的风险评估逻辑框架，采用专家独立发表意见的方式，使用统一问卷（表9-2），进行多轮次专家调查，经过反复征询、归纳和修改，最后汇总成专家基本一致的看法，作为风险评估的结果。

该方法的优点是专家意见相对独立，参与评估的专家专业领域较为广泛，所受时空限制较小，结论较可靠。但准备过程较复杂，评估周期较长，所需人力、物力较大。

表 9-2 德尔菲法突发性公共卫生事件风险评价问卷（格式）

突发急性传染病风险发生概率评分表

危害因素（H）	影响程度（I）	可能性（L）	危害发生概率（H=I×L）	脆弱性（V）	风险分值（R=H×V）
鼠疫					
霍乱					
传染性非典型肺炎					
艾滋病					
病毒性肝炎					
脊髓灰质炎					
人感染高致病性禽流感					

3. 风险矩阵法

风险矩阵法是指由经验丰富的专家对确定的风险因素的发生可能性和后果的严重性，采用定量与定性相结合的分析方法，进行量化评分，将评分结果列入二维矩阵表中进行计算，最终得出风险发生的可能性、后果的严重性，并最终确定风险等级（图9-1）。该方法的优点是量化风险，可同时对多种风险进行系统评估，比较不同风险的等级，便于决策者使用。但要求被评估的风险因素相对确定，参与评估的专家对风险因素的了解程度较高，参与评估的人员必须达到一定的数量。

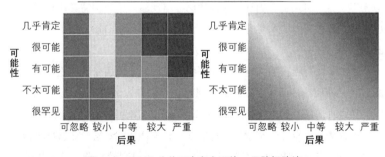

标明各类别分界的风险矩阵/未标明各类别分界的风险矩阵

图 9-1 WHO 公共卫生安全评估 - 风险矩阵法

二、风险评估形式

根据公共卫生应急管理工作的实际需要，公共卫生方面的风险评估包括日常风险评估和专题风险评估两种形式。

1. 日常风险评估

日常风险评估主要是对常规收集的各类突发性公共卫生事件相关信息进行分析，通过专家会商等方法识别潜在的突发性公共卫生事件或突发事件公共卫生威胁，进行初步、快速的风险分析和评价，并提出风险管理建议。根据需要，确定需进行专题风险评估的议题。

2. 专题风险评估

专题风险评估主要是针对国内外重要突发性公共卫生事件、大型活动、自然灾害和事故灾难等开展全面、深入的专项公共卫生风险评估。专题风险评估可根据相关信息的获取及其变化情况、风险持续时间等，于事前、事中、事后不同阶段动态开展。每次风险评估根据可利用的时间、可获得的信息和资源以及主要评估目的等因素，选择不同的评估方法。具体情形包括：

（1）突发性公共卫生事件评估。此类评估可根据事件特点、信息获取情况等在事件发生和发展的不同阶段动态开展。具体又有三种类型：

① 国外发生的可能对我国造成公共卫生危害的突发性公共卫生事件；

② 国内发生的可能对本辖区造成公共卫生危害的突发性公共卫生事件；

③ 日常风险评估中发现的可能导致重大突发性公共卫生事件的风险。

（2）大型活动诱发的突发性公共卫生安全事件评估。此类评估可在活动准备和举办的不同阶段动态开展。具体又有两种类型：

① 多个国家或省市参与、持续时间较长的大规模人群聚集活动。如大型运动会、商贸洽谈会及展览会等。

② 主办方或所在地人民政府要求评估的大型活动。

（3）自然灾害和事故灾难诱发的突发性公共卫生安全事件评估。在重大自然灾害预警或重大自然灾害及事故灾难等发生后，应对灾害或灾难可能引发的原生、次生和衍生的公共卫生危害及时进行风险评估。此类评估可根据需要，在灾害（灾难）发生前或发生后的不同阶段动态开展。

第四节　城市公共卫生安全事件时空分布分析方法

公共卫生决策和流行病学研究所涉及的信息中，约80%与时间和空间信息有关，所以研究城市公共卫生安全事件的时空演变，能够更加有效地把握城市公共卫生安全事件的爆发模式、影响因素、传播规律、空间聚集性以及潜在风险等。

一、空间分析方法

目前，多种空间分析方法也已被逐步应用于公共卫生安全事件的相关分析中，目前，主要包括全局与局域分析、趋势面分析。

1. 全局和局域分析

对公共卫生安全事件空间相关性的分析可分为全局与局部两个层面。全局空间相关性分析主要是从宏观视角出发，通过比较区域中的单个值与均值之间的差异和关系，从而分析获得整个区域取值的相关性，也就是得出了公共卫生安全事件各要素总的空间积聚状态。局域空间相关性分析则是从微观视角出发，对每个区域的取值情况进行分析，从而得出各个区域在整个研究空间上的分布状态，即根据各个区域取值的情况进行综合，可分析判断区域内部具体的空间积聚、扩散状态。其中，全局空间相关性分析通常采用空间自相关指标 Moran'S I指数来检测疾病在空间上的积聚或扩散状态，局域空间相关性分析通常采用 Local Indicators of Spatial Association（LISA）方法中的Local Moran法检测公共卫生安全事件各要素在空间上的积聚或扩散状态。

2. 趋势面分析

趋势面分析是依据最小二乘法原理，通过线性模型，利用数学曲面拟合样本数据的多元统计分析方法。它从整体出发分析、描述公共卫生安全事件各要素的地理空间分布，将每一观察值分为趋势值和残差值两部分，前者反映了研究区域的系统性变异，这种变异一般被认为是由于环境总的变化或人群分布的系统性变化所致，而后者包括随机误差和局部因素所引起的变化，根据各观察点的相应要素指标及其相应的地域位置，建立二元多项式回归，进行趋势面分析。最终建立趋势面模型，绘制趋势面模型的等值线图和曲面图。而且它能在参差不齐的观察数据中，排除偶然变异、局部变异的影响，可显示该要素在所研究地域大范围内的总体分布规律，并通过计算残差值，识别出残差值异常地区，反映出该要素的局部地区变异。

二、时间分析方法

目前，在城市公共卫生安全事件的时空研究领域，主要集中对某些重点传染病的研究，如血吸虫病、肾综合症出血热、肺结核病、甲肝、乙肝、麻疹、副伤寒等。研究常涉及的方法主要有控制图法、时间序列模型、时间和空间模型。

1. 控制图法

此方法是目前国外常应用的疾病预警基本方法。通常是在利用历史病例数据建立预警数据库的基础上，建立预警模型，并计算比较指标的敏感度、特异度及阳性预测值，绘制出 ROC 曲线，选出适宜的预警界值，即用来作为判别异常信号的域值（包括预警的上限或下限），当监测到的数据含在域值内便可发出预警。采用控制图法建立的预警模型中有3条曲线，分别为上警戒线、下警戒线（警戒线可以调整）和中位数线。控制图法适用于各种分布的传染病，尤其对有周期性或季节性流行规律的传染病效果较好。由于其方法简单，指标易获得，在疾病监测中被视为一种较好的预警方法。其中，移动平均控制图和指数权重移动平均方法在国外应用最为普遍。

2. 时间序列模型

此模型假设预测对象的变化仅与时间有关，根据一定时间内的变化特征，应用惯性原理推测其未来变化趋势。所以也通常需要一年以上的历史数据才能建立一个标准的时间序列模型。常使用的时间序列预测模型主要包括回归类预测模型、灰色动态模型和Box-Jenkins模型。灰色动态模型是时间序列模型中较重要的模型，其模型使用较为简便，对样本容量和概率分布没有严格要求，适合流行因素较稳定的疾病的短期预测，预测效果好。Box-Jenkins模型，也是一种精确度较高的短期预测模型，它将预测对象随时间变化形成的序列，看作是一个呈现一定规律性的随机序列，适用n<50的非平稳时序。此模型是时间序列模型中最为复杂、高级的预测模型。

3. 时间和空间模型

此模型主要包括时间扫描分析、空间扫描分析、时空扫描分析三种分析方法。其中，时间扫描分析只考虑病例的时间聚集性，适宜探查一个大的区域疾病爆发的能力；空间扫描分析由于不需要精确地考虑时间问题而只考虑病例的空间聚集性，适用性广；时空扫描分析将二者结合，利用一个随时间和空间移动的窗口来探查在一个具体时间段内病例的时空聚集性，它仅需要病例的数据，更易被使用，且探查疾病局部爆发的能力较强。

第五节　城市公共卫生安全规划

一、城市公共卫生安全管理体系

1. 相关法律

（1）《中华人民共和国宪法》

《中华人民共和国宪法》是公共卫生相关法规的立法基础和依据，具有最高的法律效力。

（2）公共卫生相关法律

公共卫生相关法律主要是指由全国人大常委会制定颁布，在我国开展公共卫生工作时所依据的基本法律。中国现行的公共卫生相关法律主要有《中华人民共和国传染病防治法》、《中华人民共和国动物防疫法》、《中华人民共和国国境卫生检疫法》、《中华人民共和国食品卫生法》、《中华人民共和国药品管理法》等。

（3）相关的行政法规

除了法律法规之外，中国还颁布了许多行政法规。如《公共场所卫生管理条例》、《艾滋病监测管理规定》、《传染病防治法实施办法》、《学校卫生工作条例》、《血液制品管理条例》等20余部配套的法规及相应的法定技术标准。此外，卫生部还颁布了涉及食品、食物中毒、职业危险事故的预防等近百部部门法规，如《肉与肉制品卫生管理办法》、《食品用塑料制品及原材料卫生管理办法》、《生活饮用水卫生监督管理办法》等。

（4）应急管理法规

在过去很长时间之内，中国缺乏针对公共卫生应急的专项法律。在2003年"非典"疫情爆发之后，中国政府鉴于形势的紧迫性，加快出台了一系列应急法规。如国务院颁布的《突发性公共卫生事件应急条例》、《重大动物疫情应急条例》；卫生部颁发的《关于疾病防治控制体系建设的若干规定》、《传染性非典型肺炎防治管理办法》等。此外，地方各级政府也根据中央精神，加快制定了各个地方应对突发性公共卫生事件的各类应急预案。这些相关的法律、法规以及应急预案已经或即将对中国应急处置各类公共卫生安全事件的行动中起到指导性的作用。

2. 管理机构

在《国家突发公共事件总体应急预案》中对公共卫生事件内涵的解释为"主要包括传染病疫情、群体性不明原因疾病、食品安全和职业危害、动物疫情以及其他严重影响公众健康和生命安全的事件"，其范围既包含针对人类卫生的部分，也包含针对动物的部分，这两个部分分别对应相应的主管机构。

（1）卫生管理部门

卫生部是主管卫生工作的国务院组成部门。2013年，国务院将卫生部的职责、人口计生委的计划生育管理和服务职责整合，组建国家卫生和计划生育委员会。同时，不再保留卫生部、人口计生委。

（2）动物疫情等管理部门

中国的动物疫情类公共卫生事件应急处置主要由国务院兽医主管部门，即农业部兽医局具体负责。其主要任务是，在国务院统一领导下，负责组织、协调全国突发重大动物疫情应急处理工作。农业部兽医局还负责拟定重大动物疾病防治政策，组织动物及动物产品检验检疫动物及动物产品卫生质量安全监督管理工作等。

3. 管理工作

中国突发性公共卫生事件应急工作的原则为：预防为主，常备不懈；统一领导，分工分则；依法规范，措施果断；依靠科学，加强合作。中国突发性公共卫生事件应急工作，一般包括预防预警、信息报告与发布和事件应对等三个方面（图9-2）。

（1）预防预警。第一，中央政府建立突发性公共卫生事件预防控制体系，县级以上地方政府根据中央要求和精神，建立并完善突发性公共卫生事件监测与预警系统；第二，从中央到地方，分级建立针对各级各类突发性公共卫生事件应急预案；第三，统一做好公共卫生基础设施、应急医疗设施、医疗器械与药品等应急设施与物资准备；第四，做好相关的培训和演习。

（2）信息报告与发布。

① 信息报告。在突发性公共卫生事件发生后，突发事件监测机构、医疗卫生机构和有关单位应当在2小时内向所在地县级人民政府行政主管部门报告；接到报告的卫生性主管部门应当在2小时内向本级人民政府报告，并同时向上级人民政府卫生行政主管部门和国务院卫生部报告。县级人民政府应当在接到报告的2小时之内向设区的市级人民政府或上一级人民政

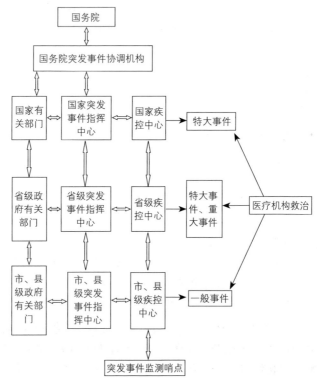

图 9-2 突发公共卫生安全事件应急处理组织体系示意图

府报告；设区的市级人民政府应当在接到报告的2小时之内向省、自治区、直辖市人民政府报告。卫生部对可能造成重大社会影响的突发性公共卫生事件立即向国务院报告。在标准的公共卫生安全检测机制之外，中国还建立了突发性公共卫生事件举报制度，从而从多个方面确保对公共卫生安全事件的有效防控。

② 信息发布。根据相关规定，国务院卫生部应当及时通报和公布全国范围内所有突发性公共卫生事件的相关信息，省级卫生行政部门可以根据卫生部的授权，及时通报和发布本行政区域的突发性公共卫生事件。

（3）事件应对

当重大突发性公共卫生事件发生时，国务院应立刻成立由国务院领导人担任总指挥的国家突发性公共卫生事件领导小组。在领导小组的领导下，在国务院卫生行政部门设立的卫生应急办公室（突发公共卫生事件应急指挥中心）承担作为全国公共卫生应急指挥体系首脑部门的责任。卫生部以及地方卫生行政主管部门需组织专家针对相应公共卫生安全事件进行评估，并做出初步判断，提出是否启动预案。如确实必要，报经国务院批准启动全国突发性公共卫生事件预案，地方政府启动相应省级预案，并向国务院报告。

二、城市公共卫生事件的预警与应急管理

1. 预警机制

2003年颁布实施的《突发公共卫生事件应急条例》中对突发性公共卫生事件应急预案内容提出了"监测与预警"的工作要求，2004年修订的《中华人民共和国传染病防治法》第19条规定"国家建立传染病预警制度"，并对预警发出后政府与卫生部门的职责提出了要求。

预警系统应该具有以下特征：

① 有效的法律效力。由于公共卫生突发事件的预警系统涉及社会的诸多行业，因此相关的预警结果及后续启动的预案必须要有相应的法律效力，必须通过法律的强制力保证预案实施的有效性，否则在面对即将发生或已经发生的突发性公共卫生事件可能造成的混乱局面时，相应预案在缺乏法律效力的情况下将很难保障其在短时间内产生其可以发挥的效应，从而造成延误，甚至导致损失的扩大。

② 尊重公民知情权。大部分突发性公共卫生事件具有在事件发生之

初，很难在短时间内查明事件爆发的准确原因，面对未知危险时，会使社会和公众心理产生恐慌情绪，从而加剧局面的混乱程度。而有效的预警可以在大规模危机形成之前及时掌握事件的基本概况，并迅速、准确地将相关情况对专业机构与社会公布，这不仅可以帮助收集到更多、更专业的有效信息，帮助公共卫生学界迅速地控制局面，而且还有利于确保社会与公众心理的稳定，减少社会发生动荡的可能。

③ 切实有效的可操作性。预警和应急系统的最终目的是利用当前一切可能的手段和资源，最大化地减低可能或已经发生的灾害对社会和谐稳定的破坏，切实保障人民群众生命财产安全，维护社会秩序良性运转。因此，切实有效的可操作性是检验预警和应急系统的实用性的重要指标之一。可操作性的另一特征必须是相关资源的可利用性，预警必须建立在相应的物资、人员储备的基础上。

④ 全面性和综合性。对风险的预警是在科学合理的风险评估基础之上，制定的全面、精确的风险预报与示警，并通过全面掌握相关环节和因素，协调各有关部门、机构，形成综合的预防、控制体系。

⑤ 公开性和民主性。高效的预警方法，其决策必须是公开的、民主的，对各种可能的潜在影响的讨论必须有公众参与。

2. 应急管理

国务院于2003年发布，2011年修订的《突发公共卫生事件应急条例》是我国应急处置突发性公共卫生事件的主要依据之一。

《国家突发公共卫生事件应急预案》是依据《中华人民共和国传染病防治法》、《中华人民共和国食品卫生法》、《中华人民共和国职业病防治法》、《中华人民共和国国境卫生检疫法》、《突发公共卫生事件应急条例》、《国内交通卫生检疫条例》和《国家突发公共事件总体应急预案》制定的，其目的是有效预防、及时控制和消除突发公共卫生事件及其危害，指导和规范各类国家突发公共卫生事件应急预案处理工作，最大程度地减少突发公共卫生事件对公众健康造成的危害，保障公众身心健康与生命安全。其内容分为总则，应急组织体系及职责，突发公共卫生事件的监测、预警与报告，突发公共卫生事件的应急反应和终止，善后处理，突发公共卫生事件应急处置的保障，预案管理与更新和附则八个部分。

三、城市公共卫生安全规划体系

城市公共卫生安全规划体系，从国内外的研究和实践来看，包括（城市）区域卫生规划和应急医疗设施规划。前者主要应对常态的城市区域公共卫生问题，而后者主要应对突发的城市区域公共卫生问题，两者既有交集，也有不同。当然，广义的区域卫生规划，应该包含应急医疗设施规划。

（一）（城市）区域卫生规划

区域卫生规划，是当今国际社会卫生发展的先进思想和科学管理模式，实施区域卫生规划是推进卫生改革的重点。1997年《中共中央、国务院关于卫生改革与发展的决定》首次提出在中国实施区域卫生规划，指出区域卫生规划是政府对卫生事业发展实行宏观调控的重要手段，它以满足区域内全体居民的基本卫生服务需求为目标，对机构、床位、人员、设备和经费等卫生资源实行统筹规划、合理配置。

1. 区域卫生规划内容

区域卫生规划是一种以提高一定区域居民健康为中心，对区域内全部卫生资源进行总体部署的过程。其主要目标是：在一个特定的卫生区域内，根据经济发展，人口数量与结构，自然地理环境，居民主要卫生问题和不同的卫生需求等因素，统筹规划，确定区域内卫生发展目标、模式、规模和速度，从而合理配置机构、人员、设备、床位等卫生资源，力争通过符合成本效益原则的干预措施和协调发展战略，改善和提高区域内的卫生综合服务能力，向全体人民提供公平、有效的卫生服务。

卫生区域的确定，从现实情况出发，必须以一定的行政区域空间为依托。一个卫生区域涵盖的空间范围内应同时包括城镇人口与农村人口，既能反映较为广泛的卫生问题，又具有动员相当卫生资源和运用行政权力解决卫生问题的能力。因此，实施区域卫生规划的主要层级应是以地市级为单位。卫生区域内各部门、行业以及军队对地方开放的卫生资源应全部纳入规划范围，个体行医以及其他所有制形式卫生资源的配置与运行也需要服从区域卫生规划的总体要求，由政府卫生行政部门实行全行业统筹管理。

2. 区域卫生规划编制

区域卫生规划的编制程序一般分为现状背景分析、确定规划目标、制定卫生资源配置标准、提出政策措施和上报审批等五个阶段。

（1）现状背景分析

现状背景是区域卫生规划最为基础的内容，主要包括对区域内卫生需求调查、卫生资源存量调查、社会背景及卫生形势调查三方面内容。能否正确对区域卫生形势进行分析，关系到规划的客观性、科学性和可行性。

（2）确定规划目标

确定区域卫生规划的目标是规划工作应着重解决的问题。规划目标的确定要通过反复的交流，使政府各部门间、社会各界之间对区域内重大卫生问题达成共识。如卫生事业的现实发展水平与国民经济和社会发展的协调发展程度、对居民健康状况的分析、对现有卫生资源利用状况与潜力的分析、对主要问题的看法以及对规划目标的预期、主要目标的确定与目标顺序的排列、实现规划目标拟克服的各种障碍、拟采取对策的可行性等。

（3）制定卫生资源配置标准

区域卫生规划的关键，是按照全行业和属地化管理的原则，合理确定区域内卫生资源配置的总量、层次结构，构建满足不同层次需求、经济有效的卫生服务供给体系。

常见的测算卫生资源配置标准的方法主要有：

① 卫生服务需要量法。按人口卫生服务需要（两周患病率、年需要住院率）或需求（两周就诊率、年住院率）进行测算。该方法是排除了社会经济、人口特征、卫生服务可及性等影响因素后，居民对卫生服务的客观需要。其关键在于根据居民的卫生服务需要量转化为卫生资源需求量，了解居民对卫生服务需求的形式、数量与内容。该方法主要运用于医院床位配置和卫生人力资源配置。此方法不足之处在于没有考虑患者支付能力、时间等的影响，预测值可能大于实际需要。

② 卫生服务需求量法。按人口卫生服务需求（两周就诊率、年住院率）进行测算。由于许多因素影响，一些卫生服务的需要难以转换为有效需求。因此将卫生服务利用率作为已经满足的有效需求进行测算。此方法关键是目标年度或目标机构的卫生服务利用率。具体确定利用率方法有固定利用率法、理想需求量法、预测利用率法、专家意见法等。它主要运用于医院床位配置和卫生人力资源配置，其不足之处在于潜在需求较难预测。

③ 服务目标法。先根据现有统计数据求出基年标准数，然后再考虑人口增长和医疗服务需求潜在增长因素，对目标年数进行预测。该方法的关

键是确定各级各类卫生机构、各专业科室提供卫生服务量，或者卫生设备配置的目标。然后根据不同专业人员工作量标准，或卫生设备人员配置标准，计算相应人员或设施需要量。该方法主要运用于医院床位配置和卫生人力资源配置。此方法特点为扩张性预测，但医疗服务需求潜在增长的预测困难。

④ 卫生资源/人口比值法。按卫生资源和人口比值进行预测。这是利用信息最少的一种方法，用于那些结构比较单纯，卫生需要量比较稳定的地区。此法简便易行，通俗易懂，被许多国家和地区用于卫生人力需要量预测。

⑤ 模型法。利用有关指标建立数学模型（灰色 GM 模型法、线性回归法、卫生资源密度指数、卫生服务可得性指数）对卫生资源进行预测。该方法主要运用于医院床位配置、卫生人力资源配置与大型医疗设备配置。此法预测相对准确；但模型的建立困难；与现状关系密切，难以进行规划和调整。

⑥ 供需平衡法。利用现有卫生资源的需求（见需求法）和利用效率（床位、设备利用率）对其进行预测。该方法主要运用于医院床位配置、卫生人力资源配置与大型医疗设备配置。此法卫生资源的利用效率较难预测，同时亦难预测潜在需求。

（4）提出政策措施

区域卫生规划政策措施，主要包括领导组织机构设立与管理办法、行业管理办法、卫生经济政策、文化建设方法、卫生执法方法和实施评估方法等方面的内容。其中，政策监测和评价作为政策循环的重要一步，对政策实施的成效产生较大的影响。区域卫生规划作为一项宏观卫生政策，在实施过程中同样会受到较多因素的影响，因此有效的监测和评价将对区域卫生规划的进一步实施和政策的调整会产生较大的影响。

（5）评审与上报审批

区域卫生规划在完成初步成果后，应广泛征求各有关部门的意见，通过组织研讨，广泛征求意见，必要时在报刊和网络予以公布，征求全体居民意见，以便进行修正。修正稿形成后，一般还邀请有关专家、领导进行论证，使之更具科学性。

区域卫生规划作为一种政府管控手段，只有具有一定的法律效力才能在实施过程中打破条块分割的传统化模式，有效调整区域内的卫生机构和设施，提高资源利用效率。因此，区域卫生规划经当地政府常务会议讨论通过后，报当地人大予以讨论通过，以确定其法律地位。

（二）应急医疗设施规划

应急医疗服务，是指为了最低程度减少突发公共卫生安全事件对人的伤害，对突发公共事件引发的批量伤病员，按时效救治原则，进行组织实施医疗救治的过程。应急医疗服务并不是单独对一个病人进行救援治疗，而是针对事发突然、受伤情况复杂、严重的集体性伤害事件做出的救援行动。目前，国内主要由急救中心和各级医院等机构参与突发公共卫生安全事件的医学救援。急救中心主要针对的是家庭以及个体救援行动；而医院则是对突发公共事件引发的批量伤病员进行救援服务，主要分为院内组织的救援、院外组织的救援、院外至院内组织的救援三种情况。

应急医疗设施，是指为了应对日常生产、生活中，引发批量伤病员的突发事件而专门成立或组建的医疗设施。具体而言，指的是为应对突发性公共卫生事件而专门组建的，具有相当规模、配备特殊医疗器械、能迅速提供医疗服务、能承担应急救援工作的医院或疗养院等医疗设施。

1. 应急医疗设施规划原则

（1）应急医疗设施规划的一般原则

应急医疗设施的规划，应同时遵守适应性原则、协调性原则、经济性原则和战略性原则。

① 适应性原则。应急医疗设施规划，必须与国家、省市的发展政策相适应，与社会主义市场经济体制改革的方向相适应，与我国资源分布情况和需求分布情况相适应，与国民经济和社会发展相适应，与周围环境条件和生态条件相适应。

② 协调性原则。应急医疗设施规划，应将同类设施网络纳入一个整体系统进行考虑，使设施的固定设备与活动设备之间、自有设备与公用设备之间，在地域分布、作业生产力、技术水平等方面互相协调，相互配合相互补充。

③ 经济性原则。应急医疗设施的费用，主要包括设施建设费用和经营费用。设施的区位条件以及未来辅助设施的建设量，都会对经济投入规模产生影响，因此，应急医疗设施规划，应尽量以在保证各方面条件有利的前提下，把项目总费用最小化作为主要原则之一。

④ 战略性原则。应急医疗设施规划应具有战略眼光，应兼具考虑全局利益和长远利益。局部利益要服从全局利益，目前利益要服从长远利益。既要考虑眼前的实际需求，更要同时考虑未来的发展。

（2）应急医疗设施规划的具体要求

应急医疗设施规划，除了需要遵循以上的一般原则外，还应注意以下具体要求。

① 公共卫生事件本身的突发性和传染性，极易造成群众恐慌情绪。因此在规划时，要注意设施布局应远离人群集中、交通拥挤市中心，考虑到拟建设施对周围环境和居民带来的影响，尽可能选址在城市的近远郊区。若设施建设给周围居民带来生活上的不利影响，应采取相应手段和措施保障居民生活的便利性。

② 公共卫生事件发生后，急需大量的物资和人员来救治病人，便捷通达的交通网络对于争取救治时间、及时运送物资有着至关重要的作用。因此，设施布点应尽量考虑在高速公路出口、铁路站点附近选址。与此同时，也应考虑到运输救援物资、人员过程中对沿途城镇、居民产生的影响，尤其要注意防止疾病的传播，做好运送物资、人员过程中的安全保障工作。

③ 在建设应急医疗设施之初就应考虑突发事件结束后该设施的再利用方式。由于设施的建立工程量巨大，涉及到大量人力、物力、财力的投入，因此设施的选址需要进行长远考虑，在满足应急救援需要的同时，要兼顾事件结束后设施的再利用方式。

④ 对于公共卫生事件应急设施的规模要有合理分析和规划。既要充分满足突发性公共卫生事件的需求，同时还要考虑该事件结束后应急设施再利用过程中的需要。建设规模过大将带来巨大的经济投入和运营成本，甚至会造成浪费；而建设规模太小会导致应急设施不能满足当前的紧急救援需求，可能造成医疗救援工作的延误。

⑤ 应急设施的建设要以人为本，为病人和医护工作者提供良好的救治环境。由于公共卫生事件容易引发群体恐慌，尤其是伤病员的心理压力较大，因此风景较好、相对安静的场所有利于病人进行治疗和康复。

2. 应急医疗设施规划的程序和步骤

应急医疗设施规划的步骤大体上分为规划目标的确定、约束条件的分析、建立并优化模型、结果评价、评审与上报审批等方面。结合应急医疗设施的选址的特点，具体步骤分述如下（图9-3）：

（1）规划目标的确定

通过对城市公共卫生安全系统现状的分析，认清建设应急医疗设施的目的、意义和必要性，明确应急医疗设施规划建设的规模、功能、结构、标准和空间体系。

（2）规划的约束条件

在进行应急医疗设施规划时，需要分析一些规划的客观约束条件。例如，应对运输条件进行分析，包括运输工具的便捷性、运输环节的通畅性，应急设施到各运输节点的距离条件等。同时，必须了解用地性质，分析该区域是否允许和适宜建设应急医疗设施。对于不同类型的突发性公共卫生事件，应急设施的选址有不同的要求，因此要注意因地制宜，具体情况具体对待。

（3）建立优化模型并求解

在对应急设施规划的约束条件进行梳理分析后，应针对不同突发公共卫生安全事件的特点和具体情况，运用运筹学原理选用合适的模型进行计算并求解。如针对单一应急设施或多个应急设施进行选址，需采用不同的模型。在规划求解方面，针对不同的目标优化问题，可以采用不同的方法。

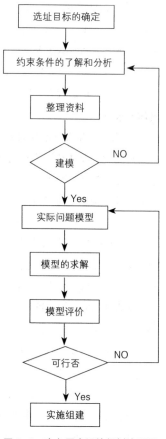

图9-3 应急医疗设施规划流程图

（4）结果评价

建立并优化模型后，应结合应急设施规划选址的客观约束条件、对应急服务质量水平的影响等实际情况，对计算结果进行评价，考察模型的科学性、可行性和现实意义。若通过结果评价发现模型不合适，则应该重新进行相关分析，重新建立或进一步修正模型。

（5）评审和上报审批

跟区域卫生规划一样，经专家评审后根据相关程序上报审批后，组织实施。

参考文献

[1] Anselin, L. Local Indicators of SpatialAssociation —LISA[J]. GeographicalAnalysis, 1995, 27(2): 93-116.

[2] Bryan W. Swine Flu Don'ts[N]. Time, 009-5-1.

[3] Charles-Edward. Amory Winslow——A Memorial[J]. Am Public Health Nations Health 47 (2) :153 - 67.1957.

[4] Clilaghi C. Trend-surface models ap-plied to the analysis of geographicalvariations in cancer mortality [J]. Re-vued' Epidemiology et de SantePublique, 1990, 38 (1): 57-69.

[5] Institution of Medicine. The Future of Public Health[R]. USA. 1988.

[6] Jack. P. Interactive Comparision ofForecasting Method [M]. Time Se-ries Analysis, 1984: 444-459.

[7] Jack Malczewski, Anneliese Poetz. Re-sidential Burglaries and NeighborhoodSocioeconomic Context in London, On-tario: Global and Local RegressionAnalysis[J]. The Professional Geograp-her, 2005, 57(4): 516-529.

[8] Kulldorff M, Heffernan R, Hartman J, et al. A space 3 / Time permutation scan statis-tic for disease outbreak detection [J]. PubLib SciMed, 2005, 2(3): 59.

[9] Kulldorff M, Zhang Z, Hartman J, et al. Benchmark data and power calculation forevaluating disease outbreak detectionmethods[J]. MMWR, 2004, 53(S0): 144-151.

[10] Kermack W O, McKendrick A G. A contribution to the mathematical theory of epidemics[J]. Proc Roy Soc LondA, 1927, 115(772): 700-721.

[11]Mandl K D, Overhage J M, Wagner-MM, et al. Implementing syndromicsurveillance: a practical guide informed by the early experience [J]. J AmMed In form Assoc, 2004, 11(2): 141-150.

[12] Perelson A S, Neumann A U, Markowita M, et al. HIV-1 dynamics in vivo: Virion clearance rate, infected cell life-span, and viral generation time[J]. Science, 1996, 271: 15822-15861.

[13] Quenel p, Dab w. Sensitivity specificityand predictive values of health servicebased indicators for the surveillance ofinfluenza A epidemics [J]. InternationalJournal of Epidemiology, 2000, 29 (12): 905 -910.

[14] Song H D, Tu C C, Zhang G W, et al. Cross-host evolution of severe acute respiratory syndrome coronavirus in palm civet and human[J]. Proc Natl Acad Sci USA, 2005, 102(7): 2430-2435.

[15] Taubenberger J K, Reid A H, Lourens R M, et al. Characterization of the 1918 influenza virus polymerase genes[J]. Nature, 2005, 437(7060): 889-

893.

[16] Wallace R G, HoDac H, Lathrop R H, et al. A statistical phylogeograp of influenza A H5N1[J]. Proc Natl Acad Sci USA, 2007, 104(11): 4473-4478.

[17] WHO/HSE/GAR/ARO/2012.1: Rapid Risk Assessment of Acute Public Health Events.

[18] 曹广文. 突发公共卫生事件应急反应基础建设及其应急管理[J]. 公共管理学报, 2004, 1（2）:68-73.

[19] 曹杰, 杨晓光, 汪寿阳. 突发公共事件应急管理研究中的重要科学问题[J]. 公共管理学报, 2007, 14（2）: 84-93.

[20] 方兆本, 李红星, 杨建萍. 基于公开数据的SARS流行规律的建模及预报[J]. 数理统计与管理, 2003, 22（5）: 48-52.

[21] 郭凤云, 路紫. 基于空间分析方法的疾病地理研究进展[J]. 地理信息世界, 2009-12, Vol 6:22-25.

[22] 胡连鑫, 陈燕燕, 李杰. 应用灰色模型预测肠道传染病发病趋势[J]. 疾病监测 2009, 24（2）:135-136.

[23] 回殷菲, 冯子键, 李晓松. 基于前瞻性时空重排扫描统计量的传染病早期预警系统[J]. 卫生研究, 2007, 36（4）: 455-458.

[24] 贾静. 突发性公共卫生事件的应急医疗设施选址问题研究[D]. 北京. 北京交通大学. 2007.

[25] 金冬雁. 甲型流感病毒H5N1的系统进化分析简评[J]. 病毒学报, 2007, 23（3）: 240-243.

[26] 林凡磊. 突发性公共卫生事件应急管理研究[D]. 镇江. 江苏大学. 2010.

[27] 刘纪远, 钟耳顺, 庄大方等. SARS控制与预警地理信息系统的研制与应用[J]. 遥感学报, 2003, 7（5）: 338-344.

[28] 吕东彪, 陈莹, 万崇华. 卫生资源配置标准研究现状与思考[J]. 卫生软科学. 2010-01.

[29] 马光辉. 突发公共卫生事件的特性及处置[J]. 灾害学. 2008-09. Vol 23. S 0.

[30] 仇丽霞, 陈利民, 肖琳. 趋势面和残差分析法在研究死亡水平地域分布中的应用 [J]. 实用预防医学, 2004, 11（4）: 708-710.

[31] 孙统达. 突发性公共卫生事件引起的反思及对策研究[D]. 杭州. 浙江大学. 2004.

[32] 谭晓东, 陈小青, 王凤婕. 突发性公共卫生事件预防和控制概述[J]. 中国公共卫生 2003-08, Vol19.

[33] 王宇, 杨功焕. 中国公共卫生-理论卷[M]. 北京：中国协和医科大学出版社. 2013:1-2.

[34] 韦波, 卓家同, 唐振柱. 公共卫生突发事件预防与控制[J]. 广西预防医学, 2002, 8（2）:106-110.

[35] 吴仪. 加强公共卫生建设　开创我国卫生工作新局面. 2003年7月28日在全国卫生工作会议上的讲话[N]. 健康报. 2003-8-20.

[36] 薛付忠，王洁贞，马希兰. 疾病空间分布状态的负二项分布概率生成模型的讨论 [J]. 中国卫生统计，2000，17（6）：366-368.

[37] 薛付忠，王洁贞，王发银. 疾病空间分布的变异函数模型及其应用[J]. 山东医科大学学报，2001，39（1）：27-31.

[38] 薛付忠，王洁贞，谢超. 疾病空间分布状态的量化统计指标研究与应用[J]. 中国卫生统计，2000，17（3）：146-150.

[39] 薛澜，朱琴. 危机管理的国际借鉴：以美国突发公共卫生事件应对体系为例[J]. 中国行政管理，2003（8）：51-56.

[40] 杨维中，邢慧娴，王汉章等. 七种传染病控制图法预警技术研究[J]. 中华流行病学杂志，2004，12（25）：1039-1041.

[41] 杨倬. 流行控制图法在预测传染病发病趋势中的应用[J]. 现代预防医学，2003，5（30）：665-667.

[42] 余芳. 基于地理信息系统的疾病监测与预警信息系统的研究和设计[J]. 现代预防医学，2007，34（3）：535-536.

[43] 俞蓁. 完善突发性公共卫生事件应急管理体系的对策思路[D]. 上海. 华东政法大学，2012.

[44] 赵汗青. 中国现代城市公共安全管理研究[D]. 长春. 东北师范大学. 2012.

[45] 张际文，王洁贞，薛付忠. 山东省糖尿病死亡率的趋势面分析[J]. 山东大学学报：医学版，2003，41（4）：388-400.

[46] 张宇. 我国突发公共卫生事件应急机制研究[D]. 天津. 天津大学. 2005.

[47] 中华人民共和国第十届全国人民代表大会常务委员. 中华人民共和国突发事件应急法[S]. 2007.

[48] 中华人民共和国疾控中心. 中疾控疾病〔2012〕35号. 突发事件公共卫生风险评估技术方案（试行）[S]. 2012.

[49] 中华人民共和国卫生部. 突发性公共卫生事件应急条例[S]. 2003.

第十章

城市社会安全规划

社会安全问题是近年来公共安全所关注的热点之一，是城市公共安全规划的重要组成部分。本章节由城市社会安全事件种类、城市社会安全事件形成机制、城市社会安全事件评估方法以及城市社会安全事件预防规划四部分组成。第一节主要介绍城市社会安全事件的内涵、特征及种类，第二节分析城市社会安全事件的形成机制，第三节主要介绍城市社会安全事件的评估方法，最后一节对城市社会安全事件预防规划进行探讨。

第一节　城市社会安全事件种类

城市社会安全事件包含种类较多，对其进行分类，便于明晰各个事件的范畴和内涵；在应急管理中能够明确责任主体，有利专业性、技术性强的突发事件的及时处置。同时在社会安全事件的处置过程中，各个部门能够迅速做出响应，可以有效避免次生、衍生灾害的发生。

本节主要概述了城市社会安全事件的内涵，并在此基础上分析城市社会安全事件的特征，进一步按照事件类别和事件的法定性两个方面对城市社会安全事件进行分类，并举例叙述每类事件的主要内容和特征。

一、城市社会安全事件的内涵

从词语构成上看，"城市社会安全事件"由"城市"、"社会"、"安全"、"事件"四部分组成。《城市规划基本术语标准》中规定，城市是以非农业产业和非农业人口集聚为主要特征的居民点。在中国，包括按国家行政建制设立的市、镇。《现代汉语词典》中将"社会"解释为泛指由于共同物质条件而相互联系起来的人群。按照马克思主义的观点，所谓社会就是人与人之间关系的总和。"安全"，是指"没有危险，不受威胁"；"事件"，是指历史上或社会上发生的大事情。据此可以推断，城市社会安全事件是指发生在城市范围内，因人与人之间关系而引发的，或者说发生在人与人之间关系领域内的，威胁人与人之间正常关系或者整体利益的事件。同时，城市社会安全事件是一个非常广义的概念，并不是专指某一件事情，而是对"重大群体性事件"、"严重暴力刑事案件"、"恐怖袭击"等一切发生的影响人与人之间的基本关系及价值观念的重大事情的总称。在社会冲突不可调和的情况下，由于暂时的矛盾激化所导致的突然发生的部分社会成员所做出的包含不可预料性因素的，在主观上违背一般社会认同感并且在客观上违背国家安全政策的行为。这种行为主要包括重大刑事案件、恐怖袭击事件、涉外突发事件、经济安全事件、群体性事件、民族宗教事件以及其他对社会造成严重后果的突发性事件等。

二、城市社会安全事件的特征

由以上内涵可以看出，城市社会安全事件具有鲜明的群体性事件和突发性事件的性质。从群体性事件的角度分析，包括以下三方面特征：

首先是事件传播的快速性。近几年，随着改革的深入进行，社会矛盾加剧，造成民众心态失衡，同时受到国际恐怖主义势力的干扰。一旦受到外界力量的挑唆，便容易瞬间爆发，更有甚者产生连锁反应，导致各类城市社会安全事件频繁发生。

其次是事件涉及利益主体的复杂性。城市社会安全事件发生的原因主要是各方利益产生矛盾，但诱发矛盾的原因较为复杂，不仅包括人为因素、信息来源因素，还包括利益矛盾之间的交叠复杂的相互关系。

最后是公众参与的广泛性。现在越来越多的新闻媒体关注社会安全事件，每当发生社会安全事件时，新闻媒体便会迅速围观，形成一定程度上的舆情事件。由于媒体的宣传和推广，公众也通过这种方式广泛参与社会安全事件的全过程，在参与的过程中表达自己对社会发展或者政府的一些意见及建议。

从突发性事件的角度分析，主要有三个特征：

首先是诱发事件的人为性因素。引发城市社会安全事件的直接原因具有人为性，一方面是人为的故意或蓄意导致城市社会安全事件，另一方面是由于对城市社会安全事件的处理不当引发的衍生或者次生事件。

其次是事件发生的特定性。城市社会安全事件发生在以下特定的领域：一是威胁到公众生命、健康、财产安全的领域；二是威胁到大多数人生命、健康财产安全的领域；三是威胁到重大公私财产安全的领域；四是威胁到重大生产安全的领域；五是涉及公众生活安全的领域；六是威胁到重大公共利益安全的领域。

最后是事件发生的预谋性。从某种程度上，城市社会安全事件往往是由行为人预谋、策划的，导致普通事件经过量变到质变，最终演化成社会安全事件。对于受害者而言，往往始料未及，但却极具危害力。在城市社会安全事件爆发之前往往要经历相对平静的积累过程，当其急速爆发时会展现其较强的破坏力。

三、城市社会安全事件种类

以舆情事件为切入点，可以发现社会对城市社会安全事件的高度关注。通过定量统计100起2014年3月全国网上热点舆情事件发现，其中广东、北京、河南、浙江、云南、湖南、陕西、四川、江西、安徽是爆发舆情事件最多的10个省市[*]。3月热度较高的舆情事件基本集中于全国性、国际性以及舆情增量前5的省市，包括云南、广东、浙江、河南以及北京等5个省市。马航失联、昆明火车站暴力恐怖事件列于热度榜前两位。可见社会安全话题成主要关切的话题。

3月舆情事件多在公安、纪检监察、教育、医药卫生、交通、外交、宣传、消防、城管、国防等职能部门的管辖范围内（图10-1），其中处在公安局管辖范围内事件所占比重较大。可见公安部门对于处理社会突发事件的重要性。

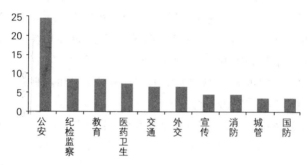

图10-1　3月全国舆情职能领域TOP10分布（图片来源，链接见书后）

1. 按事件类别分类

从事件类别不同可以分为恐怖袭击、暴乱事件、治安突发事件、群体性事件等，以下分别对此进行叙述。

（1）恐怖袭击

恐怖袭击是指恐怖组织或个人使用暴力或其他破坏手段制造的危害社会稳定、危及人民群众生命财产安全的一切形式的活动。常见形式有炸弹爆炸、毒气袭击、生物恐怖等。美国9·11恐怖袭击事件，导致3201人死亡，6291人受伤，造成千亿美元的直接和间接经济损失，后果极其严重。近年来，我国发生多起暴力恐怖事件，随着事件次数的增多，这些恐怖袭击也呈现出由小城市向大城市、由边境城市向内地城市发展的趋势。2014

---

[*] 人民网：中国舆情地图第九期：社会安全话题成主要关切. http://yuqing.people.com.cn/n/2014/0429/c364391-24955046.html.

年4月30日，新疆乌鲁木齐火车南站出站口爆炸，造成3人死亡，79人受伤。

2014年5月8日，我国首部国家安全蓝皮书《中国国家安全研究报告（2014）》[*]发布，报告指出在国际恐怖活动呈反弹之势的背景下，2013年我国境内恐怖活动呈高发状态，并呈现新特点。由下表10-1可以看出，我国的恐怖活动以公共场所、政府机构和军警为主要的袭击目标，恐怖势力使用冷兵器等简陋工具作案。同时暴徒均为宗教极端分子，传播宗教极端思想，对国家安全造成了严重的危害，必须引起高度警惕。

（2）暴乱事件

暴乱是指暴乱分子以小股多路、煽动蛊惑群众的方式，向单个、多个目标发动袭击或是打砸抢烧杀制造暴乱，并与武装力量对抗的一种暴乱事件。受西方以及恐怖主义的影响，国内先后发生了多起带有恐怖主义色彩的暴乱事件，且造成严重后果和影响。

近年来，火车站等公共场所成为暴乱事件的高发地。如2014年3月1日云南昆明火车站暴乱案件，这是一起由分裂势力组织策划的无差别砍杀事件，造成大量无辜平民死伤，最终导致29人死亡、143人受伤，严重威胁了人民的生命安全。2014年5月6日，广州火车站广场发生一起持刀砍人的突发事件，造成6人伤亡，行凶嫌疑为1人已被制服。

（3）治安突发事件

治安突发事件是指群体或个人为了满足特殊需要或者达到特殊目的，利用或选择适宜的场所、时机和环境，通过实施违法犯罪或采取不正当手段，导致或促使事态加剧、扩大，从而扰乱、破坏社会治安秩序的群体越轨行为。从事件性质来划分，治安突发事件可分为政治性治安突发事件、经济性治安突发事件、社会性治安突发事件和涉外性治安突发事件。从引发事件主体规模来划分，治安突发事件可分为个人型和群体型两种。其中个体行为又受到个体需要的强度、个体能力、满足需要的渠道、个体行为机会、行为耗费和行为方式的影响和制约。群体性治安突发事件一般是指人民内部矛盾引发的，为达到某种目的，采用扩大事态、加剧冲突滥施暴力等手段，造成具有一定规模严重危害社会稳定和公共安全的事件。

---

[*] 国家安全蓝皮书《中国国家安全研究报告（2014）》.

表 10-1　2013 年中国境内 10 起暴恐案件

时间	地点	袭击手段及查获物品	恐怖攻击目标	伤亡
4月23日	喀什地区巴楚县色力布亚镇	25砍刀、汽油20枚爆炸装置、3面圣战旗帜以及大量制爆原料	政府工作人员（社区工作人员、民警）	击毙6歹徒，逮捕8人；群众（含民警）15人死亡，2人受伤
6月26日	吐鲁番地区鄯善县鲁克沁镇	17砍刀、汽油、刀具、汽油桶	派出所、特巡警中队、镇政府和民工工地	击毙11歹徒；群众（含民警）13人死亡，17人受伤
7月18日	和田地区和田市	18斧头、砍刀、匕首、汽油燃烧瓶和爆炸装置等	纳尔巴格派出所	击毙14歹徒；群众（含民警）3人死亡
7月30日	喀什市美食街路口	2卡车、砍刀	普通群众	1歹徒死亡；另有6人死亡
7月31日	喀什地区喀什市香榭街	5砍刀、斧	普通群众	击毙4歹徒
8月20日	喀什地区叶城县	28爆炸装置	——	击毙15歹徒
10月28日	北京	8辆SUV、汽油、砍刀、铁棍汽油装置、印有极端圣战宗教内容的旗帜	天安门	车内3歹徒死亡
11月16日	喀什地区巴楚县色力布亚镇	9砍刀、斧	派出所	击毙9歹徒
12月15日	喀什地区疏附县萨依巴格乡	20砍刀、爆炸物爆炸装置、自制枪支、刀具	——	民警击毙14人，抓获6人
12月30日	喀什地区莎车县	9砍刀、爆炸物爆炸装置25枚、自制砍刀9把	县公安局	击毙8歹徒，群众（含民警）无伤亡

（资料来源：国家安全蓝皮书《中国国家安全研究报告（2014）》）

（4）群体性事件

据统计，1993年全国范围内的群体性事件共发生8709起，到2005年上升至570001起，平均以每年9%～10%的速度增长，其总体数量相当于12年前的10倍多。2013年社会蓝皮书指出，中国近年来每年发生的群体性事件可达十余万起，形势十分严峻。

群体事件包含的内容较多，只有满足以下情形之一的，才可以纳入到城市社会安全事件的范畴：一是事件的参与人数达到一定规模，当前将参与人数达到300人以上的群体性事件纳入城市社会安全事件的范畴；二是事件的发展趋势，事件发展较快，规模超过300人，冲击党政机关，并伴有交通拥堵的群体性事件可以纳入到城市社会安全事件的范围；三是事件的性质与影响范围，群体性事件中出现打、砸、抢、烧等违法犯罪活动，对社会稳定构成严重威胁，这一类事件属于城市社会安全事件。

过去五年，我国较典型的群体性事件包括：2007年厦门"PX事件"、2008年上海"磁悬浮事件"、2008年云南"丽江水污染事件"、2009年广东"番禺反对建设垃圾焚烧厂事件"、2011年大连"PX事件"、2012年四川"什邡反对兴建钼铜项目事件"、江苏"启东事件"，这些事件大多是由可能发生的环境污染问题引发的。

2. 按事件法定性分类

从事件的法定性来分析，并不是所有的刑事案件都属于城市社会安全事件，只有符合以下情形之一的，可以纳入到城市社会安全事件：一是从侵害的目标来看，凡是侵害目标为国家利益、公共利益或多数人利益的刑事案件，都应该纳入城市社会安全事件的范畴，如危害国家安全的刑事案件、集体越狱案件等。二是从刑事案件的主体来分析，当案件主体为犯罪组织或者犯罪集团时，往往会产生较为严重的后果，因此常将这类事件归类到城市社会安全事件中；三是从刑事案件的作案手段分析，使用暴力、爆炸、绑架等手段的刑事案件，一般可以纳入城市社会安全事件中；四是从刑事案件的影响来看，一般说来影响较大、较敏感的案件，如灭门案、大规模袭击平民的案件等，都可以归纳到城市社会安全事件中去。

第二节　城市社会安全事件形成机制

城市社会安全事件的形成是受到多方面因素共同影响的，在城市社会安全事件理论体系中占据着重要地位。本节首先从经济、司法、管理体制和媒体报道等方面分析城市社会安全事件的形成原因，在此基础上进一步探究城市社会安全事件的形成机制，从基础机制、体制机制、政治机制、经济机制、特殊机制以及直接机制等六方面分别进行阐述。

一、城市社会安全事件的形成原因

社会矛盾积累到一定程度时容易发生社会安全事件。目前我国的经济社会发展进入新常态，这一阶段是非稳定状态的频发阶段，对应着人口、资源、环境、效率、公平等社会矛盾激发的时期，同时也是经济、社会、心理、社会伦理出现问题并且需要调整重建的时期。在社会转型的背景下，利益和权力将在不同主体间转移或者进行重新分配，因此有可能会导致城市社会安全事件。

1. 转型社会的经济不均衡增长

我国正处在社会转型的过程中，改革开放以来，人们的经济收入有了较大幅度的提高，但是逐渐出现了社会资源分配不公的问题，导致人们之间的收入差距不断拉大，具体表现在地域差异、城乡差异、行业差异、社会群体差异等。2013年全国居民收入基尼系数为0.473，已超过0.4的国际警戒线，可见我国的社会公平问题已十分严重。社会安全事件的背后往往隐含着弱势群体对社会公平的诉求。

2. 利益诉求通道和司法救济渠道不畅

当前我国的各项制度以及法律建设还不够完善，当弱势群体利益受到侵害时，缺乏表达自己利益的合理途径。传统的途径主要是依靠政府和媒体两种，但这两种方式存在着一些弊端。基层部门为了维护自身的形象或者出于对政绩的考虑，往往会采取一些手段阻止群众上访，而媒体作为体制外的渠道，只能起到辅助作用，用新闻报道的方式警示大众，并不能解决实际问题。因各种原因民众表达诉求的渠道被封堵，进过长时间的压抑，一旦被极端事件触发之后，不满情绪会在瞬间爆发，容易采用游行示威、损毁公共设施等方式来表达诉求。

3. 管理不善

造成社会安全事件的另一个原因是管理不善。当城市社会安全事件发生时，相关领导人总是先想着如何推卸责任，如何通过堵、压、瞒来平息事件，因此导致信息不公开、不透明的局面，从而降低了政府的执政能力，提高了社会安全事件的处理难度。

4. 媒体不当新闻报道

　　媒体的传播是一把双刃剑，一方面有利于事件的传播和推广，容易引起社会各界的关注更有利于解决矛盾，但一方面媒体也容易将事件扩大至不必要的误区，容易引起公众更大的恐慌或抵触情绪。比如一些城市社会安全事件由于媒体的报道引起了社会的关注，但往往有的媒体未经实际调查就擅自下结论，道听途说，导致事件更加棘手，增加了解决事件的困难程度。

二、城市社会安全事件的形成机制

　　目前，我国正处在社会转型的背景下，随着改革力度的不断加大，由于贫富差异、区域经济发展的不平衡，生态环境逐渐恶化等问题，引发城市社会安全事件，严重威胁社会的稳定。城市可以为人们提供更优质的生活环境，因此城市的公共安全问题不容忽视。在构建和谐社会的背景下，分析城市社会安全事件的形成机制具有举足轻重的意义。具体有以下六个方面：

1. 基础机制：社会转型引发的矛盾

　　目前我国正处在社会转型的时期，社会同质性正在不断消解，同时社会异质性也在不断加强，由此使得传统的社会控制机制发生了改变，社会的整体结构、资源结构、区域结构、组织结构和身份结构也因此而改变。不同阶层的利益分化问题随之产生，导致价值体系发生紊乱，引发一系列的社会问题，因此导致城市社会公共安全事件的产生。

2. 体制机制：基层组织社会控制弱化，社会权威结构失衡

　　随着全面改革步伐的加快，我国基层组织的社会控制力逐渐减弱，国家权威的力量逐渐被人们所重视。一方面由于基层组织管理的缺失，造成公众利益受到损失，为了寻求对自身利益的庇护，公众往往会依赖国家权威，此时便容易滋生对抗性的群体性力量，由此产生城市社会安全事件。

3. 政治机制：官僚主义作风和腐败现象比较严重

　　近年来，上访、闹事等群体性社会安全事件所占的比例正在逐渐提高。造成这一现象的原因，除了各种利益冲突之外，更重要的是因为官员的官僚主义作风和腐化变质，由此导致干群矛盾激化。从这一层面上来说，必须加大反腐力度，营造和谐的社会关系。

4. 经济机制：经济体制转轨与利益格局调整引发一系列冲突

　　随着经济体制改革的不断深化，社会阶段呈进一步利益分化的趋势，

由经济体制转轨与利益格局调整引发的一系列社会冲突增加。尤为关键的是，我国的经济体制改革是从"做大蛋糕"开始的，普遍受益成了改革初期阶段的基本特征，社会各阶层已经形成了一种心理定式或心理期望，认为改革一定会同时带来利益均沾。原来被掩盖在"做大蛋糕"下面的社会各阶层之间的利益分化，在"分蛋糕"的过程中将逐渐显露，阶层之间的利益冲突也进一步加剧。

5. 特殊机制：极端的宗教主义威胁

西方敌对势力和宗教势力对中国渗透的方式更加多样、范围更加广泛、手段更加隐蔽，公开与秘密并举，具有很强的煽动性和欺骗性。西方敌对势力利用一切可以利用的机会把恐怖祸水引向中国，利用境内外极端势力在中国制造事端。境外宗教渗透势力也已经把触角伸向中国社会的各个领域，渗透态势愈演愈烈。

6. 直接机制：各种具体的利益冲突

除了上述机制之外，还有各种具体的利益冲突。一是因对政府出台的政策、措施不满而引发的城市社会安全事件；二是因企业经营亏损、破产、转制而引发的城市社会安全事件；三是因征地拆迁问题而引发的城市社会安全事件；四是由于社会保障机制不健全导致的城市社会安全事件；五是由于环境污染问题引发的城市社会安全事件。

第三节　城市社会安全事件评估方法

城市社会安全事件的评估可以为后续的预防规划提供依据，是整个章节的重点内容。首先对评估的意义进行阐释，论述评估的程序，在此基础上讨论了评估指标体系的选取、评估等级认定的原理，进而对衡量城市社会安全与稳定状况的指标等级进行探讨。

一、评估的意义

我国政府历来重视社会的安全与稳定。但近年来，由于我国进入社会转型阶段，各种不稳定因素及各种风险共生现象有所增长，经济发展进程中灾难事故相对增多，社会安全问题凸现出来。一些敌对势力企图利用这些因素来破坏我国社会稳定，以达到削弱政府的执政能力，遏制我国的发展，破坏我国统一的政治目的。

在此形势下，社会安全的重要性尤为突出，可以说关乎公民生产、生活的正常秩序乃至影响到国家的生存和发展。影响城市社会安全与稳定的因素众多，而且不同的城市其因素又有差异。通过分析这些因素的共性，将它们分类，形成比较适用的评价和预测城市社会安全与稳定状态的指标体系。

关于指标体系的建立，需要注意两个问题：一是指标的选择必须从实际出发，不同城市的选择标准不同；二是作为社会因素的评价，总是处于不断的发展和变化之中，可以采用多元化、动态性的评估策略。

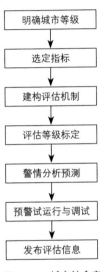

图10-2 城市社会安全事件评估程序

二、城市社会安全风险评估的程序

对城市社会安全事件进行评估时，必须遵循一定的程序。首先是明确城市的等级；其次是选择合适的指标，构建合适的评估体系，并进行初步分析；最后做出对事件的评估，并提出相应的对策措施，具体的评估程序如图10-2所示。

三、城市社会安全风险评估指标体系的建立

1. 风险评估指标的选取

城市社会安全的风险评估指标带有社会的属性，一般采用图10-3的基本框架。但由于社会异质性、复杂性以及个体成员之间差异性的存在，导致有些指标很难量化，所以，有时还会做进一步的简化。

（1）社会治安。社会治安条件决定了居民的生命财产安全，同时影响着社会安全与稳定水平。社会治安的因素主要包括刑事案件立案数、治安案件的查处、群体性事件数量、恐怖袭击事件数量等。

（2）社会经济。主要影响因素包括经济发展水平、流动人口数量、社会保障程度、下岗失业情况等。

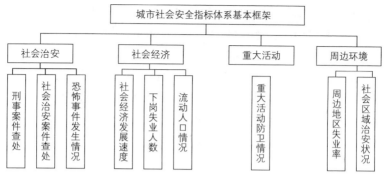

图 10-3 城市社会安全指标体系基本框架

（3）重大活动。主要包括节庆活动、大型演出、大型展览、大型体系比赛等，这些活动往往蕴含着较大风险，需要引起足够的重视。

（4）周边环境。城市一般是一定区域的政治中心，随着各种政治、经济和文化活动不断发展，区域的各种冲突和矛盾就会增加，严重的还会导致群体性事件。

2. 城市社会安全风险评估等级

评估等级实际上反映了城市人口总量、相关指标、警情状况及发生数量、重现周期等风险要素之间的关系。如用公式可以表述为：

$$FWD=\sum_{i=1}^{n} I_i W_i$$

其中 FWD 代表评估等级，I_i 代表风险要素指标，W_i 代表权重。$\sum W_i = 1$

通常城市社会安全与稳定状态分为四个等级，并采用蓝色、黄色、橙色和红色来表示。

蓝色表示轻度警情，整个社会状况基本安全有序，人们对社会安全现状基本满意，同时近期发生城市社会安全事件的概率较小。

黄色表示中度警情，社会中存在某种威胁安全与稳定的因子，近期有可能发生城市社会安全事件。

橙色表示轻重度警情，社会处于一种轻微的动荡中，群体中已有不满情绪，不利于社会安全的流言已经开始产生，极有可能诱发突发性群体性社会安全事件。

红色表示重度警情，社会出现动荡和危机，局部地区已经无法控制，随时会发生大规模的突发事件，并且会持续恶化。城市社会安全与稳定等级不会一成不变，而是会随着政府决策的变化随之发生改变。

评估体系包含内容繁多，目前还缺少统一的规范，影响到评估结果的科学性。在具体进行评估时，除了应建立统一的评估规范和恰当的工作流程外，还应该因地制宜，根据城市的实际情况选择合适的评价因子。

四、城市社会安全的空间特性

城市社会安全程度在空间上具有分布规律性。有学者研究重庆市的犯罪现象（图10-4），发现每平方千米犯罪起诉人数按照从大到小排列，呈现一定的圈层分布规律，即按照核心区、中心城区、近郊区、远郊区的方式由中心区向外辐射，这与每个区域的经济发展水平有关。一般说来，经济发展水平越高，犯罪密度相应的会比较大[12]。

城市社会安全与其环境有密切关系。有学者利用城区土地利用现状图、道路图、社区人口统计资料，以及10年的城区犯罪案例等数据，对县城区不同犯罪类型和不同年份的犯罪数据进行了空间分析，发现城市各个街区出行人数与城市犯罪案件数之间存在某种函数关系（图10-5）；随着年份的推移，犯罪的高案发区有从南向北移动的趋势，这可能与县城建成

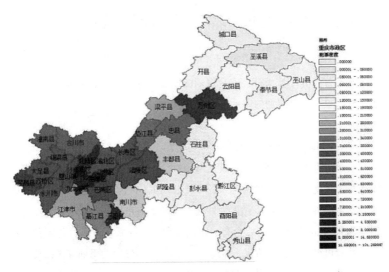

图 10-4　重庆市犯罪密度图

（资料来源：宋胜利等《重庆市犯罪的地域分布与防控——以渝北区为例》）

区向北发展有一定的关系。根据这些规律，可以预判出今后城市社会安全情况及犯罪空间分布（图10-6），为公安部门打击犯罪以及做好社会治安工作具有一定的科学指导意义。

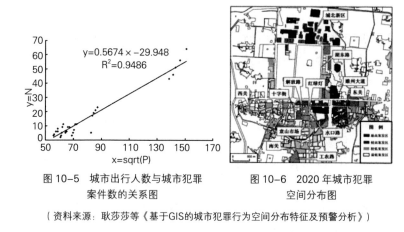

图 10-5　城市出行人数与城市犯罪案件数的关系图

图 10-6　2020 年城市犯罪空间分布图

（资料来源：耿莎莎等《基于GIS的城市犯罪行为空间分布特征及预警分析》）

第四节　城市社会安全规划

本节首先介绍城市社会安全规划的概念和程序，然后再从理论体系上阐述城市社会安全规划的体系与内容。

一、城市社会安全规划的概念和程序

城市社会安全规划的核心就是城市社会安全事件的防御规划，应对应该坚持"预防为主、应急为辅"的原则。与其他三类突发事件相比，城市社会安全事件最大的特点是人为性，由此导致城市社会安全事件似乎"有迹可循"，在其发生之初总会有一定的迹象。只要及时发现并采取预防措施，就有可能将其遏制在萌芽状态。比方说，一般发动恐怖袭击需要经过策划、准备、实施、宣传等步骤。只要针对这些步骤，采取强有力的防范措施，就很有可能降低恐怖事件发生的概率。因此城市社会安全事件的防御工作，特别是规划工作显得尤为重要。

首先，城市社会安全事件预防规划是城市安全工作的行动计划，也是最基础的工作。科学合理的防御规划，可以克服人类社会经济活动盲目性和主观随意性，减少由于自然因素和人为因素对城市系统的破坏，保障城市经济和社会持续稳定发展；同时它又是实行城市安全目标管理的基本依据和准则，是国家安全政策的具体体现，也是国民经济和社会发展规划体系的重要组成部分。

其次，城市社会安全事件防御规划不仅是警方或者社会工作者的责任，也是城市规划师、建筑师、景观设计师等在各自的专业工作中必须考虑的事项，应当作出自己应有的贡献。然而要确保在城市建设项目中能预先充分考虑安全问题，除了依赖设计人员自觉意识之外，更需要在制度上、法律上来强制该项工作的开展，并通过切实可行的实施细则和工作指南，指导有关工作的开展，保障城市社会安全作为一项重要的政策渗透在城市规划与建设的工作中，构建安宁和平的城市社会环境。

城市社会安全事件防御规划，在程序上可分为本地区的规划原则、预防规划的对象及范围、前期调研、规划目标、预防规划的主要内容、规划方案的评价及优化、规划方案的修正与实施等七大部分（图10-7）。

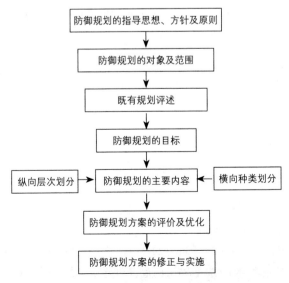

图10-7 城市社会安全事件防御规划的程序

二、城市社会安全规划的体系与内容

城市社会安全规划的体系，从空间尺度的由大到小，可以分为区域社会安全规划，城市社会安全规划，市辖区社会安全规划，重点地区社会安全规划，社区安全规划，重大项目社会风险管理规划等；从防御对象，可以分为反恐预防规划、反暴乱预防规划、治安事件预防规划、群体性事件预防规划、犯罪事件预防规划等方面；从防御对策措施，可以分为公安网点规划、社会安全防御演练规划等。由于国内城市社会安全规划的实践，除了部分城市开展了公安网点规划外，还非常少。下面仅从规划理论的角度，就城市社会安全规划的主要内容进行简单介绍。

1. 不同空间尺度的城市社会安全规划内容

尽管规划区空间尺度的不同会引起规划复杂性的差异，从而会影响到规划的深度和广度，但规划内容的体系基本相同，应包括以下内容：

（1）规划区的社会安全的基本概况。包括社会安全事件发生的基本情况、特征以及发生背景，城市社会安全管控存在的问题及主要矛盾所在。

（2）规划区的社会安全发展趋势。基于宏观区域的发展背景、规划区经济社会发展趋势、国际、国家及大区域的城市社会安全发展背景等，认清社会安全发展规律，评估社会安全风险，预判社会安全发展趋势。

（3）社会安全管控目标确定。包括定性的总体目标以及量化的指标体系。

（4）为实现目标的重要工程（或对策措施）。包括工程性的和非工程性的对策措施。比方说治安网格化工程，监控系统设置，防恐演练等。

（5）重要地区或地段的防御规划。如：城市中心区，机场、车站等城市窗口区等。

（6）重要防御对象的管控规划。如：暴恐、偷盗等。

（7）规划实施的保障措施。包括法律法规、资源投入、体制机制和新技术应用等。

2. 不同防御对象的规划内容

（1）恐怖事件预防规划

公安部反恐怖局于2014年5月23日颁布了《公民安全防范手册》，立足于恐怖犯罪活动可能对人们造成的危害和损失，提供了一些如何判断危险、如何采取正确及时的措施规避危险的方法，以及在紧急情况下的自救、互救知识*。通过相关手册的学习，增强安全防范意识，掌握一定的安全防范知识和自救技能。结合公安部门的相关行动规划，按照应急领导小组事前编制的演练计划进行反恐防恐演练，提高对危险事件的应对及自救能力。

（2）暴乱事件预防规划

针对暴乱事件策划周密、袭击目标泛化的特点，按照情报"获取早、传输快、判读准"的要求，首先大力加强情报侦察，利用群众广集情报资源，依托公安、国家安全部门加强情报交流，积极加强国际合作，纵向立体拓展情报渠道；其次，在武警部队中广泛建立侦察、情报分析研判机构，建立"广泛的侦察力量、灵活的决策机构、有效的打击力量"三位一体的情报共享体系；最后，要充分发挥自身情报获取和判读的能力，依托情报交流机制，及时收集国内外情报信息，特别是针对分裂势力的情况，重点做好各地区重大活动和敏感时段的情报收集和分析判断。同时加强应急力量建设，提升专业处置能力。

（3）治安事件预防规划

加强治安防控预案建设，建立健全覆盖街道各社区的治安防控网络。同时针对治安事件发生的分布规律，结合评估结果，有计划、有重点地对治安薄弱地区进行规划设计。遇到重大节日、突发案件时，根据不同地域，必须保证足够的警力和联防队员在最短时间内，按照责任划分到岗到位，并迅速投入查控处置工作。增强公安民警投入，提高监管力度，从实际原因出发，预防治安事件的发生。

完善网络社会防控网，完善网络社会综治模式，严格互联网络管理。建设网上舆情阵地，健全舆情危机网上应急处置联动机制，有效化解舆情危机。建设一批网上舆情阵地，培养一批专兼职网络评论员和写手，有效化解舆情危机。积极探索虚拟社会综合治理新模式，共同维护虚拟社会的和谐稳定。

（4）群体性事件预防规划

树立依法治国理念，用法律手段预防和处置群体性突发事件。大力发展社会经济，切实改善广大群众的生活水平，为从根本上解决群体性突发事件奠定物质基础，加强对社会保障运行机制的监督，确保人们的权益

---

* 公安部反恐怖局颁布的《公民安全防范手册》.

得到保障，努力实现社会公平，从源头上解决群体性事件发生的原因。转变政府职能，深化行政管理体制改革，增强稳妥、合法而及时地处置各类群体性突发事件的能力。调动全社会各方面力量，运用多种手段和方法预防、减少、处置群体性突发事件。加强对重大节庆活动的安全保护措施，不给恶意煽动者可乘之机，从运行层面上预防群体性的发生。

（5）犯罪事件预防规划

从治理实践来看，我国既有的犯罪防控模式主要是针对犯罪高危人群采取各种刑事治理和社会治理措施进行综合防控。但由于反震高危人群的高流动性，防控难度较大，而城市中犯罪高发空间、路段和地点的数量毕竟有限，也更容易采取针对性管控措施，因此国内外学者将犯罪防控重心从罪犯转向对犯罪空间的研究，空间防控应运而生。空间防控的对象为犯罪聚集地，空间防控的手段广泛包括环境设计、社区参与及警务应对、地理信息系统应用（GIS技术）等措施。

3. 不同防御对策的规划内容

（1）空间规划设计

近年，通过规划设计减缓社会安全事件发生的实践在国际上开始兴起。如日本国土交通省建筑研究所在2011年5月出版了《安全城市规划设计指南》一书。在该设计指南中，明确了"在开放空间预防犯罪"的概念，同时也提出了预防犯罪的城镇建设的五个原则。具体分别是：

① 确保可见性（Visibility）：即确保亮度和视野，达到处于和通过公共空间的人的视线不被阻挡的状态。

② 促进居民活动（Activity）：适度的社区活动可以确保该地区的犯罪风险降低，增加地区居民的安全感。

③ 空间层次化（Territory Hierarchy）：在公共空间和私人空间之间，划出一定的缓冲区，形成准公共空间，并明确这三个空间之间的层次结构。

④ 城市居民意识培养（Ownership）：增加居民对居住地区的喜爱，责任意识及社区意识。

⑤ 对象物的强化与回避（Target Hardening）：减少犯罪的诱因，加强潜在的被害对象的防御能力。

该设计指南，在一直受到社会治安困扰的羽志野市奏之杜地区得到了实际应用，取得了很好的效果。具体做法是，经过市民团体的反复讨论，设置了街道发展工作小组，确定了从三个方面推进平安城市规划的进程

表 10-2　预防犯罪的城镇建设的原则

防范环境设计的4个原则		设计指南中的5个原则
确保监视性	静态	确保可见性
	动态	促进居民活动
强化领域性	软件（心理层面）	城市居民意识培养
	硬件（心理层面）	空间层次化
	硬件（物理层面）	
控制接近的人		对象物的强化与回避
对象物的强化与回避		

A. 道路和公园	B. 宅地和建筑	C. 居民活动
公共空间方面工作方向	私人宅地方面工作方向	居民活动方面工作方向
从土地的空间建设上减少犯罪事故的起因，达到抑制犯罪的目的	防范环境设计手册的完成	从土地的空间建设上减少犯罪事故的起因，达到抑制犯罪的目的
·周围环境实现通透，保持对步行道，社区公园的自然监视 ·照明规划与景观规划兼容	·提供每个建筑物提高防范性能的方法，继而实现整个街区的安全性提升 ·特定项目强制提示（方法）	·实施防范巡逻行动 ·推进一户一灯进程 ·妥善保养闲置土地

图 10-8　平安城市规划的过程

（资料来源：樋野公宏・石井儀光他：防犯まちづくりデザインガイド～計画・設計からマネジメントまで、建築研究資料 134 号，独立行政法人建築研究所，2011 年）

（图10-8）。第一个方面是在公共空间，建设"减少犯罪事故的环境建设"；第二个方面是针对个人宅地的"防范环境设计手册"；第三个方面是住民和参与规划编制者的预防犯罪活动设计。

（2）公安网点布局规划

在社会公共安全事件频发的背景下，对城市的公共安全管理提出了更高的要求，也给城市基层公安派出所的设置和建设提出新的要求。如何合理解决目前存在的派出所办公用房不足、新区建设中基层公安派出所的设置和建设等问题，成为城市建设与发展中的一个必须引起重视的问题。

公安派出所是社区中心的一项重要行政管理与执法的重要机构，是社区基层服务的一个重要组成部分。将公安派出所纳入新型社区中心，与社区中心的其他公共设施集中布置和建设，以适应新形势下城市发展和城市社区建设的需要。公安派出所与社区中心合建，可以促使中心内各部门的联动，提高工作效率，方便群众办事；社区内的派出所可以更加便捷而迅速地对周边居民安全提供保障，切实保障社区安全，预防社会安全事件的发生。

根据国家的相关规范要求，对看守所、公安局、派出所、监管场所特殊监区、拘留所、公安强制戒毒所等机构的建设面积有相关的具体要求（表10-3～表10-8）。

表 10-3　看守所房屋总建筑面积标准表（单位：m²/在押人员）

名称＼项目	200人	300人	400人	500人	600人	700人	800人	900人	1000人
在押人员用房	10.00	9.94	9.88	9.96	9.90	9.85	9.79	9.74	9.69
民警用房	8.34	8.13	8.07	8.02	7.97	7.93	7.89	7.85	7.81
武警用房	4.00	2.75	2.13	1.75	1.50	1.32	1.19	1.08	1.00
附属用房	2.00	1.83	1.55	1.52	1.30	1.28	1.28	1.08	1.07
合计	24.34	22.65	21.63	21.25	20.67	20.38	20.15	19.75	19.57

注：① 位于采暖地区的看守所各项建筑面积可在本表的基础上增加4%～6%。

② 除监室外其余用房面积指标设计容量200人以下的按200人计；1000人以上的按1000人计。

表 10-4　公安局建设相关要求（建标 130-2010）

	房屋建筑、建筑设备、场地	对应面积（单位：m²/人）
一类机关业务技术用房	省级、地市级	28～40
	2000人以上	28
	200～2000	28+（2000-N）×0.0066
	200人以下	40
二类机关业务技术用房	县（区）级	28～38
	500人以上	28
	100～500人	28+（500-N）×0.025
	100人以下	38

表 10-5　派出所建设相关要求（建标 100～2007）单位：m²

一类公安派出所	51人以上	1600
二类公安派出所	31～51人	1180～1550
三类公安派出所	21～30人	870～1130
四类公安派出所	11～20人	555～820
五类公安派出所	5～10人	260～470

注：地处农村的公安派出所民警备勤室按编制人数每人一间，每间20m²；有条件设置警用训练场的，训练场地用地面积宜为400m²～600m²；公安派出所的停车场地面积，按照《公安派出所装备配备标准》（公装财〔2002〕65号）及当地规划行政主管部门规定的停车数量标准确定。

表 10-6　监管场所特殊监区建设相关要求（建标 113-2009）

以20张床位为起点，包括房屋建筑及配套设施，房屋包括病室、医务用房、配套用房、生活保障用房、附属用房

综合建筑面积为25平方米/床位，寒冷和严寒地区增加4%～6%

表 10-7　拘留所建设相关要求（单位：m²/人）

特大型拘留所	300人以上	21.39
大型拘留所	150～299	22.73
中型拘留所	50～149	24.46
小型拘留所	50人以下	25.02

表 10-8　公安强制戒毒所建设相关要求（单位：m²/床）

一类强制戒毒所	床位800张以上	25
二类强制戒毒所	400～799张	25
三类强制戒毒所	200～399张	28

案例介绍：《合肥市公安机关布点专项规划（2009-2020）》

2009年合肥市编制了《合肥市公安机关布点专项规划（2009-2020）》，重点分析研究了全市公安基层所队存在的问题，并摸索出了解决的方法，特别对城市新区公安派出所的设置和办公场所的建设进行了进一步的探索。

根据调查，全市公安派出所人均办公面积约36m²。按照《公安派出所建设标准》（建标100–2007号）（以下简称《标准》）中对五类派出所建筑面积的界定，合肥市现状的公安派出所中，多数较难满足此《标准》要求。合肥市公安派出所存在的诸多问题中，办公位置与用房问题较大地影响了派出所的日常运转，较难满足新形势下的新需求，需要重新对其规划和建设。滨湖新区作为城市新区，不能再走老城区的老路子，需要未雨绸缪，重新进行布局规划。为此从派出所的设置、警务配备、选址、建设标准、建设模式等方面进行了调整和规划，为新区的发展打下坚实的基础。

设置：合肥市滨湖新区在城市总体规划的基础上进行社区管理单元的划分，全区共划分了八个居住区级社区管理单元，每个社区管理单元的面积和人口相当于目前的城市街道。依据《标准》中要求的"一乡（镇、街道）一所"。合肥市滨湖新区公安派出所按照一个居住区级社区管理单元对应设置一个派出所。以居住区级社区管理单元为一个派出所的管辖范围。

警力配置：派出所警力配置依据滨湖新区社区管理单元的人口规模测算。考虑到可行性及城市未来需求，公安派出所警力与辖区市民的比率（警民比）近期（2012年）按万分之十、远期（2020年）按万分之十二予以控制。

选址：派出所一般应位于辖区中心，服务半径合理；且要求一面临靠城市道路，具有单独的出入口，交通便捷；满足自身安全防卫条件要求。同时，需要综合考虑辖区面积、人口及其分布、治安状况等因素，并符合《标准》及其他法律法规。滨湖新区的每个社区管理单元规划布置一个社区中心，社区中心基本位于管理单元的中心，因此派出所选址于已规划的社区管理中心位置，结合社区中心布置，不再独立占地。但必须保证派出所紧临城市道路，独立设置出入口。

办公用房标准：现状合肥市公安派出所警力基本均在20人以上，考虑到城市未来发展，现规划的公安派出所均按照《标准》中所涉及的二类及以上级别派出所进行测算。办公用房面积统一按照不低于人均45m²规划，单个派出所办公用房总面积不小于1500m²。

停车位配建标准：按照《标准》每个派出所配建3～5个车位，具体个数视各派出所规模大小而定，原则上每个派出所车位不少于3个，但以上仅为公务车车位。在个人小汽车迅速发展的情况下，必须考虑个人小汽车的停车位，规划按在职民警的20%考虑。

建设模式：公安派出所的建设采用与社区管理中心合建的模式。规划的派出所按以上标准测算建筑规模，纳入社区管理用房内，与社区中心的行政管理、文化、教育、医疗等设施同步规划、同步建设、同时交付使用。派出所的用房原则上安排在建筑的三层以下，并单独分区，具有独立的竖向交通，平面交通，设置独立的机动车出入口，按标准配建停车位。

公安派出所是社区中心的一项重要行政管理与执法的重要机构，是社区基层服务的一个重要组成部分。将公安派出所纳入新型社区中心，与社区中心的其他公共设施集中布置和建设，以适应新形势下城市发展和城市社区建设的需要。公安派出所与社区中心合建，可以促使中心内各部门的联动，提高工作效率，方便群众办事；社区内的派出所可以更加便捷而迅速地对周边居民安全提供保障，切实保障社区安全，预防社会安全事件的发生。

参考文献

[1] 樋野公宏・石井儀光他：防犯まちづくりデザインガイド～計画・設計からマネジメントまで、建築研究資料134号，独立行政法人建築研究所，2011年.

[2] 邓碧波. 恐怖主义组织的要素、活动及其预防[J]. 南京政治学院学报，2009，(5):78.

[3] 冯凯，徐志胜，冯春莹等. 城市公共安全规划与灾害应急管理的集成研究[J]. 自然灾害学报，2005，14(4): 85-89.

[4] 冯毅. 社会安全突发事件概念的界定[J]. 法制与社会：旬刊，2010(25): 279-280.

[5] 耿莎莎，张旺锋，刘勇，李甜甜，马彦强. 基于GIS的城市犯罪行为空间分布特征及预警分析[J]. 地理科学进展，2011(10).

[6] 李靖，戢广南. 引发社会骚乱的群体性突发事件预防和处置[C]. "建设服务型政府的理论与实践"研讨会暨中国行政管理学会2008年年会论文集，2008.

[7] 李丽华. 突发社会安全事件应急决策辅助系统的构建分析[J]. 中国安防，2009，(3):24-27.

[8] 李一平. 突发性群体事件的成因及防范[J]. 中州学刊，2002，(5):170-174.

[9] 刘超. 地方政府危机管理与公信力的互动研究[D]. 湘潭大学，2005.

[10] 刘浪，何寿奎. 城市建设中的公共安全规划问题探讨[J]. 生态经济，2008(8): 134-137.

[11] 罗云，樊运晓，马晓春. 风险分析与安全评价[M]. 北京：化学工业出版社，2004.3.

[12] 单勇，阮重骏. 城市街面犯罪的聚集分布与空间防控——基于地理信息系统的犯罪制图分析[J]. 法制与社会发展，2013（6）.

[13] 单勇，吴飞飞. 从罪犯到地点：犯罪空间防控的兴起[J]. 山东警察学院学报，2013，25（5）:94-99.

[14] 宋胜利，朱朝阳，李洪博等. 重庆市犯罪的地域分布与防控——以渝北区为例[J]. 法制与社会，2012，（18）:67-72, 84.

[15] 王利斌. 关于我国群体性事件的几点思考[J]. 山西警官高等专科学校报，2009，17（3）:17-19.

[16] 王庆功. 目前我国群体性事件的特点、趋势及防控对策[J]. 东岳论丛，2011，32（1）:178-185.

[17] 王占军，刘海霞. 公共安全管理[M]. 群众出版社，2011.

[18] 魏永忠，吴绍忠. 论城市社会安全与稳定预警等级指标体系的建立[J]. 中国人民公安大学学报（社会科学版），2005，21（4）:150-155.

[19] 吴宗之. 城市土地使用安全规划的方法与内容探讨[J]. 安全与环境学报，2005，4（6）: 86-90.

[20] 熊炜. 城市公共安全评价方法研究[D]. 湖南科技大学，2012.

[21] 薛澜，张强，钟开斌. 危机管理：转型期中国面临的挑战[M]. 清华大学出版社，2003.

[22] 闫钟. 社会转型期的城市公共安全分析[J]. 山西大学学报（哲学社会科学版），2009，32（5）:20-23.

[23] 阳富强，吴超. 安全规划的方法学综述与研究[J]. 自然灾害学报，2012，3:003.

[24] 姚兵. 城市社会安全事件预防研究[J]. 理论月刊，2013，（11）:112-115.

[25] 姚伟达. 网络群体性事件：特征、成因及应对[J]. 理论探索，2010，（4）:112-115.

[26] 莒强. 中国突发事件报告[M]. 北京：中国时代经济出版社，2009.

[27] 战俊红，张晓辉. 中国公共安全管理概论[M]. 当代中国出版社，2007.

[28] 张秋萍. 论媒体怎样做好城市社会安全事件的报道[D]. 广西师范学院，2011.

[29] 郑国辉. 群体性暴乱事件应对策略[D]. 武警特种警察学院，2010.

[30] 周定平. 城市社会安全事件特征的比较分析[J]. 北京人民警察学院学报，2008（2）: 47-49.

[31] 周定平. 关于城市社会安全事件认定的几点思考[J]. 中国人民公安大学学报：社会科学版，2009（5）: 121-124.

[32] 周定平. 社会安全事件应对分析——以行政法为视角[D]. 湖南师范大学，2008.

第十一章

城市应急管理

　　城市应急管理就是城市政府针对城市所发生的各种危及城市公共利益的灾害危机，采取及时有效的手段，整合各种资源，防止危机的发生或减轻危机的损害程度、保护城市公共利益的管理活动。

　　本章节由城市应急预案体系、应急管理组织体系、应急管理运行机制和应急管理法律体系四个部分组成，首先介绍应急预案的定义、应急预案体系的类型和构成以及编制方法；然后对应急管理组织体系的构建、结构组织进行阐述；之后，按照时间顺序分步骤介绍应急管理的运行机制，简述各步骤操作要点；最后针对我国现有的应急管理法律体系展开讨论。

第一节 城市应急预案体系

应急预案，又称"应急计划"或"应急救援预案"，是针对可能发生的突发性公共事件预先制定的行动方案，其目的是为了在事件发生后迅速有效、合理有序地开展各项应急行动。究其本质，是一种标准化的反应程序。

一、城市应急预案基本类型

由于各类事故、灾害的发生机理和表现形式都不同，因此应急预案的制定应针对各类型的突发事件。

1. 按照应急对象的类型划分

（1）自然灾害应急预案：如地震应急预案、洪灾应急预案等。

（2）事故灾难应急预案：如重大交通事故应急预案、燃气事故应急预案。

（3）公共卫生事件应急预案：如国家突发公共卫生安全应急预案、学校公共卫生事件应急预案、食品卫生安全应急预案等。

（4）社会安全事件应急预案：如大型公共场所突发事件应急预案、突发社会安全事件应急预案等。

2. 按照预案的编制或执行主体划分

自上而下可分为国家级、省级、市级和企业级四类预案类型。

（1）国家级应急预案

在出现涉及全国或性质特别严重的重大事故灾难，尤其是其严重性超出事发地省级人民政府处置能力时，所运用的危机处置对策，是一种宏观管理的手段，以场外应急指挥为主。国家级应急预案综合性强，体系完整，包括有总体应急预案、专项应急预案和部门应急预案等多种类别，并对下属单位的应急预案编制有着重要的指导作用。

（2）省级应急预案

用于省级范围内的突发事件处理，其体系、内容与国家级应急预案大体相似，并以其作为基本编制准则。

（3）市级应急预案

用于市级范围内的突发事件处理，既包含有场外应急指挥，也有场内应急救援指挥。同时，设置应急响应程序和标准化操作程序，明晰各类应急救援活动的责任、功能和目标，有很强的可操作性。

（4）企业级应急预案

用于企业范围内的突发事件处理，以场内应急指挥为主，强调预案的可操作性，因此大多为现场预案。

3. 按照功能与目标划分

（1）综合性预案

结合场外指挥和场内应急救援指挥，侧重于应急救援活动的组织协调，是总体、全面的预案。

（2）专项预案

针对不同类型的事故灾难，采取专业性较强的防灾减灾应对措施。如地震、火灾、重大生产事故等。

二、城市应急预案基本内容

1. 预案的基本结构

尽管各类型预案在内容及重点上有所差异，但其基本结构框架大体相似，一般可采用1+4的结构模式，即一个基本预案加上功能（职能）设置、特殊风险预案、应急标准化操作程序和保障支持系统四个分预案。（图11-1）

（1）基本预案

也称"领导预案"，是应急反应组织机构和政策方针的综述，作为应急行动的整体思路和基本依据，在应急行动中指定和确认各部门的责任与行动要求。其主要内容包括最高行政领导承诺、发布令、基本方针政策、主要分工职责、

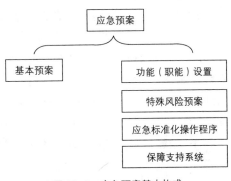

图 11-1 应急预案基本构成

任务与目标、基本应急程序等。基本预案一般是对公众发布的文件。

（2）功能设置

该预案应紧紧围绕应急工作中的主要功能而编制，主要功能是明确执行该预案的各部门和责任人的具体任务，每个单位的应急功能应以分类条目和单位——功能矩阵表来表示，并以部门之间签署的协议书来具体落实。

（3）特殊风险预案

是针对重大事故或后果严重的特殊风险而制定的专门预案，是前两部分的重要补充。该分预案在公共安全风险评级的基础之上，按照自然灾害（地震、洪水等）、事故灾难（生产安全事故、危险化学品事故等）、社会安全事件和公共卫生事件分类，根据风险特点，分别划分相关部门的主要责任、协助支持和有限介入三类具体的职责。同时针对不同的风险水平制定相应的特殊风险应急行动计划。

（4）应急标准化操作程序

该部分作为应急的核心组成部分，包括了在应急行动中各执行部门的任务清单和执行标准，即针对每一部门，在进行某一项或几项具体应急活动时所应遵循的操作标准，包括操作指令检查表和对检查表的说明。该部分是应急预案中可操作性最强，也是最直接指导应急行动的部分，回答的是在应急行动中谁来做、如何做和怎样做好的一系列问题。

（5）保障支持系统

该部分是应急行动计划的支撑体系，包括相关的危险分析、资源分析和保障系统的描述及有关的附件图表。

2. 应急预案的基本内容

根据2004年国务院办公厅发布的《国务院有关部门和单位制定和修订突发公共事件应急预案框架指南》，针对突发事件应对的专项和部门应急预案，不同层级的预案内容各有所侧重。国家层面专项和部门应急预案侧重明确突发事件的应对原则、组织指挥机制、预警分级和事件分级标准、信息报告要求、分级响应及响应行动、应急保障措施等，重点规范国家层面应对行动，同时体现政策性和指导性。因此，应急预案内容应包括：

（1）总则：明确编制预案的目的、工作原则、编制依据、适用范围等。

（2）组织指挥体系及职责：明确各组织机构的职责、权利和义务，以突发事故应急响应全过程为主线，明确事故发生、报警、响应、结束、善后处理处置等环节的主管部门与协作部门；以应急准备及保障机构为支线，明确各参与部门的职责。

（3）预警和预防机制：包括信息监测与报告，预警预防行动，预警支持系统，预警级别及发布（建议分为四级预警）。

（4）应急响应：包括分级响应程序、信息共享和处理、通信、指挥和协调、紧急处置、应急人员的安全防护、群众的安全防护、社会力量动员与参与、事故调查分析、检测与后果评估、新闻报道、应急结束等11个要素。

①城市灾害的分级

根据灾害事件性质、损失程度、危害面积，城市灾害划分为特别重大（Ⅰ级）、重大（Ⅱ级）、较大（Ⅲ级）和一般（Ⅳ级）。

特别重大城市灾害：是指造成300人以上死亡，或直接经济损失占该区上年国内生产总值1%以上的灾害；

重大城市灾害，是指造成50人以上、300人以下死亡，或造成一定损失的灾害（500~1000万元）；

较大城市灾害，是指造成20人以上、50人以下死亡，或造成一定经济损失的灾害（100~500万元）；

一般城市灾害，是指20人以下死亡，或造成一定经济损失的灾害（100万元以下）。

②分级响应

根据可能的灾害后果的影响范围、地点和应急响应方式，我国应急响应体系可以分为国家级、省级、市级、县/社区级、企业等基层单位级5个级别。

Ⅰ级响应：由事发地所在省（市、区）人民政府领导相关应急工作，国务院指挥部统一组织、领导、指挥和协调应急工作。

Ⅱ级响应：事发地所在市人民政府领导相关应急工作，城市应急委员会在国务院领导下组织、协调应急工作。

Ⅲ级响应：在事发地所在省市人民政府的领导和支持下，由事发地所在市人民政府领导领导相关应急工作。

Ⅳ级响应：在事发地所在省市人民政府的领导和支持下，由事发地所在县市/社区人民政府领导相关应急工作，市应急委员会组织协调应急工作。

（5）后期处置：包括善后处置、社会救助、保险、事故调查报告和经验教训总结及改进建议。

（6）保障措施：包括通信与信息保障，应急支援与装备保障（救援装备、应急队伍保障、交通运输保障、电力保障、城市基础设施抢险与应急恢复、医疗卫生保障、治安保障、经费保障、社会动员保障等），技术储备与保障，宣传、培训和演习，监督检查等。

（7）附则：包括各类相关术语、定义，预案管理与更新，国际沟通与协作，奖励与责任，制定与解释部门，预案实施或生效时间等。

（8）附录：包括相关的应急预案、预案总体目录、分预案目录、各种规范化格式文本，相关机构和人员通讯录等。

三、应急预案的编制

编制应急预案，作为应急救援工作的最为核心的内容之一，是开展应急救援工作的重要基础。预案的编制应该基于事故灾害的发生、发展过程，对事件本身的内在机理和规律特点经过研究和了解后，才能使编制出的预案更具有针对性和可操作性。

应急预案的编制一般可按照以下流程，分为六个部分：

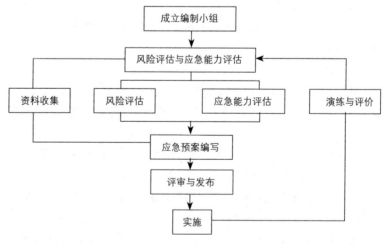

图 11-2　应急预案编制流程

1. 成立预案编制小组

应急预案的成功编制需要有关职能部门和团体的积极参与，并达成一致意见，尤其是应寻求与事故灾害风险直接相关的各方进行合作。故成立应急预案编制小组是将各有关职能部门、各类专业技术有效结合起来的最佳方式，能够有效保证应急预案的准确性、完整性和实用性，并为应急行动涉及的各方提供了协作与交流的机会，有利于提高应急预案的实用性。

2. 风险识别与风险评估

为了准确策划应急预案的编制目标和内容，应事先展开风险识别与评估的相关工作，其目的是将对象区域中可能存在的重大危险因素识别出来，作为下一步预案编制的工作基础。为有效开展此项工作，预案编制小组应首先进行初步的资料收集，包括相关法律法规、应急预案、技术标准、国内外同类事故灾害案例分析，并总结历史上本地区发生过的重大事故灾难、对其进行分类分析，了解其发生机理，为预防、预警和应对提供依据。

3. 应急能力评估

对于现有应急能力的评估，应基于风险评估的结果，包括应急资源（应急人员、应急设施、装备和物资）、应急人员的技术、经验和接受的培训等。应急能力的水平将直接影响应急行动实施的快速、有效性。同时，通过对应急资源的准备状况充分性和从事应急救援活动所具备的能力的评估，明确现有应急救援的需求和不足，为下一步应急预案的编制奠定基础。

4. 应急预案编制

针对可能发生的事故，结合危险分析和应急能力评估结果等信息，按照现有国家相关标准和国家级预案的有关规定和要求编制应急预案。

应急预案编制过程中，应注重编制人员的参与和培训，充分发挥他们各自的专业优势，使他们掌握危险分析和应急能力评估结果，明确应急预案的框架，应急过程行动重点以及应急衔接、联系要点等。同时，编制的应急预案应充分利用社会应急资源，考虑与上下级单位的应急预案相衔接。

5. 评审与发布

为确保应急预案的科学性、合理性以及与实际情况的契合性，应急预案编制单位或管理部门应依据我国有关应急的方针、政策、法律、法规、规章、标准和其他有关应急预案编著的指南性文件与评审检查表，组织开展应急预案评审工作。

应急预案的评审包括内部评审和外部评审两类。内部评审是指编制小组成员内部实施的评审。应急预案管理部门应要求预案编制单位在预案初稿编写工作完成后，组织编写组成员内部对其进行评审，保证语言简洁通畅、内容完整有序。外部评审是由本城市或外埠同级机构、上级机构、社区公众及有关政府部门实施的评审。外部评审的主要作用是确保预案被城市各阶层接受。根据评审人员的不同，又可分为专家评审、同级评审、上级评审、社区评审和政府评审。城市重大事故灾害应急预案经过政府评审通过后，应由城市最高行政官员签署发布，并报送上级政府有关部门和应急机构备案。

6. **演练与评估**

应急预案的演练是城市应急管理工作的重要环节。在应急预案经过批准发布后，相关单位机构开展宣传、教育和培训工作，并积极开展应急演练和训练，能够从中查找问题并对预案进行及时改进，以提高其合理性、实用性和有效性。

第二节 城市应急管理组织体系

在应对突发事件时，需要各部门的通力合作，尽管以政府领导管理为主，但同样涉及军队、党政和相关社会组织的参与。自2008年的汶川大地震以来，我国对于突发事件的重视程度已经大有提升，但在平时的日常管理和应急处理的现场操作方面，仍存在不少问题，如体制机制的缺陷和现场职责分工不清等。《中华人民共和国突发事件应对法》的颁布是提升应急处置能力、完善应急管理组织体系的良好契机，应在职责分工方面以法律形式来明确。对于突发事件中复杂的部门关系，需要合理规范，做到职责明晰、行为有序。同时，根据国家相关条例的规定，应急管理机构设立应当深入到乡镇、村（社区）、企事业单位等。综上所述，应急管理组织体系是应急管理工作中最为基础且核心的工作，也是目前我国面临的一项重大而又紧迫的任务。

一、构建原则

1. 统一领导、综合协调

根据不同级别的应急管理组织体系，组织内涉及的各部门、单位和个人都应服从最高级指挥层的领导，在总指挥的领导下进行统一指挥和组织协调，避免出现由于多头领导造成耽误处理的情况。同时，以政府统一领导下的突发事件主管部门为主，各相关部门和民间团体应当实现人流、物流、信息流和资金流的互联互通、资源共享。在突发事件发生时做到系统运作、优化整合各类社会资源，以发挥整体功效。

2. 分类管理、分级负责

根据突发事件的严重性、可控性以及所需动用的资源和对社会运行造成的影响程度，启动相应的应急预案。明确各级部门、管理者的权责，实现分类管理、分级负责和属地管理为主的应急管理体制。实行应急管理工作各级行政领导责任，责任到人。

3. 灵活运行，效率优先

在处理突发事件时，需要抓住主要矛盾，集中人力物力解决关键问题。同时根据事态发展，遵循灵活适度的原则，具体问题具体分析，有针对性地采取相应应对措施，灵活调控。

4. 经济实用、可操作性强

由于应急管理制度在我国起步较晚，在操作上普遍存在人力、财力不足的问题，因而在构建应急管理组织体系时，不能盲目求大，应根据实际情况，从经济学的角度分析成本，选择合适的规模和体系。同时应注重人员培训和调整，以确保应急管理组织体系的可操作性。

二、整体结构

在整体结构构成上，应急管理组织体系由5个不同功能的系统组成，包括指挥调度系统、处置实施系统、资源保障系统、决策辅助系统和信息管理系统，如图11-3所示。

1. 指挥调度系统

指挥系统是整个组织体系内

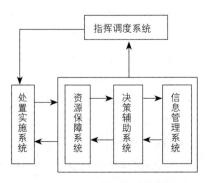

图 11-3 应急管理组织体系框架图

的最高领导者，也是决策的制定者，各子系统在其统一指挥和管理下，执行其下达的命令和要求。

2. 处置实施系统

实施系统是负责具体执行指挥调度系统所发布的命令、指令的系统，对上负责，对下处置实施。

3. 资源保障系统

该系统是其他各子系统运行时的后备保障，其负责的任务包括了应急资源的保障和日常管理，同时依照决策辅助系统的命令进行应急资源的调度。

4. 信息管理系统

作为整个管理体系的信息处理中心，信息管理系统需要为各子系统提供必要的信息支持，完成从采集信息到处理存储并传输的各步骤任务，同时负责信息的实时更新和系统的维护。

5. 决策辅助系统

决策辅助系统是在接收上级的命令和信息的基础上，在应急管理工作中根据决策给出具体的实施意见和方案。为各子系统的运行提供决策支持。

三、机构组织

以苏南某市的地震应急指挥组织体系为例，我国常用的事故灾害应急机构组织如图11-4所示。

1. 市地震灾害专项应急指挥部

市地震灾害专项应急指挥部负责全市地震灾害事件应急工作。

（1）人员组成

总指挥：分管副市长

副总指挥：市政府分管副秘书长、市地震局局长、市人武部负责同志。

成员：市委宣传部、市发改委、市经贸委、市教育局、市科技局、市公安局、市民政局、市财政局、市建设局、市地震局、市交通局、市环保局、市水利局、市广电局、市卫生局、市房管局、市人防办、市安监局、市粮食局、市国土资源局、市贸易局、市食品药品监督局、市园林旅游局、市供电公司、市电信局、市移动公司、市气象局、市人武部等有关部门和单位负责同志。

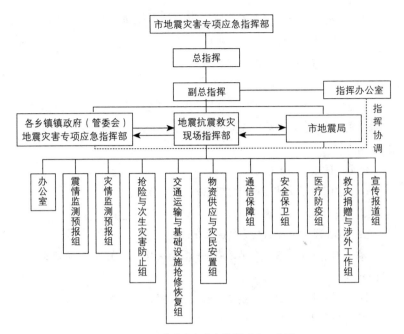

图 11-4 苏南某市应急指挥系统示意图

（2）主要职责

主要包括：

① 统一领导、指挥、协调市域范围内的地震预测、预警、预防和应急工作；

② 起草并组织实施市地震应急预案；

③ 在苏南某市行政区域内有特大、重大或较大地震灾害事件发生时，领导、组织和协调地震应急工作，决定启动和组织实施地震应急预案，确定应急规模；

④ 派遣市地震灾害紧急救援队，必要时提出紧急应急措施的建议；

⑤ 及时将震情、灾情向市政府汇报、并传达落实上级地震应急救援指示；

⑥ 协调驻军、民兵预备役和支援部队行动；

⑦ 指导和协调各地政府（管委会）地震应急指挥部开展工作；

⑧ 部署和组织市有关部门、单位、受灾地政府（管委会）进行抢险救灾；

⑨ 配合各地政府（管委会）做好善后和灾后重建工作；

⑩ 贯彻落实市政府有关决定事项；

⑪ 承担其他有关地震应急和救灾的重大事项。

（3）办公室组成和职责

市地震灾害专项应急指挥部办公室设在市地震局。办公室主任由市地震局负责同志担任。办公室成员为地震灾害专项应急指挥部有关成员单位的联络员。

办公室的主要职责是：

① 承担市地震灾害专项应急指挥部日常工作；

② 组织协调全市地震应急救援工作；

③ 组织协调全市地震应急救援工作；

④ 指导、检查、督促各地政府（管委会）及各部门制定和实施地震应急预案；

⑤ 地震灾害发生后，迅速收集震情、灾情和抗震救灾进展情况并上报；

⑥ 提出具体的应急方案和措施建议；

⑦ 贯彻上级的指示和部署；

⑧ 监视震情并随时进行会商；

⑨ 组织地震灾害损失的调查评估；

⑩ 组织新闻发布会，审核有关新闻稿件，开展抗震救灾宣传活动；

⑪ 起草市地震灾害专项应急指挥部文件、简报，负责各类文书资料的准备和整理归档；

⑫ 承担其他有关地震应急的重大事项。

（4）地震现场指挥部组成及职责

现场指挥部的主要职责是：

① 在特别重大、重大或较大地震灾害发生后，在上级现场指挥部的统一领导下开展工作。在一般地震灾害发生后，负责分析、判断地震灾害趋势，确定并实施现场应急处置方案；

② 部署和组织指挥下属各应急组织开展紧急救援工作；调配应急资源，组织现场的各类工作；

③ 及时上报震情、灾情，向下级及民众传达落实上级抗震救灾指示；

④ 接待新闻媒体来访，安定民心、稳定社会局面的宣传教育工作。协调相关职能部门和单位，做好调查和善后工作，防止出现灾害"放大效

应"和次生、衍生灾害，尽快恢复当地正常秩序；

⑤ 现场指挥部下设若干室、组（根据实际需要，可作适当调整合并，必要时吸收相关专家参与现场指挥工作）。

（5）市地震局

在市政府领导下，依据相关法律法规和本身职责，负责全市地震应急工作的管理；负责制定并组织落实地震应急救援计划；负责市地震应急预案的起草和实施；负责地震监测预报、汇集灾情速报、管理地震灾害调查与损失评估等工作；在地震灾害发生后，及时向市应急警中心报告，并负责市地震灾害专项应急指挥部办公室的日常工作；指导、协助各地政府（管委会）做好一般地震灾害的应急处置工作。

（6）各乡镇镇政府（管委会）地震灾害专项应急指挥部

各乡镇镇政府（管委会）地震灾害专项应急指挥部领导本级政府所负责的抗震救灾工作，接受上级地震灾害专项应急指挥部和本级政府的领导，负责辖区内一般性质的地震应急处置工作；配合上级地震灾害专项应急指挥部做好特大、重大或较大地震灾害的应急处置工作；负责善后和灾后重建等工作。

第三节　城市应急管理运行机制

应急管理的目的是最大程度地减少突发事件带来的负面影响，消灭发生源和减小波及范围，最终迅速有效地减轻突发事件对城市、社会造成的损害。而灾害、事故等突发事件的应急管理过程，从时间序列的角度可分为四个阶段：预防与应急准备、事故监测与预警、应急响应与处理、善后恢复重建，各个阶段之间体现了时间发展的循环周期，在各个阶段应对采取相应的策略和措施，并尽可能将灾害、事故等突发事件的发生控制在某一个特定的阶段，使其不向性质更为严重的下一阶段演变，因此建立合理有序的城市应急管理运行机制，对于有效防止事件扩大，降低损失，具有重要意义。

应急管理运行机制是在管理组织体系的基础上，整合各部门组织、资源和信息，为应对突发事件而形成的统一机制。在整个应急系统的运行中，需要其内部各要素实现自我控制、调节和完善的功能要求，因此就离不开运行机制的调配和规范。

一、预防与应急准备机制

预防与应急准备机制是指灾情发生前，应急管理相关机构为消除或者降低突发事件发生可能性及其带来的危害性所采取的风险管理行为规程。实行风险管理，可以将应急管理关口前移，在对事故源和易发区进行调查和风险评估的基础上，总结出突发事件的一般规律，并由此建立预防机制。该机制的实质是利用行政、技术等手段，尽可能减少或消除事故发生源，或是为应对不可避免的突发事件，提前做好相关的准备性工作，最大程度的降低事故危害性。预防与应急准备机制的一般内容包括：

1. 提高社会承灾能力

在软件方面，通过开展宣传教育，普及应急知识，提高民众的应急能力。增强应急意识。在硬件方面，加强管理，提高建筑物防灾能力，严格监督。同时，以诚实的安全需求为基础，合理规划各类生命线工程，形成包括避难场所、避难通道和应急设施等在内的完整的应急工程体系。

2. 开展风险管理

建立风险数据库，科学预估风险。对于重大危险源和危险区域，要重点防控，定期检测、评估，及时发现问题，继而采取纠偏措施。

3. 做好应急准备

在人力、物资和技术等方面，做好应急准备。完善财政预备金制度，储备和培育一批应急管理、应急处理工作人员，同时加大应急科技投入，提高防灾减灾能力。

二、监测与预警机制

监测预警机制是在灾害、事故等突发事件发生之前，准确灵敏地昭示风险前兆，并能及时提供警示的一项综合机构、制度、措施等构建而成的预警系统，其作用在于超前反馈、及时反馈、防患于未然，从而最大程度地降低突发事件造成的损失。监测预警是应急管理运行的首要环节，也是最重要的一个环节，对突发事件的处置起着关键作用。

监测预警机制主要包括监测、评估和预警三部分，具体包含采集信息、突发事件动态监测及信息初整理，处理信息并形成评估，审核汇总后及时发布等操作。该流程构建的要点在于以下几个方面：

1. 信息收集

大量采集突发事件原始信息，整理分析后获取有效信息，由此掌握突发事件的相关因素条件，便于控制防范，最大化地降低发生概率。

2. 预警发布

通过政府或政府授权的职能部门发布预警警报，根据突发事件的危害性和紧急程度，提出相应的预防、应急措施。

3. 资源整合

现代社会背景下，灾害和突发危险事件频发，突发事件类型多样，规律不一，因此预测预警机制的良好运行需要依赖于各单位部门的联动，尤其是自然灾害类的地震、气象和事故灾害类的生产、卫生部门。灾害的防御与应对不能单单依靠某一部门或某一地区，应进行跨部门、跨地区、跨国的多边合作，建立通畅的预警组织网络体系，共享信息资源。

三、应急响应与处置机制

1. 应急响应机制

应急响应机制是一种政府及管理部门针对社会组织或民众对于突发事件所做报警而作出应对反应的一种应急处置模式。该模式能够保证整个应急管理系统在突发事件发生时迅速作出准确有效的反应，并给予了民众监督协助的权利和机会。

2. 应急处置机制

应急处置机制是指突发事件发生后，政府或者公共组织为了尽快控制和减少事件造成危害而采取的应急措施，包括启动应急程序、组建工作机构、实施应急救援和公布事件进展等。应急处置是应急管理程序的主体之一，在应急预案的制定和管理组织体系的完善的基础之上，有效完备的应急处置机制能够快速控制局面，处理事故问题，尽快结束突发事件带来的影响，最大程度地降低损失，维护社会秩序的正常稳定运行。处置机制是一项实用性和操作性极强的程序，因此在应急过程中显得尤为重要。

3. 应急响应及处置的主要程序

（1）接报研判。在接到社会组织或是民众对突发事件的报警之后，相关应急管理部门需要进行详细记录并对此进行分析研判，将所得结果及时上报领导和上级机关。而决策层需要对形势作出正确判断，并制定合理的应对方案，既不要夸大事实，也不能轻视问题。

（2）救援处置。在向上级机关上报突发事件信息的同时，作为事发地的直接领导，当地政府应迅速对突发事件作出回应。先行赶往事发地实施救援，封锁现场并控制危险源，尽可能减小事件的波及面，防止事态扩大。同时应如实上报情况，并对公众和媒体汇报事件进展，稳定民心，减少不必要的损失和伤害。

四、善后恢复重建机制

善后恢复与重建机制是在局面基本得到控制之后，将社会秩序、民众心理以及基础设施恢复至正常状态的程序。尽管并非是直接应对突发事件，该环节仍是整个管理运行机制中非常重要的环节，具体包括：

1. 善后恢复重建

在针对突发事件采取了必要的应急措施，将其威胁控制在可接受范围内之，社会秩序已趋于基本稳定之后，需要结束应急状态、开展相应的恢复与重建工作，包括物质方面的设施恢复重建和社会方面的社会秩序的恢复，同时在精神方面为突发事件当事人提供精神和心理救助。

2. 调查与评估

在事件局面得到控制，应急工作基本结束之后，相关部门需对事故的原因和具体情况展开详细调查，评估事故造成损失，并认定责任方，追究当事人责任。

3. 灾后恢复重建保障措施应明确以下内容：

（1）组织领导工作。以政府牵头相关部门合作，成立救灾恢复重建工作机构。

（2）重建规划方案。制定科学的重建规划方案。确保灾后居住不受次生灾害威胁，提高建房标准，确保公共设施能够满足灾后居民正常生活。

（3）落实恢复重建资金。按照不同的受灾情况制定每户重建补助标准。

（4）制定重建优惠政策。对灾区民房的恢复重建，根据上级文件精神，制定相应的优惠政策，减免相关税费。

（5）恢复重建监督管理。灾区民房恢复重建过程中，相关部门要对建房对象的公示到位情况、资金到户情况、政策措施落实情况及重建方案执行情况进行检查，保证建房任务完成时间。

五、新媒体背景下的应急管理运行流程

随着信息技术的不断进步，以网络媒体和移动媒体为代表的新媒体的出现为社会各利益群体打开了公共话语空间。这种现象在突发事件的处理上表现得尤为明显，如2013年的汕头水灾事件、2014年4月的兰州自来水苯含量超标事件和2014年的马航MH370失联事件，这些事件在爆发后都迅速成为社会热议话题，微博甚至成了不少突发事件最早为人所知的渠道。因此新媒体背景下的应急管理运行机制应在某些方面有别于传统的方式。

在传统媒体背景下，事件发生后，政府相关部门对事件展开调查，然后进行新闻发布，向公众传递相关信息，在此过程中，政府承担的职能是接受事件主体的信息汇报、监督指导事件主体的调查工作以及新闻发布工作（图11-5）。但是由于传统媒体是一种单向单程的信息传递过程，只有事件主体向公众发布信息而没有公众提出质疑或发表意见的空间和渠道，因此公众的态度难以把握，政府也只能根据公众的群体行为判断事件是否得到解决。

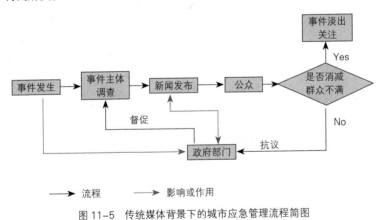

图 11-5　传统媒体背景下的城市应急管理流程简图

新媒体的出现对突发事件应急管理的主要影响在如下几个方面：1. 事发主体将难以在公众面前掩饰事件所以要求事发主体迅速地做出应对并对公众坦诚相告。2. 事发主体、政府和公众的角色发生了巨大的变化，公众不再是只能被动接受信息的受众，而成为了事件信息的传递者、监督者和提问者。此时应对突发事件的流管理程可以清晰地分为以下三个阶段：

第一阶段：在新媒体背景下，由于消息传播途径多、信息量大、传播速度快，事件发生以后事发主体需要立即对事件展开初步调查，并在公众

受到多方舆论误导并爆发之前进行第一次新闻发布，将事件的损失情况、大致原因等初步调查信息向公众公开。

第二阶段：由于新媒体的作用，公众获得信息的途径并非只有来自事发单位的新闻发布，民间的小道消息等也会四处泛滥，此时事发主体需要立即对事件展开深入和全面的调查，并在调查取得任何突破性进展的时候立即进行新闻发布，将事件发生的前因后果清晰地展示在公众面前，稳定民心。

第三阶段：事件平息以后，事发主体在政府的监督下继续进行后续调查，整理出关于事件的前因后果和具体损失的报告，向公众发布，以此防止舆论的反弹，并作为资料以备日后查阅。

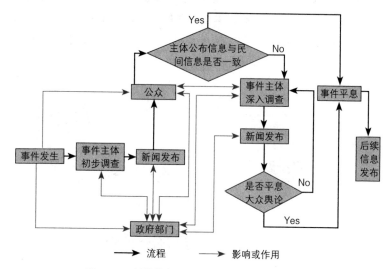

图 11-6 新媒体背景下的城市应急管理流程简图

第四节 城市应急管理法律体系

应急管理法律体系包括应急管理法律法规和规章制度，即在突发事件引起的公共紧急状态下处理国家权力之间、国家权力与公民权利之间以及公民权利之间等等各类社会关系的法律规范和原则的总和。[9]应急管理法律体系的核心是宪法中与紧急状态相关的条款和国家颁布的紧急状态法，同时辅助以其他相关法律法规。应急管理法律体系适用于非常态下的国家、地区法治，能够为应急救援、处置、恢复等程序的开展提供法律依据和保障，同时也是国家法律体系的重要组成部分。其目的是为了帮助国家、地区更好地应对突发事件，防止社会秩序出现全面失控，以行政强制力为标志的紧急法律规范能够有效地调节和缓解紧急情况下的各种社会关系，有效控制和消除突发事件造成的危害，有助于快速恢复正常的社会生产生活秩序，维护社会公共利益和公民合法利益。

一、应急管理法律的主要特征

用于处理突发事件的应急法律应具备以下几个特征：

1. 权威性。在突发事件发生后的应急状态下，应急管理法律所展现的法律权力与其他法定公民权利相比，有着权威性和优先性。

2. 特殊性。应急状态作为一种非常规状态，行政紧急权力的行驶过程中遵循特殊的（比平时要求更高或更低）行为程序。

3. 可操作性。相关法律法规的制定应注意符合具体实际，强调可操作性，避免法律架空。

4. 社会参与性。一是在制定相关法律法规时，积极邀请、鼓励社会成员的参与；二是在应急状态下，任何相关的组织和个人都有义务遵循规定履行自身义务。

二、应急管理法律体系构成

1. 基本法:《中华人民共和国突发事件应对法》

2003年，国务院法制办开始起草《中华人民共和国突发事件应对法》（时称《紧急状态法》）。2007年8月30日，第十届全国人民代表大会常务委员会第二十九次会议通过了《中华人民共和国突发事件应对法》（以下简称《突发事件应对法》），并于11月1日起实施。

《突发事件应对法》是我国各级地方政府在应对突发事件、实施应急行动时应遵守的最基本法律。这一法典的颁布有着里程碑式的意义，为我国应急法律体系的建立和完善打下了坚实的基础。《突发事件应对法》作为一种国家层面的核心法律，主要强调了应急工作中的统一性和规范性，结束了过去缺乏应对基本法的历史，明确规范了应急工作中的操作及要求，为突发事件应对工作提供了可参照样本，也给予了法律保障。

2. **单项立法**

除《突发事件应对法》之外，针对具体的突发事件类型，我国还存在大量法律法规，根据其所针对的具体内容，可以分为四大类型：自然灾害类、事故灾难类、公共卫生事件类和社会安全事件类。

① 然灾害类：《中华人民共和国防汛条例》、《防沙治沙法》、《防震减灾法》、《森林法》、《水法》、《森林防火条例》、《森林病虫害防治条例》等。

② 事故灾难类：《安全生产法》、《消防法》、《建筑法》、《劳动保障监察条例》、《煤矿安全监察条例》、《建设工程安全生产管理条例》等。

③ 公共卫生事件类：《食品安全法》、《传染病防治法》、《突发公共卫生事件应急条例》、《动物防疫法》、《植物检疫条例》、《重大动物疫情应急条例》等。

④ 社会安全事件类：《民族区域自治法》、《人民警察法》、《信访条例》、《行政区域边界争议处理条例》、《企业劳动争议处理条例》等。

除上述法律法规以外，在应急管理工作的实施过程中，根据需要还制定了大量的地方性法规，如在2008年汶川大地震发生后，地方政府针对灾后重建问题而专门制定的《汶川地震灾后恢复重建条例》。

三、应急管理法律体系发展趋势

1. **国外应急管理法律体系建设案例介绍**

我国的应急管理相关研究起步较晚，各方面仍有不足，因此选取一些在此方面已发展较为成熟、取得一定成绩的国家作为案例，进行学习借鉴。

（1）美国应急管理法律体系

美国的应急管理体制以新经济和新技术、恐怖主义危险和特大灾害为三大主题，其对于突发事件的定义是：由美国总统宣布的、在任何场合、任何情境之下，在美国的任何地方发生的需要联邦政府介入并提供补充性援助、以协助州和地方政府挽救生命、确保公共卫生、安全及财产或减轻、转移灾难所带来威胁的重大事件。美国的应急管理体系起步较早，现已发展较为成熟。1803年。美国国会通过议案，同意由联邦政府向遭火灾侵袭的新罕布什尔城提供资金援助，这是最早出现在美国的应急管理行为。而一直到1950年，美国国会才通过了《灾害救助和紧急援助法》。此后，《全国紧急状态法》和一系列反恐怖主义的法律、法规以及针对飓风、地震、洪水等自然灾害的128个法案相继通过。

其中《灾害救助和紧急援助法》是在1950年由当时的美国总统罗伯特·斯坦福制定，是美国第一个与应急突发事件相关的法律，适用于除地震以外的其他突发性自然灾害。在该法中，规定了重大突发自然灾害的救济和救助原则以及各级政府需承担的责任。《灾害救助与紧急援助法》经历了1966年、1969年和1970年的多次修改，现用版本是在1974年版的基础上修订的。

1976年，美国国会通过了另一应急管理基本法，即《全国紧急状态法》，该法律对于应急状态中的紧急状态颁布、颁布方式和终止方式，以及紧急状态的期限和期间所有的权力做出详细规定。

而针对突发事件中威胁较大的恐怖主义事件，早在1952年美国国会就通过了《移民与归化法》，又于1984年制定了《反对国际恐怖主义法》。受到"9·11"事件的影响，美国又制定了大批应对恐怖主义事件的法律法规以期加强反恐，如2001年的《2001年紧急补充拨款法》。

（2）日本应急管理法律体系

作为一个地震频发的国家，日本历来就被认为多灾多难，这也是其在应急管理和应对上处于国际领先的重要原因。日本的应急管理类法律数量庞大，其健全程度堪称世界第一。目前已拥有50多部突发事件应急类法律，配合其他地方性法律法规和单项立法，形成了一套完整有效的综合应急管理法律体系。

《灾害对策基本法》颁布于1961年，在日本的防灾法律体系中有着十分重要的地位，相当于防灾法律中的宪法。该法由总则、防灾相关组织、防灾计划、灾害预防、灾害应急政策、灾后重建、财政金融措施、灾害紧急事态、其他事项和惩罚细则十个章节组成。在此基础上，日本又相继颁布了一系列灾害防治和应对类型的法律，如1978年的《大规模地震对策特别措施法》，1992年的《南关东地区直下型地震对策大纲》等。

为方便快速应对各类突发事件，日本政府对众多的应急类法律进行分类，与自然灾害防治直接相关的如《森林法》、《河流法》等15部，属于灾难应急对策类的法律有《消防法》、《灾害救助法》等3部，灾后重建与财政金融支持的有《关于应对重大灾害的特别财政援助的法律》、《公共土木设施灾害重建工程费国库负担法》等24部。日本的应急管理类法律数量众多且类别有序，覆盖了各灾种、各环节，是值得其他国家效仿的优秀范本。

2. 我国应急管理法律体系目前存在的问题

我国近年来也开始相继制定针对各类突发事件的法律法规，并有了《突发事件应对法》这一应对突发事件的基本法，应急法律体系的完善比过去有了显著的进步，但仍存在较多问题：

（1）法制体系尚待整理

目前，我国已有不少应急管理方面的法律法规，也在2008年颁布了应急管理的基本法——《突发事件应对法》，但不论是从法律的行政体系，还是其内容体系上，都处于较为混乱的状态，适用范围也界定模糊，行政权力难以明确约束。

（2）可操作性有待提高

我国的应急管理法律体系起步较晚，目前的法律法规内容空洞、抽象，在实际操作时往往被束之高阁，成了"墙壁上的法律"。《突发事件应对法》的颁布虽然弥补了过去应急法律体系中统一法的缺失，但仍然无法解决现有法制的"空转"问题。

（3）行政色彩过于浓厚

在突发事件的实际应对过程中，往往以政府为主，社团组织和志愿者等民间力量被忽视。由于在现有的相关应急法律中，只对政府的职能和权责做出了规定，但对于民间力量只作出了一些原则性的提示，没有明确其在应急工作中的身份和角色，导致在实际行动中出现了民间组织"心有余而力不足"的状态，比如在2008年的汶川大地震的救援和灾后重建工作，民间力量的崛起让民众倍感欣慰，但很快就暴露出了组织混乱、监管不力、专业水准不高等问题。

（4）公民救济权利机制不完善

我国突发事件应急法制中的行政赔偿制度的法律依据主要是《国家赔偿法》和专门应急立法，公民救济机制以行政赔偿制度与行政补偿制度为主。我国制定的《国家赔偿法》存在的赔偿范围狭窄、归责原则单一、程序不合理、赔偿标准偏低。这些问题自然制约着突发事件应急行政赔偿制度的发展。此外，专门的应急立法诸如《突发事件应对法》、《传染病防治法》、《消防法》、《重大动物疫情应急条例》等法律法规中，虽规定了行政机关及其工作人员违法、犯罪行为及其应承担的行政或刑事责任，但对这些行为给公民、法人或其他组织合法权益造成的损害，均无国家赔偿的特别规定，实践中究竟怎样落实补偿成为一个模糊的领域。

3. 未来发展趋势

（1）完善应急管理法律体系，明确中央与地方权责，将具体职责分配细化，做出明确规定。对于突发事件应对中各部门的义务，可能产生的情形、费用负担和法律责任都进行明确界定。

（2）强制性行政手段和引导性措施并行，提高应急管理法律的可操作性。行政手段的运用能够及时把握突发事件发展的过程，也能够提高突发事件应对的效率，在我国已有的几次应急实践如2008年抗击南方冰雪灾害的过程中，其长处已得到体现。

（3）重视社团组织和志愿者的参与，将之纳入突发事件应对制度框架中。在突发事件处置过程中，政府仍然担负着主角，但社会力量的配角也可以同样出彩。而如何能够让其发挥应用作用，就依赖于法律的合理规范和引导。在政府承担了主要应急工作的同时，社会力量可以凭借其灵活、深入的特点，弥补政府工作的缺失。因此在未来的法律体系构建中，社会力量的纳入应是一大发展趋势。

参考文献

[1] Beckman S. 1990. Professionalization: borderline authority and autonomy in work. In: Burrage M., Torstendahl R. (eds). Professions in Theory and History: Rethinking the Study of the Professions. Sage Publications, Newbury Park, CA.

[2] Daines GE., 1991. Planning, training, andexereising. In: Drabek, TE., Hoetmer, G. J. (eds). Emergency Management: Principles and practice for Local Government. International City Management Assoeiation, Washington, DC: 161−200.

[3] MERTONR K., Social Research and the Practicing Professions [M]. Cambridge, Mass: Abt Books, 1982: 64, 105.

[4] Robert T. Stanford, Disaster Relief and Emergency Assistance Act, Public Law, 2000.

[5] 陈振明. 中国应急管理的兴起——理论与实践的进展[J]. 东南学术，2010（1）:41−47.

[6] 董华，张吉光. 城市公共安全——应急与管理[M]. 化学工业出版社，2006.

[7] 顾福姝，翟国方，阮梦乔，季辰烨. 新媒体背景下的南京市应急管理流程[J].

现代城市研究，2012，（05）:88-93.

[8] 国务院发展研究中心课题组. 我国应急管理行政体制存在的问题和完善思路[J]. 中国发展观察，2008（3）.

[9] 刘承水. 城市灾害应急管理[M]. 中国建筑工业出版社，2010.

[10] 刘尚亮，沈惠璋，李峰. 我国突发事件应急管理体系构建研究[J]. 科技管理研究，2010（19）:202-206.

[11] 刘士驻，任亿. 论城市应急管理[J]. 中国公共安全·学术版，2006（7）.

[12] 刘铁民. 突发公共事件应急预案编制与管理[J]. 中国应急管理，2007（1）:23—26.

[13] 唐承沛. 中小城市突发公共事件应急管理体系与方法[M]. 同济大学出版社，2007.

[14] 童星，张海波. 中国应急管理：理论、实践、政策[M]. 社会科学文献出版社，2012: 326.

[15] 王佃利，沈荣华. 城市应急管理体制的构建与发展[J]. CPA中国行政管理，2004（8）:68-72.

[16] 夏松林. 我国行政应急管理法律体系的建设及其完善研究[D]. 西北民族大学，2011.

[17] 谢迎军，朱朝阳，周刚. 应急预案体系研究[J]. 中国安全生产技术，2010（6）:214-218.

[18] 张海波. 中国应急预案体系：结构与功能[J]. 公共管理学报，2013（4）:1-13.

[19] 张新梅. 我国的应急管理体制的问题及其对策研究[J]. 中国安全科学学报，2006（2）

[20] 赵汗青. 中国现代城市公共安全管理研究[D]. 东北师范大学，2012.

[21] 钟开斌. "一案三制":中国应急管理 体系建设的基本框架[J]. 南京社会科学，2009（11）:77-83.

第十二章

城市公共安全事件善后规划

城市公共安全事件发生后首先进入灾害应急阶段，应急结束后进入灾后安置和灾后重建阶段，该阶段的重点是由灾时特殊措施的非常时期向日常过渡，直至恢复正常生产生活。因此，本阶段的重点除物质性灾后恢复建设外还要以人为本，充分考虑灾民的生理和心理需求，确保非常态向常态时期的顺利过渡，并以此为契机推动城市更好地发展。

本章以地震善后规划为例，介绍了城市灾后安置规划和灾后重建规划，最后简要介绍了国外的业务持续规划（BCP）。灾后安置规划目的是为灾民提供长期的生活空间，向正常城市生活过渡，主要从选址、建设、管理三方面论述。灾后重建规划是确保灾后重建有序进行的规划，主要从目标和重点、规划体系构建、关键内容和管理体系四方面阐述。第三节介绍业务持续规划，从概念、在国外的应用和对我国防灾规划的启示三方面阐述。

第一节 城市灾后安置规划

灾后安置是灾时应急向正常生活恢复的过渡阶段。重大灾害发生后部分居民住宅损毁或无法居住，需要政府或社会提供相对长期的居住场所。本节主要介绍灾后安置的相关知识和灾后安置区的选址、建设与管理要求，与目前的灾后安置相比，更加强调规划的超前性和前瞻性。

一、灾后安置概述

1. 灾后居住问题解决的三个阶段

灾后安置是否能够有效开展直接关系到人民的生命财产安全和减灾效果，其中灾后居住问题的解决是最主要的议题。根据汶川重大灾害的灾后安置实践经验，灾后居住问题的解决分为三个阶段：第一阶段是灾害发生后依靠帐篷和公共避难场所的紧急安置，目的是为受灾民众提供最基本的起居条件，属于特殊时期，居民的非生存必要的活动暂停；第二阶段是使人们逐步重新恢复日常活动的临时过渡性居住，人们的活动除基本生存需求活动外，社交、工作、上学、娱乐等一般性日常基本活动有序恢复，但居住环境水平较灾前大幅度降低；第三阶段是搬进新建的永久性住房居住，居民生活完全恢复正常。

2. 灾后安置的途径

根据联合国人道主义事务协调厅（UN/OCHA）的有关研究，灾后安置主要分为7种途径，分别为：原址搭建安置、寄住其他家庭、收容中心安置、规划建设设施齐备的安置营地、城镇地区自建安置、乡村地区自建安置、集体自建安置营地。根据汶川地震灾后安置的经验，目前我国灾后安置主要依靠以下五种途径：租房居住、投亲靠友、在未完全损毁的住房中居住、政府提供的临时板房中居住、自建的临时过渡住房中居住。

根据汶川等地震灾害灾后安置实际情况，在罕遇地震情况下，仅靠政府搭建的临时板房是远远不能满足需求的。因此，灾后安置不能仅仅依靠政府提供的住房，也要提倡多种安置方式结合，鼓励民间力量解决一部分灾后安置住房问题，在农村地区鼓励一定数量自建安置房。

3. 灾后安置的重点

灾后的安置规划重点需要从安置点选址、布局的安全性和社会秩序、个体心理的恢复需求两大方面综合考虑。确保安置点选址和布局的安全性是灾后安置有效进行的前提。在这一基础上，着重考虑居民的生产和生活要求需求，在提供硬件设施的同时还要注重人们的社会文化和心理恢复的需求，营造良好的安置社区氛围。此外，还要注意与灾后重建规划的衔接。下面从灾后安置区的选址、灾后安置区的规划建设以及灾后安置的管理三大方面介绍。

二、灾后安置区选址

1. 灾后安置区概念界定

根据《灾后过渡性安置区基本公共服务》（GB/T 28221-2011）中的定义，灾后过渡性安置区（post-disaster transitional resettlement area）是指在出现自然灾害、事故灾难等突发性事件时，因房屋毁损或其他原因需要对原居住人员进行搬迁、疏散，而重新集中安置的过渡性临时生活居住区。主要指规模达到1000人以上、存续时间3个月以上的安置区。

2. 选址原则

2008年为指导四川汶川地震重灾区过渡安置房建设等工作，住房和城乡建设部组织中国建筑设计研究院、中国建筑标准设计研究院编制了《地震灾区过渡安置房建设技术导则（试行）》，作为灾后安置区选址和建设的依据。《地震灾区过渡安置房建设技术导

图 12-1 灾后安置区照片
（资料来源，链接见书后）

则（试行）》指出安置区选址应考虑灾后重建规划要求，不占用近期建设用地，以避险防灾、便于疏散、适宜安置、快速建设为主要目标，并满足以下基本要求：

（1）应避开地震断裂带、滑坡、崩塌、泥石流、河洪、山洪等自然灾害及次生灾害影响的地段；并应避开水源保护区、水库泄洪区、濒险水库下游地段；

（2）应尽量避开风口，选择向阳、通风良好的开阔地带，优先选用现有的广场、操场、空地和公园等；

（3）应避开现状危房影响范围；

（4）应避免改变原有场地自然排水体系；

（5）应优先选择靠近原有居住区和经鉴定后可利用公共设施较多的地段；

（6）不应占压地下管线；

（7）不应影响文物和历史文化遗产的修复和保护。

目前我国大多灾后安置区都是灾害发生后才选择的。在编制城市总体规划时应当考虑灾后安置区，预留一部分空地作为灾害后的过渡安置区用地，这对城市空间的有效利用、灾后灾民的迅速安置具有重要的意义。过渡安置区的选址应当综合考虑城市平时发展和灾时救援，做到平灾结合：应在总体规划的规划区范围内进行灾后安置区的选址，尽量结合灾后避难场所设置，减少二次搬迁，并尽量考虑灾民原先的居住地和社区；从城市发展角度，灾害发生具有偶然性，预留为灾后安置区的空地不应影响城市正常的空间发展，城市建成区中可以结合停车场、大面积绿地等，城市外围可以选择暂时不用的空地。

3. 安置区规模预测

根据《地震灾区过渡安置房建设技术导则》，50间房为一个组团，每个组团不大于1200m²。根据汶川和玉树板房安置经验，每间板房可以容纳6人，约两个三口之家。计算公式为：

需要安置总面积=（避灾人数/6）/50×1200m²（即面积=避灾人数×4m²）

其中避难人数根据房屋损毁情况进行预测。

每个灾后安置区的规模应当按照城市实际情况确定，在规划中应与大规模的避难场所结合考虑，做到就近安置，尽量缩短二次搬迁的距离。

三、灾后安置区建设

灾后安置区的规划布局和建设，主要参考《地震灾区过渡安置房建设技术导则》中的相关规定，也可借鉴《应急避难场所场址及配套设施GB 21734-2008》中应急避难场所的场址和配套设施规定，但应注意灾后安置区和应急避难场所的区别，最大程度保障灾民的正常生活。

1. 规划布局

根据《地震灾区过渡安置房建设技术导则》的规定，结合汶川、玉树地区的实践经验，灾后安置区规划以组团为基本单元，一个组团的规模不宜少于50间住宅，一间住宅面积在15～22m²，可容纳6人左右。公共设施的服务人口参考城市居住区规划标准，20个组团为一个安置小区，配备小学、诊所、商店等设施。安置区规划应当遵循下列原则：

（1）安置住房宜采用行列式布置，拼接长度根据场地条件以4～10个开间为宜。

（2）安置组团间的道路宽度不小于9m，组团内主路宽度不应小于4m，应有照明设施，并与对外路网连通；屋前路宽度不小于2.5m。保留消防通道，且宽度应大于4m，每个组团作为一个防火单元，配备消防设施。

（3）每个安置组团配建的设施有：集中供水点、公用卫生间、淋浴设施和厕所、垃圾收集点等。

（4）一个安置小区，配备小学1所，建筑面积300～400m²；诊疗所1个，建筑面积40～50m²；粮食与商品零售点1个，建筑面积50～60m²。其他设施按照需要配备。

（5）公用卫生间、诊疗所、垃圾收集点与安置

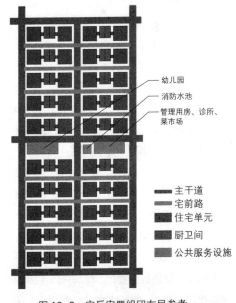

幼儿园
消防水池
管理用房、诊所、菜市场

■ 主干道
■ 宅前路
■ 住宅单元
■ 厨卫间
■ 公共服务设施

图12-2　灾后安置组团布局参考

住房应留有必要的卫生距离，宜设置在下风位。

2. 房屋设计要求

每套安置建筑面积控制在15～22 m²；开间3.3～3.7m，进深5.0～5.8m；室内最低点净高≥2.4m；自然采光面积≥3 m²，自然通风面积≥1 m²；门上宜设雨篷。结构设计使用年限为5年；建筑结构的安全等级为三级；抗震级别公共服务和配套设施为丙类，安置住房为丁类。此外还要满足保温隔热要求和防火要求。

安置建筑结构体系应按照安全可靠、经济合理、施工方便和可重复利用的原则，结合建筑功能、模数及围护结构的要求合理选用。宜采用彩钢夹芯板轻体装配式房屋、门式刚架轻型钢结构装配房屋或其他符合结构选型要求的轻钢结构房屋。宜采用刚性基础或扩展基础。安置住房材料选择上，承重构件应选择Q235碳素结构钢或B级钢。压型钢板根据板型选用具有PE涂层的结构用或一般用彩钢板，也可采用镀锌板。用于基础的混凝土强度等级应不小于C20。

3. 配套设施

安置区的公共服务设施配套应尽量满足灾民正常生活需求，提高服务水平。学校、医院、文体场所等公共服务设施尽量利用已有设施，不能满足要求的按照相关标准配置。

每个安置小区配建的设施有：

（1）小学1所，建筑面积300～400m²；

（2）诊疗所1个，建筑面积40～50m²；

（3）粮食与商品零售点1个，建筑面积50～60m²；

（4）每2000套安置住房配建中学1所，建筑面积1000～1200m²；

（5）其他公共服务设施用房可根据实际需要配置。

每个安置组团配建的设施有：

（1）集中供水点1个，供水点应设置遮雨棚，满足生活用水需要；

（2）公用卫生间1个，分设淋浴设施和厕所，考虑无障碍设施；粪便应实现无害化处理；

（3）垃圾收集点1个；

（4）幼儿园1所。

每套安置住房配置1个灶位，每5～10套安置住房配建一处公用厨房，建筑面积20～30m²，靠近供水点，燃气罐应有统一管理措施。雨水和生活废水采用排水沟合流排放。应保证供电入户，供电及通信线路采用架空敷设。

四、灾后安置区的管理

灾后安置区是非常态的社会组织形式。除了硬件方面提供必要的设施外，如何规范管理，更好地服务受灾群众，是影响灾区居民能否真正回到常态生活的关键，更是整个社会未来发展走向的指标。根据汶川地震灾后安置区管理实践，安置区管理上存在的主要问题有：安置区人口密度较大，相互干扰，影响正常生活；服务和管理无法满足要求；特殊群体无法接受所需的照顾；社会关系网络破碎和灾民的心理创伤无法恢复。未来灾后安置区的管理应当着重考虑这些问题，尤其应当把重建社会关系是安置社区建设的核心主题。

1. 临时住宅对策

灾害发生时仅依靠政府救援是不够的，需要最大程度发挥居民、社会团体乃至国际组织的作用，做到政府救助和居民自助等相结合。由于灾害的突发性，临时住宅的供给是非常有限的，为了确保最需要的人优先得到救助必须制定临时住宅入住对策，鼓励有条件的灾民选择其他过渡方式，并与民间机构合作通过多种途径解决过渡安置问题。图12-3是日本临时住宅对策图，对我国的临时住宅管理具有借鉴作用。

2. 灾后安置组织体系

灾后安置的管理政府需要发挥主导作用。但仅依靠政府单方面的力量是不够的，安置区社区化的管理需要居民积极参与，逐步建设横向的社会关系网络，建成居民普遍参与的自治性机制，形成居民组织的自我管理、自我服务、自我教育、自我约束的特性。此外也要充分发挥民间组织和志愿者的辅助作用。

3. 灾后安置管理的主要内容

灾后安置管理的主要内容包括对外和对内两大部分。对外的管理包括安置资金的募集和管理；援助物资的管理和发放；对外舆论报道等内容，是保障灾后安置顺利进行的基础，地方政府各管理部门需要发挥作用。对内的管理主要包括：当地居民的生产恢复；灾民再就业指导；安置区基础设施管理；震后心理疏导、安抚；弱势群体帮扶；社会关系的重新构建等。对内的管理强调政府、非政府组织、灾民的共同努力，充分发挥民间的力量，鼓励灾民之间的相互帮助。

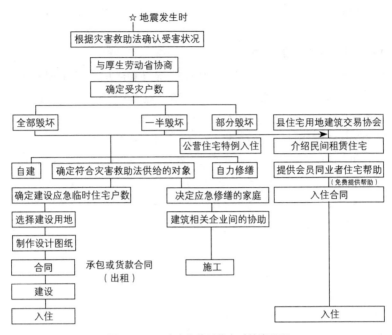

图 12-3 日本应急临时住宅对策流程图

第二节 城市灾后恢复重建规划

城市遭受重大灾害后，城市部分机能破坏，以此为契机科学合理地制定灾后恢复重建规划，重新审视城市发展方向，将有力促进城市未来发展。本节从恢复重建规划的重点、规划体系构建、规划的关键内容、重建管理体系四方面阐述。

一、恢复重建目标与重点

灾后重建是一种社会性活动，是政府组织灾民或灾民自发地，采取各种措施和手段，减轻灾害的损失和后果，以期恢复社会正常运行，并使受灾地区获得重新发展条件。因此灾后恢复重建的目标有：一、解决眼前的困难，恢复正常的生产生活；二、从长远出发，为受灾地区今后的经济社会发展提前谋略；三、从灾难中总结经验教训，并采取措施提高今后城市的抗灾能力。

根据灾后恢复重建的目标确定灾后恢复重建的重点：

1. 恢复灾区生产生活

灾害造成大量人员伤亡，房屋倒塌，基础设施遭到严重损坏，生产停滞甚至瘫痪。恢复灾区正常的生产生活秩序是灾后重建的首要任务和关键环节。在尽可能短的时间内改变灾难造成的后果，恢复灾民的正常生活生产秩序，就必须从其生活生产的实际出发，着力解决与其生活生产密切相关的基本问题，恢复其基本的生活设施。在此过程中，需要国家政策支持，需要社会各界力量参与到重建工作中，保证重建工作人力物力的供给，需要有相关专业部门制定科学的规划，同时也需要灾民们自身努力。一般来讲，灾后恢复到原有生产生活水平需要至少两到三年的时间。

2. 促进灾区经济社会发展

灾后重建不仅是简单的恢复，也是促进当地经济社会发展到一个新高度的重要途径和机遇。灾难的发生使受灾地区站在一个新的"起点"上，有了一个"推倒重来"的机会，为建立全新的科学发展模式，实现可持续发展提供了一个难得的契机。从这个意义上说，编制科学、合理的灾后重建规划意义重大。

3. 加强防灾减灾基础建设

"重建"应不局限于恢复旧态意义上的重新建造，更要在转型、升级层面上力求有所创新。灾害所造成的巨大的人员伤亡，除了灾害本身的巨大破坏力和杀伤力以外，防灾措施的缺失，基础设施的薄弱，群众自互救能力的低下，应急管理的滞后是主要原因。因此，灾后重建，不能只局限在恢复灾民的生产生活生产秩序或者建设一座新的城镇和村庄。更重要的是，通过重建规划，找到发展中存在的问题，针对这些问题，在重建规划和实施的过程中认真考虑，并在此基础上进行重建，从而提高整个社会的防灾能力。

二、灾后恢复重建规划体系

灾后恢复重建规划体系由不同层面的规划构成，应当科学处理好规划编制部门和各个规划的关系，避免规划互相矛盾，造成难以实施的结局。

灾后重建可以分为技术和战略两个不同层面。技术层面的主要目的是保证受灾民众的住所和正常生活，以及恢复灾区正常的服务和供应，保证灾区的经济和人民生活恢复到不低于灾前的正常水平，这是灾区以后发展的基础；战略层面关键是发展性重建，是以受灾群众安居乐业、社会生产、建设、服务功能得以重塑、城乡统筹发展、建设新农村、扩大国内需求、提高广大群众的福利水平为中心内容。

灾后重建规划体系，以汶川地震中北川的恢复重建规划为例进行阐述。2008年汶川地震后国务院正式发布了《汶川地震灾后恢复重建总体规划》，同时受灾省市县也着手展开调研，结合国家层面的重建规划，根据本地区的实际情况，出台了相应的重建规划，其中北川新县城是唯一一个异地新建的县城，具有典型性和示范性。为应对北川新县城灾后重建的特殊要求，中规院将先进理念与实施措施结合、规划方案与项目建设结合、专项规划与工程建设结合、规划控制与建设管理结合、政府决策与民众意愿结合、规划布局与城市设计结合，编制完成了适应新县城灾后重建的规划体系（图12-4）。

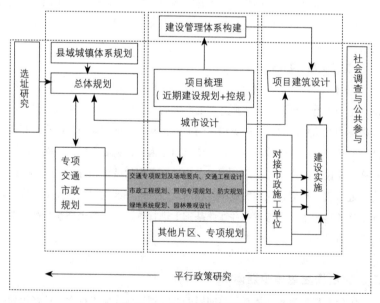

图12-4　北川新县城规划体系

284

三、灾后恢复重建规划的关键内容

1. 重建选址

一般灾后重建在原址上进行，但对于原址发生灾害风险较大，不适合重建的需要重新选址。重新选址需要避开灾害易发区域，结合安全性和未来发展条件综合考虑，采用多方案比对的方式，对地质、区位、用地、基础设施、社会服务、行政区划调整等因素做综合的优劣评价。

2. 安全城市格局

我国大多数城市在进行建设时，通常较少从防灾角度考虑城市布局，尤其是具有一定年代的老城区。随着经济社会的发展，城市居民的防灾意识愈来愈强，具有一定年代的老城区就成为城市防灾的薄弱环节。以灾后重建为契机，不仅要关注新建地区的安全问题，还应当着眼于纠正原先城市空间的问题，形成安全的城市格局。

安全城市格局建立在建设用地的科学合理选址上，建设用地的选择尤其是重要用地更应当避开灾害高发地段。其次，安全的城市格局要从城市

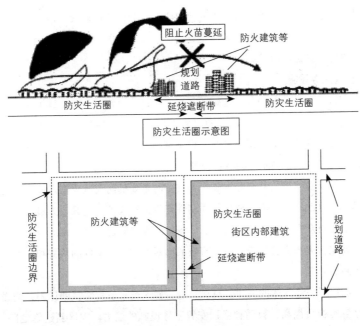

图 12-5　日本防灾生活圈示意图

285

道路和地块两方面入手，参考日本经验，形成"防灾生活圈"，阻碍火灾蔓延的同时也有助于防灾管理。通过城市公共安全防灾空间的布局规划，充分配置城市公安安全资源，使之效益最大限度发挥。

3. 生命线系统发展

生命线系统泛指那些对社会极重要的一系列基础设施，它一般包括4种系统：能源系统、水系统、运输系统和通信系统等几个物质、能量和信息传输系统，都需要从安全和发展两大方面综合考虑生命线系统的发展规划。

综合交通方面，全面提升市域交通网络的综合抗灾能力，增加抗灾生命通道，恢复和完善交通运输网络，提高路网连通度和通行能力、提升等级，充分利用对外交通通道资源，促进地区社会经济发展和对外交往。

提高市政基础设施的服务水平。首先对供水、排水、供电、通信、环卫、燃气等受灾情况或安全隐患进行详细记录、分析，找出现状生命线系统的薄弱环节，再针对问题有重点地加固或重建。

4. 产业优化

灾后恢复重建需要站在发展的高度，对原有产业进行优化升级，尤其是经济欠发达地区，需要充分利用灾后重建的机会，实现地方乃至整个区域的跨越式发展。产业优化首先要科学制定分区产业政策，落实适宜重建、适度重建、生态重建、限制重建的分区要求，因地制宜地制定适合当地条件的分区产业政策。

5. 公共服务设施

灾害中大量公共服务设施毁坏，需要维修或重建，在此基础上应当进一步完善该地的公共服务设施的服务水平，完善公共服务设施体系，构建多元化、现代化的城镇公共服务设施网络。其次，还要努力缩小城乡差距，实现城乡共享高水平的社会服务设施。

学校、医院等公共服务设施作为灾害时重要的防灾减灾据点应当优先安排，并且此类建筑需严格执行强制性建设标准规范，使其成为最安全牢固、最使群众安心的建筑。公园、广场等开敞空间也应当按照服务半径配置，并完善灾害应急设施。建立有效的应对各类突发事件的预警和应急响应机制。

加强对弱势群体的关注。对孤、老、残人员采取特殊救助计划，增强各级各类社会福利、救助和优抚安置服务设施的能力。灾区新建敬老院、福利院和残疾人综合服务等设施，增加对特殊人群的福利、康复设施的建设投入和救助计划的资金准备。

6. 文化传承

灾后重建必然伴随环境更替，对于当地居民也是一次文化冲击，尤其是民族地区原先的生活方式可能被打破，不得已接受新生活方式。因此对于历史文化名城、街区和建筑灾后受损急需抢救和保护的同时，还应大力弘扬地域民族文化，尤其是要在灾后重建中要重视非物质文化遗产的保护与传承，尽可能地恢复当地生活方式，扶持和传承非物质文化遗产。

7. 灾后重建的重点项目

灾后重建由于时间紧迫，不可能全面开展，因此灾后近期建设的重点项目确定成为重要一步，并且通过重点项目的开发建设，可以带动整体的恢复重建进行。如美国《新奥尔良灾后重建规划》将17个重点项目分成3类：第一，重建区，需要大量资金优先重建；第二，改造区，虽然不需要重建，但以此为契机需要改造；第三，修复区，主要以民间资金投资建设，政府资金仅作为补充。

四、灾后重建管理体系

1. 灾后重建法律体系

灾后重建需要法律支撑。目前我国的防灾救灾法律与发达国家相比并不太多，已有的法律内容还只局限于原则性的解释，其作用亟待进一步的发挥。而且，灾后重建的法律法规体系尚不完善。法规政策方面，汶川地震后出台了《汶川地震灾后重建恢复重建条例》，但没有普适性的法规政策作为一般依据。因此未来需要建立健全灾后重建的法律体系，保障灾后重建有效进行。

2. 灾后重建管理机构及责任

目前我国灾后重建的管理体制也还不完善。在大型灾害发生或灾害并发的复杂情况发生时，部门间协调时间长，会造成工作的延迟。应当建立科学、高效的灾后重建管理体制，明确各部门的职责，并重视重建规划的公共参与。

（1）规划委员会：由地方政府首脑、政府各相关部门、规划编制专家共同组成规划委员会，负责灾后恢复重建和发展规划的编制和实施。规划委员会的职能强化，能使灾后重建规划实现多规融合。

（2）规划实施管理单位：由地方政府组织成立，主要负责工程项目建设管理和灾后重建规划的落实。

（3）规划联络会议（专家咨询会议）：灾后重建规划编制完成后，采用定期规划联络会议（专家咨询会议）的形式，取代原先规划委员会的部分职能，并承担解决规划实施过程中产生的问题，反馈规划实施评估的结果的功能。

（4）规划的公众参与：灾后重建规划更应该实现公众参与，并且贯穿始终，逐渐深入。公众参与不仅包括公民个人的建议建言，鼓励协调社会力量和民间组织有序参与灾后重建。

3. 灾后重建支撑机制

在灾情评估时，要建立科学的评估机制和有效的统计手段；完善指导和规范灾后重建规划的法律法规体系和内容；完备防灾减灾技术、标准、规范；创新防灾规划设计手段；在项目建设阶段，建立有效完备的项目跟进管理机制；在规划实施推进的过程中，进行定期的实施效果评价，建立灾后重建规划实施效果评价指标体系。规划实施效果评价指标体系，不仅可以用来衡量重建规划的进展程度，还可以发现灾后重建规划中考虑不周的地方、灾后重建中产生的新问题，进而对灾后重建规划进行修改完善。

4. 灾后重建的公共参与

科学、高效的灾后重建离不开社会各群体的参与，鼓励受灾群众、非政府组织、志愿者等加入灾后重建的规划和管理中，扩大灾后重建的群众基础。

第三节　业务持续规划（BCP）

业务持续规划（business continuity planing: BCP）作为灾前的准备，强调对风险的预判和提高灾害预见性，是城市防灾减灾的新视角。未来城市公共安全构建除了物质建设外，全社会防灾理念的建立也不用忽视，而BCP的理念对于从多方位、多主体出发构建安全城市具有一定借鉴意义。本节从BCP概念、BCP的应用及效果等三个方面对BCP作介绍。

一、BCP概述

1. BCP概念

　　BCP是在灾害防御管理中，防止由于某项业务环节断裂导致全局瘫痪的规划。具体是政府或企业在突发灾难下用有限的财力物力优先保障最重要的业务，保证整体系统最基本的机能不瘫痪；当重要业务中断时，能集中力量在最短时间内恢复其基本运行。其主要作用是将灾害损失控制在容许的限度内，缩短恢复正常运营的时间。为实现灾时有条不紊的行动，BCP强调平时的准备，主要表现在：（1）重要业务的选择；（2）维持重要业务必须资源（人力、设备、信息、资金）的保证和分配；（3）以及应急行动的简化和指挥命令的明确化等三个方面。

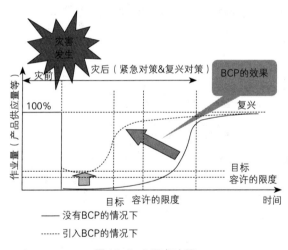

图 12-6　BCP 概念图

　　BCP可以是政府市政层面维护城市运营的规划，也可以是企业管理层面应对风险的规划，两者侧重点略有不同。城市层面的BCP包含的内容更加广泛，关系更加复杂，而企业层面的BCP主要目的是保证自身的业务不中断，尤其是与客户之间的联系，目标和措施比较具体和单一。

　　BCP根据目标不同也有广义和狭义之分。

图 12-7　BCP 的目标

狭义BCP的目的是在突发灾难时保证自身的存续。针对这一目标，首先是保证生命安全，包括自身职员、派遣职员和顾客的生命安全。其次是防止次生灾害的发生，尤其是制造、化工等行业，需要防止次生火灾、污染物品泄露等。最后在确保了生命安全和防止次生灾害的基础上保证业务的持续。但是企业或组织是否能实现业务持续也受到外部因素的影响，如交通、生命线工程、地域应急救助活动等。企业或组织与当地居民和周边地区的其他组织协调是不可或缺的。因此，广义的BCP除维持自身的存续外，还包括参与区域的协调，发挥企业或组织的社会作用等。

2. BCP的主要内容

BCP的内容主要有：

（1）确定基本方针和原则；

（2）进行受害预测，评估可能遭遇的损害情况；

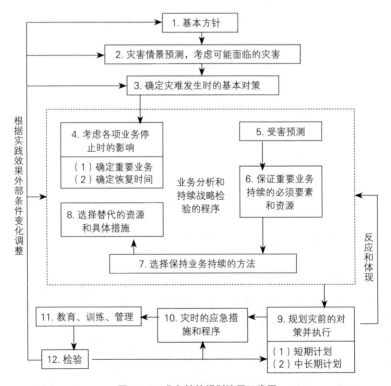

图 12-8　业务持续规划流程示意图

（3）从众多业务中筛选出本市或本单位在非常时期需要优先保障的重要业务及其恢复的目标时间；

（4）拟定保障这些业务所需采取的措施；

（5）制定提高整体业务持续能力采取的中、长期措施。此外，城市政府为了提高各行业、各组织的业务持续能力，形成全社会的防灾体系，在制定了全市的业务持续规划后对企业、组织和个体进行制定BCP的指导。

由于BCP制定是建立在假设受灾的条件下的，所以需要根据实践情况不断调整和改进，因此规划的制定是一个循环往复的过程，采用PDCA循环（规划plan、实践do、评价check、改善act）的管理手法。将BCP融入城市和企业的日常管理和文化中，即业务持续管理（Business Continuity Management: BCM）。

3. BCP的特点

（1）规划以预测灾害情景为前提

BCP综合考虑可能遭遇到最大损失的情景，以此为前提对各项活动可能遭受的风险进行评估，再确定采取的行动。但对所有风险面面俱到地进行模拟并不现实，因此各国针对自身的情况有所侧重，如日本的BCP侧重地震灾害，而美国则更侧重恐怖袭击等社会危机。

（2）强调恢复重点和恢复时序

由于灾时资源调配有很大困难，因此BCP以认识灾害发生时能够利用资源的有限性为前提，筛选出对最主要的业务优先处理，不需要面面俱到。根据灾害情景预测，选择出重要的业务和恢复生产所必需的资源，再根据重要性分别确定各个业务事项的恢复目标时间，并以此为目标制定复兴计划和平时的准备。

《东京都市政BCP（地震篇）》中将市政府的通常业务、应急业务和复兴业务按照对"保护人民生命、生活和财产"和"维持城市机能"的影响分类：有重大影响的业务、有较大影响的业务、有一定影响的业务和基本无影响的业务四大类。有重大影响的业务要求立即采取应急行动，并在三日之内恢复；有较大影响的业务必须在三天之内行动，一周之内恢复；有一定影响的业务必须在一周之内行动，三十天之内恢复；基本无影响的业务可以在一周后采取行动。保证应急救援到灾后恢复都能有序进行。

（3）循序渐进的过程性

BCP强调循序渐进地动态发展。首先体现在制定规划的过程中业务分析和检验持续战略程序是一个需要反复的过程。其次，时代在发展，外部环境不断变化，不同发展阶段面临的主要风险也有所差别，BCP也应当与时俱进，在实践中不断检验完善。

（4）强调合作和社会责任

由于灾时业务持续的实现不仅需要依靠自身采取措施，还受到其他外部因素的影响，整个城市业务持续的实现离不开社会团体、部门和企业等单位的业务持续。广义的BCP强调社会间的合作，编制"协作型BCP"，构筑灾害信息共享平台，建立部门、企业间的合作组织作为合作的基础。此外，灾难时企业和社会团体应当主动承担社会责任，积极参与救援和协调。

二、BCP与城市防灾规划的关系

在日本，城市政府层面的BCP虽然是城市综合防灾规划的细部规划和补充，但它和防灾规划存在一定差别。首先前提不同，防灾规划是以"能够做到什么"为前提，而BCP以"非常时期不能做到什么"为前提，确定灾害时行动受到的限制，在此基础上进行规划。其次内容侧重点不同，防灾规划是包括从灾前预防、灾时应急到灾后重建的规划，内容更加广泛，而BCP是从平时业务、应急业务和复兴业务中抽取出对于维持城市机能最关键的业务，将有限的资源有效地投入这些重要业务的维系和恢复。

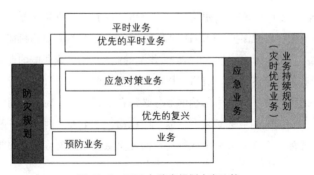

图12-9 BCP与防灾规划内容比较

表 12-1　防灾规划和 BCP 比较

		城市防灾规划	业务持续规划
地位		应对灾害的综合、基本规划	防灾规划的细部规划以及实现业务恢复的实践规划
实施主体		市政府、地方机关、军队、公共团体等多方参与	市政府
实施期限		防灾、应急、灾后重建的全过程	除灾前准备和训练外，发生灾害的一个月时间内
主要观点	灾害预测	预测全市范围内人和物的遇害情况，但不会具体到具体一项事业	以各行政部门最大可能性受害为前提
	灾时对策	考虑灾时可能出现的所有情况，规划时考虑所有应对对策	重点考虑保证重要业务的对策
	目标	恢复时间随实际情况改变	规划确定业务目标恢复时间
规定业务		预防业务	
		应急业务	应急对策业务（细部规划）
		复兴业务	早期需要实施的复兴业务（细部规划）
			优先度高的平时业务

三、BCP的运用及效果

BCP早在20世纪70年代就受到欧美许多国家的重视，但是在全世界受到普遍认可是自2001年美国"9·11"恐怖袭击事件以后。由于纽约世贸大楼曾经在1993年遭受过恐怖袭击，大多数企业对于突发事件有充分准备，所以，"9·11"事件后，制定了BCP的企业依据各自的BCP，响应迅速，很快恢复了营业，引发了全世界对灾前规划的关注。

目前我国BCP仅在IT、金融等少部分行业有所涉及，但 BCP还未在城市防灾减灾中发挥应有的作用。今后在继续在企业推广BCP的同时，还应该将BCP的理念和做法向城市公共安全方面推广，与城市公共安全规划相辅相成。

1. BCP在美国的应用

美国的BCP按照实施主体分为三个层次：国土安全部、州政府和重要民间组织，它们相互配合，共同推进美国的BCP和DR的发展。美国BCP有以下特点：

（1）颁布行政命令，从法律上保障规划实施

联邦政府的层面针对灾害应急的总统行政命令主要有3个，其中历史最久远的是1988年冷战时期颁布的E. O. 12656（E. O: Executive Order），主要明确联邦政府各部门灾前准备的职责，并成立国家安全保障委员会（NSC: National Security Council），负责灾前准备政策的协商，由联邦应急管理局（FEMA: Federal Emergency Management Agency）负责各机关部门、州、地方政府的协调，这个法令直今依然有效。之后为应对恐怖主义的威胁，美国于1998年和2003年相继颁布了总统决策指令PDD67（PDD: Presidential Decision Directive）和E. O. 13286。主旨是通过宪法维护政府的业务持续，确立包括白宫在内的所有行政机关的持续规划（COOP: Continuity of Operations plan），保障在非常时期的权力委任，重要资源、设施和数据的保管，灾后复兴的重要资源供应，代替工厂的运行等业务持续事项。此外2004年根据COOP，联邦政府制定了更加细化的政府准备令FPC65（FPC: Federal Preparedness Circular），进一步明确要求各政府机关制定COOP。

（2）建立监督管理机制

在实践中不断调整是美国BCP的主要特点之一，GAO（Government Accountability Office）通过对各机关的BCP制定和实施情况调查，2005年发表调查报告，并提出整改建议，包括：明确各机关部门的必要机能，有重点地制定规划；明确国土安全保障长官的职责等。

2006年经历了卡特里娜飓风，美国原先侧重于人为事故的BCP暴露出一些问题，随后GAO对飓风的事前准备、灾时应对、灾后复兴进行调查研究，在此基础上召开了议会听证会，提出发挥州和地方的作用、加强联邦政府的指挥能力和利用IT技术的必要性等建议，继续对BCP进行调整。

（3）发挥地方和民间的积极性

除联邦政府外，美国各个州政府也根据自身的情况制定应对突发事件的规划，支援地方应急防灾，如华盛顿DC的哥伦比亚地区应急管理机构（DCEMA: District of Columbia Emergency Management Agency）制定了《业务和产业应急管理规划》，此外州政府辖区内的民间机构也配合州政府，积极制定规划。

美国重要行业为了保护自身利益也积极制定BCP。如证券业，2002年成立的证券业委员会（SEC :Securities Exchange Commission）就提出所有证券公司制定BCP的要求。

2. BCP在日本的应用

日本是自然灾害多发的国家，BCP作为和灾害共生的手段之一，受到日本政府和企业的重视，市、地方政府、民间非政府组织都积极推进BCP的普及，并制定了一系列政策和规划编制指导。

（1）发展情况

自1991年开始，日本就开始重视自然灾害对于企业和社会运营的影响，在之后的二十多年中稳步推进BCP发展和普及。2005年为确保首都中枢机能的持续性，中央防灾会议通过的《首都直下地震对策大纲》中就确立了中央省厅BCP的战略地位。2007年内阁府颁布《中央省厅业务持续规划指南》，包含了各省厅BCP的内容和指导。2010年内阁府发表了《地震灾害地方公共团体的业务持续规划手续解说》，展示了都道府县和区市町村BCP的编制要领。自上而下的行政体系支撑了BCP的基本框架。

在日本，企业的BCP也受到足够的重视。早在1991年灾害白皮书中就提出，企业应防止自然灾害的影响，保障员工和顾客的安全，承担相应的社会责任等要求。2003年内阁府发表了《企业防灾的课题和方向性》，确立了企业防灾和业务持续为主要课题的调查审议制度[16]。2005年中央防灾会议发表了《业务持续规划指南（第一版）》，详细介绍了业务持续规划和制定的方法、内容构成。2006年中小企业厅发布了《中小企业BCP运用制定指南》，并对中小企业编制业务持续规划进行指导，促进了业务持续规划在中小企业中的普及。2006年至2008年间各行业联合会也纷纷发表本行业的业务持续规划指南，丰富了业务持续规划的内容，增强了各行业的针对性。

（2）实践效果

2011年日本关东大地震是日本历史上遭遇的最大灾难之一，除了造成大量的伤亡外，还遭遇了福岛核泄漏事故。但巨大灾难并未造成日本社会的瘫痪，这和日本长期以来的防灾建设、灾害管理和应急体系的建设是分不开的。关东大地震实际的灾后恢复比预想的还要迅速，根据日本政府机构同年7月对制造业的调查，4个月的时间基础设施等硬件已100%恢复，受灾公司90%恢复正常生产。由于生产供应链中断，间接受害的公司中15%

完全从地震中恢复，其余基本恢复了80%的水平。这种在巨灾中迅速恢复的能力是BCP效果的表现。

（3）未来的发展方向

虽然在关东大地震中BCP发挥了重要作用，但经过实践检验也暴露出一些问题。如：由于交通中断，大量归家困难者的安置；受其他关联企业的影响或由于市政生命线中断等外部因素影响本公司的业务持续；灾难破坏程度过大，导致只有一处据点的中小企业建筑设备受损过大而无法恢复；对于地震—海啸—核泄漏这样的连续的复合型灾难的应对策略显不足等。

日本针对大地震后BCP暴露的问题进行了大量研究，并提出了诸多未来的研究课题，如：对外部因素导致的影响进行评估并制定措施、加强行业外部的合作、分散支柱型企业的区域分布、重视多风险预测等。

参考文献

[1] GAO. Report to the Chairman, Committee on Government Reform, House of Representatives: Continuity Of Operations. [EB/OL]. 2005.4. [2013-7-1] http://www. gao. gov/new. items/d05577. pdf

[2] Mary. 日本311大地震中日本企业应对的具体案例和BCP的完善. [EB/OL]. 2011.8. 30. [2013.6. 20]. http://www. jifang360. com/news/2011830/ n230227963. html

[3] 浅野憲周. 業務継続計画（BCP）再考—大震災から企業は何を学ぶべきか. [EB/OL]. 2012.12. [2013.7. 3]. http://www. nri. co. jp/opinion/ chitekishisan/2012/pdf/cs20120203. pdf

[4] 木根原良樹.「都市自治体と業務継続計画（BCP）」災害・事故に直面したときに市長が取るべき行動[EB/OL]. [2013-6-12]. http://www. toshikaikan. or. jp/shisei/pdf/201210/2012_10_special. pdf

[5] 企業等の事業継続・防災評価検討委員会. 事業継続ガイドライン—わが国企業の減災と災害対応の向上のために. [EB/OL]. 2007.3. [2013-6-25]. http://www. bousai. go. jp/kaigirep/chuobou/20/pdf/shiryo51. pdf

[6] 港区防災危機管理室. 遠井基樹. BCP（事業継続計画）セミナー実施内容 [EB/OL]. [2013-6-1]. http://www. tokyo-23city. or. jp/event/symposium/ document/220907gaiyo. pdf

[7] 佐藤将史. 首都直下地震に対応した業務継続計画の課題. [EB/OL]. 2008.4.

[2013-6-5]. http://www. nri. co. jp/opinion/chitekishisan/2008/pdf/cs20080405. pdf

[8] 財団法人日本情報処理開発協会. 事業継続管理（BCM）に関するガイド. [EB/OL]. 2006.3. [2013-6-25]. http://www. isms. jipdec. jp/doc/BCM1803. pdf

[9] 静岡県経済産業部. 静岡県事業継続計画モデルプラン（第2版）. [EB/OL]. [2013-6-5]. http://www. pref. shizuoka. jp/sangyou/sa-510/bcp/modelplan. html

[10] 中小企業庁. 中小企業の事業継続計画（災害対応事例からみるポイント）. [EB/OL]. 2011.5. [2013-7-1]. http://www. chusho. meti. go. jp/keiei/antei/download/110531Bcp-Reserch. pdf

[11] 東京都. 都政のBCP（東京都業務継続計画）地震編. [EB/OL]. 2010.11. [2013-6-29]. http://www. bousai. metro. tokyo. jp/japanese/tmg/pdf/201121bcpgaiyou. pdf

[12] 遠井基樹. BCP（事業継続計画）セミナー実施内容. [EB/OL]. 2010.9. 7. [2013-6-5]. http://www. tokyo-23city. or. jp/event/symposium/document/220907gaiyo. pdf

[13] 内閣府（防災担当）. 地震発災時における地方公共団体の業務継続の手引きとその解説[EB/OL]. 2010.4. [2013-6-5]. http://www. bousai. go. jp/taisaku/chuogyoumukeizoku/chiou/pdf/h22kaisetu. pdf

[14] 永井幸寿. 災害の経験からみた「事業継続計画」（BCP）. [EB/OL]. 2011.4. [2013-6-5]. www. shojihomu. co. jp/0708qa/nblpdf/877. pdf

[15] 丸谷浩明. 事業継続計画（BCP）と普及方策について. [EB/OL]. [2013-7-7]. http://www1. gifu-u. ac. jp/~ceip/iDRiM/forum01/idrim06_forum01_maruya_paper. pdf

[16] 目黒区. 目黒区業務継続計画（地震編）. [EB/OL]. 2008.3. 25. [2013-6-5]. www. city. meguro. tokyo. jp/gyosei/.. . /keikakuzenbun. pdf

[17] 横浜市. 横浜市業務継続計画（地震編）. [EB/OL]. 2011.4. [2013-6-25]. http://www. city. yokohama. lg. jp/somu/org/kikikanri/bcp/jishinbcp. pdf

[18] 渡辺弘美. 米国におけるBCP（事業継続計画）DR（災害復旧）への対応状況. [EB/OL]. 2006.5. [2013-6-20]. http://www. ipa. go. jp/files/000006021. pdf

[19] NPO法人事業継続推進機構. 第1部BCPの基礎になる防災対策の実施. [EB/OL]. [2013-6-5]. http://www. pref. ehime. jp/h30100/bcpstepupguide/documents/bcpehime-1bu. pdf

[20] 《地震灾区过渡安置房建设技术导则》（试行）.

[21] 范悦，周博. 中日震后应急临时住宅建设与使用状况启示[J]. 大连理工大学学报, 2009, 49（5）: 687-693.

[22] 顾福妹. 日灾后重建规划比较研究以汶川、阪神为例[D]. 南京: 南京大学, 2012.

[23] 倪锋，张悦，薛亮等．汶川地震灾后农村自建临时过渡住房案例调研[J]．建筑学报．2010，9:125-130.

[24] 四川省人民政府2010年政府工作报告[N]．四川日报，2010-2-4.

[25] 吴婧，翟国方，李莎莎等．业务持续规划及其在我国防灾事业的应用展望．[J]．灾害学．2015，01.

[26]《应急避难场所场址及配套设施GB 21734-2008》

[27]《灾后过渡性安置区基本公共服务》（GB/T 28221-2011）．

第十三章

城市公共安全规划信息技术与政策

　　城市公共安全规划管理，离不开信息技术与政策。在城市公共安全规划中，利用信息技术可以更加简易地获取所需的各种信息，通过数学模型模拟分析可以提高规划的精确性，运用信息可视化操作可以使规划管理更高效；在保证社会安全的工作中，制定相应的政策法规制度，由政府及其他公共机构组织实施，可以提高社会应对风险的能力，减少公共安全事件对人民群众生命财产造成的损失。

　　本章围绕现有城市公共安全信息技术及政策法规，重点介绍城市公共安全信息监测技术、公共安全数据管理评价系统和应急指挥系统；然后分享城市灾害保险制度、风险沟通制度、防灾投入制度以及城市公共安全合作机制等方面的最新进展。

第一节 城市公共安全信息技术

城市公共安全信息技术是一种实现的公共安全事件数字化或信息化的技术。该技术综合利用RS、GIS、网络技术、虚拟现实技术等现代高新技术，监测、储存、模拟安全事件与传播的全过程，通过该技术可以实现事件的数字化、网络化与可视化，为灾害的监测预警，研究人居环境的破坏机理以及城市的规划发展和防灾减灾行为提供科学依据。

一、城市公共安全信息的监测技术

城市公共安全信息，主要包括：人口、建筑及其他因素构成的社会环境信息与自然环境的基础信息；与灾害前兆宏观异常有关的信息；与灾情有关的信息；与灾害信息传播有关的信息（如地震谣言）；与特殊情况下的群众反映有关的信息；与减灾对策效果有关的其他信息等。

进行城市公共安全信息收集与传递往往是多种方式共同进行的，具体主要有：人工收集、"3S技术"搜集、自动收集等方法。

人工收集方式适用于一切类型的信息收集与传输，尤其是在不具备其他更先进的信息手段的条件下。人工收集信息的优点是：方便、较可靠、适用范围广、受环境因素的干扰较少；经济、技术要求较低；监测面几乎可遍及一切减灾意向区等。当然它也有较大的缺点，如：速度慢（尤其是信息传递太慢）、信息判断受主观因素影响，对某些信息得不出定量的数据（例如人可以宏观地判断斜坡上的土体是否在某阶段内向下滑动了，却可能判断不出当时是否仍在下滑及下滑的速率），某些时间（如夜晚、雨雪天）某些类型的信息不易收集，大灾后灾区的信息不易及时收集与传输（因那时可能有许多人员伤亡，救灾任务重且繁杂，交通与通信条件差），人迹罕至处的信息不易收集等。

"3S技术"是指遥感（RS）、地理信息系统（GIS）和全球定位系统技术（GPS）三种技术的统称。遥感技术（RS）是一项发展较早的现代远距离探测手段，随着其时间、空间分辨率的提高，光谱通道数的增加，星载多极化多波段微波遥感的发展，遥感技术的应用在一个更新、更高的程度上，以更多样化的观测手段扩大了人类观测地球的能力；而能够实现数据库地理和区域数据分析可视化的地理信息系统软件（GIS）可按区域来组织、分析有关信息，信息处理后可以生成一个由多信息图层叠加而成的地图，并可以据此明确区域信息、带地理属性的数据信息及有关统计信息间的联系与发展趋势；通过全球定位系统（GPS）可以精确的定位，并将道路数据与地理位置数据建立联系，以制定符合某种要求的路线。"3S技术"搜集信息的特点是：快捷，覆盖面广，易于了解全面的情况与大的动向；不受地表可通行性的影响；在地面交通条件与通信条件受到严重破坏时，也能迅速了解有关的灾情与救灾信息，特别适用于城市基础地理信息和灾情信息的收集；有时也可用于前兆和群众反应的监测，但对人群仅能用于对大规模的失控行为的监测，如灾后或严重谣言流行期恐慌的群众盲目地朝一些方向逃难、避灾，或采取一些过激的防灾行为等。目前"3S技术"在公共安全事件信息收集领域得到了广泛的应用，如在地震发生时，可通过RS技术及时提供受灾场地位置，当地气象等数据；若有地面GPS数据配合，可提供被困人员信息，发生险情地点。在GIS数据库的支持下，基于灾情评估指标体系与地物光谱特性的研究与地学专家知识的辅助，可以以人机交互方式快速提取灾情信息，提交受灾人口、财产和经济损失评价数据和初评报告。目前我国已在多座城市建立了基于3S技术的城市防灾减灾评估与应急对策系统，为估计灾情和辅助处理应急事件起到了重要作用。

城市公共安全事件中的许多前兆信息都可以通过自动记录仪器实现自动监测和传递。例如某些重大基础设施的自动报警装置，仪器监测到受破坏信息后（通过烟等）往往会自动传递信息，再通过人报警（经电话等通信设备向消防队报警）。其优点在于：接收信息直接而生动具体，用某些设施装置甚至能收集到定量的或微观的数据；缺点主要有：对信息收集、传输与处理设备的建设要求都较高；当灾害破坏了监测网时，此类自动监测的手段便不能再发挥它的效用。

城市公共安全事件信息的收集手段今后将会更加多样化，更加综合化，同时在

图 13-1　公共安全信息收集的主要方式

对公共安全信息监测技术的研究中，一方面要积极发展新技术，不断完善有关的工程设施；另一方面要注重发挥好人的主观能动性，在任何阶段人都是最不可少的作用因素。

二、城市公共安全管理信息系统

　　城市现代化的快速发展，对城市的防灾信息化建设研究提出了越来越高的要求。保证城市公共安全，既涉及到城市各灾种的成灾模型、设防区划，又与灾种间的相互影响、伴随发生的机理和综合设防区划密切相关；既涉及到工程建设、生命线工程防御单种灾害的能力与薄弱环节的分析，又要考虑多种灾害的影响和综合防灾能力、易损性的模型以及损失评价等。而且，城市抗灾能力评价、防灾薄弱环节和防灾资源的合理配置随城市的发展呈现动态变化，要求不断完善、补充、更新信息，随时提供符合现状的更合理的决策。为此，建立城市公共安全管理信息系统，并通过该系统进行危害城市安全的事件评估显得十分必要。

　　城市公共安全管理信息系统，主要包含了城市公共安全管理信息数据库以及潜在公共安全事件评价系统。

　　城市公共安全管理信息数据库系统，储存并管理了城市中的各种公共安全信息。其应当具有如下主要功能：1. 信息存储功能：主要由灾害源信息库系统与城市工程建设信息库系统组成。灾害源信息库系统提供城市主要灾种（如地震、洪涝、火灾、交通与工业安全事故、风暴潮、滑坡、泥石流、岩溶塌陷、传染病等）的信息资料；城市工程建设信息库系统主要包括工程地质与水文地质信息系统、房产信息系统、供水信息系统、煤气信息系统、供电信息系统、道路桥梁信息系统、医疗信息系统、粮食供应信息系统、供热信息系统、大坝和河道与排水信息系统、储油（气）罐信息系统、消防信息系统等。2. 动态管理功能：随着城市建设的发展，城市建设工程的管理信息和灾害分布等将发生变化，因此数据库应在开发中预留空间，保证系统不断更新，以适应城市的发展变化。

　　潜在公共安全事件评价系统，是借助公共安全的数据对城市公共安全事件进行评价的系统。其通过分析公共安全管理信息数据库的数据，预判各种灾害的危险性以及发生次生灾害的可能性；分析城市抗御各种灾害的能力与薄弱环节，建立城市公共安全的长期和应急对策；促进城市可持续发展和现代化管理。城市公共安全事件评价系统结合当地公共安全规划的实际需要进行构架，通常包含以下内容：

1. 各种灾害成灾模型、单一灾害设防区划和综合防灾区划知识系统：研究城市各种灾害的成灾模型、并发伴生和相互影响，可以为确定单种灾害危险性和设防区划，预测城市灾害危险程度和公共安全资源合理配置奠定基础。研究各单灾种或其潜源的分布、成灾模型与相互影响、抗灾设防规划与抗灾措施，确定综合设防区划。

2. 城市工程结构抗灾易损性模型、抗灾能力评价、薄弱环节和损失估计等知识系统：主要有房屋抗灾易损性知识系统与房屋抗地质灾害知识系统，供水系统抗灾能力评价知识系统、供水系统抗地质灾害知识系统，煤气管网抗震能力评价知识系统、煤气管网抗地质灾害知识系统和煤气储罐抗灾知识系统，道路、桥梁抗灾能力知识系统，城市防洪能力知识系统，水库抗震能力知识系统，消防能力知识系统，灾害经济损失与人员伤亡知识系统等。

3. 城市伴生与次生灾害评价知识系统：主要内容包括城市主要灾害成灾的相互影响、城市抗御地震引起其他灾害（火灾、有毒气体泄漏）的能力等。

4. 公共安全资源合理配置知识决策系统：在研究城市各单种灾害、城市突发事件发生的危险性、成灾模型与城市生命线易损性模型以及灾害损失分析的基础上，采用考虑灾害之间相互影响的综合评判方法确定城市防灾资源的合理配置。

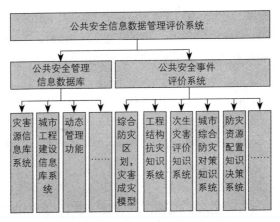

图 13-2　城市公共安全管理信息结构

5. 城市突发事件对策知识系统：在对城市各种灾害影响、成灾模型、工程结构抗灾能力、防灾薄弱环节分析和综合防灾资源合理配置决策分析的基础上，从城市发展与防灾相结合的原则，制定城市单灾种综合防灾规划，依据不同的灾情确定综合灾害发生后的应急对策（实施综合防灾指挥系统及其分支机构、城市生命线及公用系统的应急措施、建筑工程抢险应急措施、避难疏散紧急对策等）。

为适应城市建设的发展，城市突发事件对策知识系统，应当充分考虑城市突发事件防御过程中可能出现的各种情况，建立多种适合当地情况的分析模型和评价方法，此外系统同样应当具有动态特征，可以随时添加、修改模型参数，适应城市的发展。

三、城市应急指挥系统

城市应急指挥系统是政府与公共机构在公共安全事件的预防、应对和善后过程中，建立的保障公众生命财产安全的指挥系统。随着社会的进步，工作对政府部门处理公共安全事件的能力要求越来越高，加强不同政府部门与联动单位之间的配合和协调，从而对一些特殊、突发、应急和重要事件能做出有序、快速和高效的反应显得尤为重要。建立应急指挥系统的目的在于利用网络、通信、计算机技术来整合防汛、消防、公共卫生、疫情、治安、交通、安全生产等各种应急服务资源，便于政府领导进行跨部门、跨行业以及不同协作单位之间的统一指挥，提高政府各部门联合行动及应急处理能力，为群众提供相应的紧急救援服务，为民众的公共安全提供强有力保障。另外，政府领导在公共安全事件发生的时候，通过应急指挥系统能及时获取第一手资料，并能快速做出正确的决策；事件结束后通过系统进行数据归档、结案数据公示、系统的进行总结，为以后同类性质的事件提供历史数据参考。

在我国，110、119、120、12345、12315等专业应急指挥系统都已经上线使用，公共卫生系统、药品与食品监督系统、水利信息化建设和民政赈灾救灾系统也基本投入使用，建设统一的应急指挥系统是信息时代建设城市公共安全防线的大势所趋。

城市应急指挥系统应具有如下特点：

1. 协调高效：使用网络、通信、计算机等现代高科技技术协调政府的各个部门为民众提供高效率的服务。

2．综合统一：通过系统的指挥，可以协调各部门的行动，使事件的经济损失、社会影响最小化，救助的效果、服务的质量最大化。

3．资源优化：在救助和服务时，系统决策将使各种物资、药品、食品、人力、专家等各种资源进行优化平衡，使资源的使用合理化，效果最大化。

4．科学严谨：决策的来源依靠实际数据分析和历史数据的比对，并参考各种行业专家的意见、预案进行科学决策，使救援和服务科学化。

5．责权分明：系统各个环节的数据都应进行实时记录，形成文档，以备查阅，防止各个部门之间的责任不分，权利不明。以达到奖惩分明，为以后的管理提供更合理的激励和责任机制。

图 13-3　110、119、120 应急指挥中心
（图片来源，链接见书后）

第二节　城市公共安全制度及政策

在经历了2003年的"非典"事件之后，我国各级政府、社会组织和学术界对公共安全制度及政策的制定工作日益重视。制订公共安全制度及政策是为了维护社会秩序和保障公共安全，保护公民人身、财产安全和公共财产安全，促进经济和社会和谐发展。由于公共安全事件通常与各种重大事件、事故和灾害等突发性的事件相对应，对其进行的

制度建设应不仅包括对突发时的紧急处置机制，还应包括应对突发事件所采取的日常性的行为。公共安全制度及政策主要有：应急处置预案，保险制度，风险沟通制度，防灾投入制度，公共安全合作等，由于应急预案内容在本书的其他章节已有阐述，因而不予赘述。本节以保险制度，风险沟通制度，防灾投入制度，公共安全合作等内容为主进行介绍。

一、保险制度

保险是分散风险、转移损失的一种经济补偿制度，是国家社会安全的重要保障，在保障经济发展、维护社会稳定、造福人民群众等方面作出了重要的贡献。保险是应对突如其来的意外伤害、自然伤害损失和规避责任风险的最佳选择，其意义可以分为微观与宏观两方面。

在宏观层面：保险在保障社会稳定、促进经济发展及对外贸易中发挥了巨大作用。此外作为整个社会的稳定器，保险公司会运用自身的风险管理技术在社会防灾工作中发挥重要作用。

在微观层面：保险通过保险人赔偿被保险人的经济损失，减少个人或机构遭遇风险所造成的损失，培养并增强其管理风险的意识，保障其在受到损害时能够及时地转移风险和状态恢复。

1. 灾害保险

灾害保险是众多保险项目中的一种，其保险标的是以财产本身或与之有关的经济利益。被保险者对保险责任范围内的各种灾害而遭受的损失，进行抢救或施救造成的损失以及相应支付的各种费用损失享有赔偿请求的权利。同时依据所保风险的不同，灾害保险分为台风保险、地震保险、洪水保险、火灾保险等险种。

2. 灾害保险功能

保险具有经济补偿、资金融通和社会管理的功能，这三个功能相互补充，相互联系。灾害保险同样具有这三大功能。

（1）经济补偿功能。经济补偿是保险的立业之本，最能体现保险的意义与功能，具体表现在两个方面：财产保险的补偿和人身保险给付。在灾害发生后，保险能及时给予参保人补偿，这对于恢复正常生活生产活动具有重大意义。

（2）资金融通的功能。将形成的保险资金中的闲置的部分重新投入到社会再生产过程中，而保险人为了使保险经营稳定，必须保证保险资金保值和增值，这就要求保险人必须对资金进行运营，这便使得资金融通存在，也使得保险公司能够使用资金运用自身的风险管理技术开展社会防灾与防损的工作。

（3）社会管理的功能。通过保险的社会管理功能可以对整个社会及各个环节进行调节和控制，以便正常发挥各系统、各部门、各环节的功能，从而实现社会关系的和谐稳定。

二、城市风险沟通制度

1. 城市风险沟通概念及目标

风险沟通是政府、社会团体和居民围绕城市公共安全风险的管理进行协商沟通的过程。

城市风险沟通贯穿于城市公共安全事件管理的全过程：灾前、灾中和灾后。灾前，它通过帮助公众在危机发生前了解已经明确和尚不明确的风险，提高公众的风险认知水平及减灾能力；灾中，它减少公众面对风险时的不安与恐惧，化解社会心理压力；灾后，激发公众参与到减少灾害损失的积极行动中。

风险沟通作为政府风险管理工作中一种新方式，关注一般民众对风险的看法和认识，强调利益相关者之间的"对话"，致力于调和政府、企业界、科学界和公众之间关于风险日益激化的矛盾，通过各种沟通方式增进相互了解，促进一种新的伙伴和对话关系的形成。实际操作中，政府可以与居民以公听会的方式，分析居民的意见背后所代表的缘由，并且以可能发生风险的防治策略与补偿措施等项目，作为沟通的基础。

风险沟通常见的类型有：（1）教育和资讯提供；（2）行为改变和保护措施；（3）灾难警告与紧急讯息；（4）冲突与问题解决。其目的包括：告知、引导以及冲突解决等。在告知层面，风险管理者会告诉公众有关风险的知识，增进他们对风险的认识，并且使原先不接受风险的人转而接受风险；在行为引导方面的目的，风险管理者会协助民众对风险议题形成准确的讨论和结论，并通过个别或集体行动来降低风险；冲突解决是指政府和组织必须出面调停因风险问题而造成的利益冲突。

2. 新媒体背景下的城市风险沟通

社会化新媒体日益普及，在风险沟通中可以使信息更快速、准确地到达目标人群，同时也可获知更多来自社会公众的相关信息和需求，是一种更加高效的沟通途径。

在危机中，公众会更愿意信任并遵从来自政府机构的建议，并期待政府的反应能力，有效地利用社会化媒体进行公共对话和互动沟通，有助于增进公民对公共机构的信任。此外社会化新媒体可以和社会中其他有影响的个人与组织——如记者、博主、媒介组织等建立社会网络（social networking），创造庞大而有力的资讯传递和社会信息交流网络，在危机时刻可以潜在地减少损失甚至降低死亡，而在平时则可以增进相关知识和应对技巧，提高整个社会的应急能力。

因此，在风险沟通中，新媒体的力量不仅不能被政府危机传播与风险沟通者所忽视，而且需要被深入理解和有效运用，否则就可能造成工作中的被动，甚至产生新的社会风险，2011年8月的伦敦骚乱和日本地震导致我国东部沿海地区的盐荒事件就是警示。对于政府危机传播和风险沟通者来说，面对社会化媒体的发展，只有抓住机遇，面对挑战，才能真正维护社会利益。

3. 城市风险沟通预案

政府应针对各类型的风险制定相关的风险沟通预案，在针对某种特定风险的风险沟通工作预案中应包含风险沟通目标、主要工作内容、职能分工等部分内容。

（1）风险沟通目标是依照特定风险特点以及制度法令等，制定风险沟通的目的，并明确风险沟通完成度的评估标准。

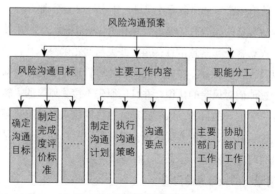

图13-4 风险沟通预案内容

（2）主要工作内容应包含以下三部分：制定沟通计划、执行沟通策略和沟通要点。制定沟通计划中应提出明确沟通的渠道、沟通的内容确定信息发布的流程等内容；执行策略中应包含启动风险沟通时间机制、提供即时信息方法、评估沟通的需求及成效、谣言处理等内容；沟通要点应包含如下内容：制定各等级灾情的沟通要点、制定行政级别的沟通要点、制定各类人群沟通要点等。

（3）职能分工。制定面对不同灾种时的各部门的沟通工作分工，如划分与灾情直接主要部门的工作，与灾害间接相关的各协作部门工作。

三、城市防灾投入制度

应对灾害，无论是灾前的预防，灾中应急救援还是灾后的重建，都是以相应的人力、物力、财力投入为基础的，这种投入是战略性的、前瞻性的。

1. 城市防灾投入类型

根据防灾投入使用的不同目的，可以对减灾投入做出多种分类。根据灾害种类，减灾资金投入可以划分为排涝防汛投入、抗旱投入、防雹投入、防震抗震投入、消防投入、公路减灾投入、民航减灾投入、铁路减灾投入、矿山事故减灾投入等许多种。这种划分的作用在于确保减灾资金对危害较大的灾种的重点投入，以及对一般灾害的兼顾。全国有主要灾种，不同地区也有主要灾种，这一特点决定了按灾种投入减灾资金在全国各地是有区别的。如雪灾在北方是重要灾种，而南方尤其是广东、海南等地却几乎没有；沿海必须以减轻台风、风暴潮灾害为主，但内陆、边远地区因无此类灾害的威胁而不必投入；沿江沿河尤其是大江大河中下游地区必须高度重视防汛工作，其他地区则不然等。可见，各地区应当根据本地区的灾种组合来考虑减灾资金的灾种投入问题。

根据减灾环节，减灾资金投入可以划分为灾害监测、预报投入，防灾、抗灾投入，灾后救援投入等。这是建立一元化的减灾资金投入统计指标体系的主要依据。

根据减灾措施，减灾资金投入可以划分为工程措施投入与非工程措施投入两大类。工程措施投入是指用于防、抗、救、援灾害的各种建筑、防护工程措施所需的资金投入，如兴修水利工程、植树造林、人工降雨等；非工程措施则是指减灾宣传、监测、预报等各种非工程性减灾措施所需的资金投入，如气象预报、地震观测、病虫害监测等。

根据减灾范围，减灾资金投入可以划分为国家减灾投入、地区（城市）减灾投入、社区或单位减灾投入、家庭减灾投入等种类。因此，国家减灾投入是指一些需要由国家出面组织的减灾活动，其投入对象往往是面向全国性的或跨越省界的，或地方政府无力独自开展的大型减灾活动；地区减灾投入是指以地方各级政府出面组织的并直接面向本地区的各种减灾投入，直接为减轻地方灾害的危害服务；社区或单位减灾投入是指社区及企业、事业、机关单位在本社区或单位范围内开展的小型减灾活动所需的资金投入，是社会化减灾工作的基础；家庭减灾投入则是指城乡居民家庭对减轻存在于家庭内部或与家庭财产、家庭成员有关的减灾工作所做的投入。

2. 城市防灾投入原则

要实现高效率地发挥减灾资金作用的目标，减灾资金投入一般应遵循如下原则：

（1）工程措施与非工程措施相结合原则。减灾必须要有减灾工程，如水库可以防洪、解旱，植树可以防风固沙等；但仅有工程性的减灾措施是远远不够的，要真正取得减灾的良好效果，还必须重视非工程措施，如防灾宣传、气象预报、地震监测和灾害趋势预测等，都是必不可少的有效减灾对策。因此，在减灾资金投入方面，对工程措施与非工程措施要兼顾，不能偏废，在减灾资金的投入中应将工程措施与非工程措施有机结合起来。

（2）重点投入与兼顾一般相结合原则。灾害的种类繁多，但真正对我国城市经济发展及广大人民危害极大的灾害种类又较具集中性，因而需要将减灾资金重点投入到防范这些灾害的发生或减轻这些灾害的危害上去；但其他各种灾害也不可忽视，它们均会在一定范围内造成危害，有时甚至是严重的危害。因此，减灾资金的投入必须坚持重点投入与兼顾一般相结合的原则。

（3）平时预防与灾时抗救相结合原则。减灾资金不仅要在灾害发生前或平时用于预防性的减灾工程措施与非工程性减灾措施，而且要在灾害发生时用于抗灾或救援。例如，未发水灾时，可以兴修水利工程、加固堤防；在水灾发生时，则可以采取临灾抢险的措施，两者均能取得良好的减灾的效果。因此，减灾资金的投入应当坚持平时预防与灾时抗救相结合的原则。

（4）讲求效益原则。即减灾投入应当讲求经济效益与社会效益，并以减损和增值超过投入为基本原则。

3. 我国防灾投入构成

在我国防灾减灾投入主要由国家财政、慈善捐赠、商业银行信贷、国债等组成。

（1）国家财政

目前国家财政支出中尚没有列支专门的防灾资金投入项目，具有防灾性质的资金投入主要分散在环境保护、城乡社区事务、农林水事务等项目中。现实中，这部分资金在投入上缺乏整体的协调性，大多数时候防灾并非其投入的主要目的，因此防灾作用十分有限。

（2）慈善捐赠

慈善捐赠具有反应迅速、无需偿付等优点，是我国防灾减灾资金的重要来源之一。据中国统计年鉴数据，发生汶川地震的2008年，我国慈善捐赠规模近800亿元。

（3）商业银行信贷

商业银行信贷能够为防灾减灾提供有效、可靠、长期、规范的资金供应，长期以来一直是我国防灾减灾资金的重要来源之一，在灾后重建中甚至起到主力军的作用。以2008年汶川地震为例，根据《汶川地震灾后恢复重建规划》测算，灾后重建筹资格局中商业银行信贷资金总规模将超过5000亿元，占比超过50%。

（4）国债

发行国债也是目前我国防灾减灾融资的手段之一。我国曾多次通过发行国债的方式为防灾减灾融资。例如为满足汶川地震灾后恢复重建的资金需求，2008年5月16日财政部发行了总额为271.5亿元的记账式国债。此外，平时发行的一般意义的国债很大部分也投入到了防灾减灾领域中。

四、城市公共安全合作

区域联防是一种区域协调发展的战略部署，合作各方以促进合作、增进友谊、优势互补、共同提高为目的，相互尊重，平等互利，共同推进区域应急管理合作，提升突发事件处置能力，实现应急管理资源的有效利用和合理共享。

1. 区域联防体系

区域联防体系制度制定中应重点制定有关应急管理工作交流、理论研究、科技攻关、人才交流、平台建设等方面合作与交流的内容。

理论研究与科技开发：主要是建立区域内合作与发展的应急管理理论体系以及相关标准研究，寻找共性、关键性区域公共安全技术，提高区域公共安全科技水平。

工作交流与专家交流：建立工作交流机制，保证多形式、多渠道开展交流，相互学习、借鉴应急管理工作经验。

应急平台互联互通：保证区域中的应急信息平台互联互通，专家数据库、救援队伍数据库、物资储备数据库等实现资源共享。

共同应对区域突发事件预案：根据区域内共性突发事件风险，共同研究对策，提高应对突发事件水平；开展跨地区、跨部门的应急联合演练。

区域合作体制机制：联席会议常设秘书处，负责联席会议的日常工作，建立专题工作小组以及应急管理工作交流制度（图13-5）。

2. 国际公共安全合作

随着全球化趋势的加强，无论危急关头共同应对突发事故，还是保证人与产品交流安全通畅，建立一个更加高效的合作协调的国际机制势在必行（图13-6）。

（1）国际公共安全合作目标

随着国际交往日渐频繁，一个局部性事件，很可能会演化为国际性安全事件，甚至是全球性事件。即使没有直接影响到其他国家，其严重后果也会引起广泛关注，因此参与国际合作是各个国家的道义责任，共同应对公共安全事件有利于快速降低事件造成的损失。

有些公共安全事件靠一个国家的努力可能很难对其有效地控制。只有通过地区甚至全球范围内的沟通配合，一国才能迅速地从困境中走出，恢复正常秩序。

（2）国际公共安全合作内容

国际公共安全合作内容主要由政治层面、技术层面、应对层面、财政层面四个层面组成。

政治层面主要明确了战略合作内容。战略合作是指由两个或两个以上的国家或地区，为达到共同使用资源、有效应对国际性公共安全事件的战略目标，通过各种契约而结成的合作关系。

第一条　合作宗旨
第二条　合作原则
（一）自愿参与。
（二）平等开放。
（三）优势互补。
（四）互利共赢。
第三条　主要合作领域和内容
（一）理论研究与科技开发。
（二）工作交流与专家交流。
（三）应急平台互联互通。
（四）共同应对区域突发事件。
第四条　合作机制
（一）建立泛珠三角区域内地9省（区）应急管理合作联席会议制度。
（二）建立专题工作小组。
（三）建立应急管理工作交流制度。
第五条　修订完善

图 13-5　《泛珠三角区域合作
框架协议》条目

2013年2月26日，世界卫生组织西太平洋区主任申英秀与中国卫生部部长陈竺共同签署了《中国—世界卫生组织国家合作战略（2013～2015）》。该战略明确了中国与世卫组织未来3年中的4个重点合作的领域：
1. 协助中国政府推动卫生系统发展；
2. 帮助中国开展卫生事件风险评估、监测与应对工作；
3. 开展"西部卫生行动"；
4. 支持中国参与全球卫生合作活动。

图 13-6　《中国—世界卫生组织国家
合作战略》（2013～2015）的四个合作
重点领域

技术层面主要是应对安全事件技术交流内容。主要有学术交流（减灾会议）；技术支援（捐赠设备、提供信息数据等）以及人员培训等。

应对层面主要是应对公共安全事件的跨国救援和支援。主要有人员与物资的支援。

财政层面主要是资金援助内容。如规定捐赠方式，减免税待遇等。

参考文献

[1] 陈建军，袁玉平. 应急指挥系统建设方案设计与研究[J]. 武汉理工大学：信息与管理工程版，2005，2（27）：122-127.

[2] 顾福妹，翟国方，阮梦乔，季辰烨. 新媒体背景下的南京市应急管理流程[J]. 现代城市研究2012（6）：88-93.

[3] 纪家琪. 泛珠三角区域内地9省（区）应急管理区域合作实践与探索[J]. 中国应急管理，2011，7:20-21.

[4] 焦双健，魏巍. 城市防灾学[M]. 北京：化学工业出版社. 2006.

[5] 马志福，陈玉杰，祁玉清. 防灾减灾资金投入体系建设[J]. 中国投资，2011，

12:104−105.

[6] 强月新，余建清. 风险沟通：研究谱系与模型重构[J]. 武汉大学学报：人文科学版，2008，61（4）:501−505.

[7] 尚春明，崔宝辉. 城市综合防灾理论与实践[M]. 中国建筑工业出版社，2006.

[8] 新浪财经. 保险基础知识[EB/OL]http://finance. sina. com. cn/money/insurance/help/5. html. 2012.

[9] 许静. 社会化媒体对政府危机传播与风险沟通的机遇与挑战 [J]. 南京社会科学2013（5）:98−104.

书中图片来源

图1-1
http://image.baidu.com/search/detail?ct=503316480&z=0&ipn=d&word=%E5%BA%9E%E8%B4%9D%E5%8F%A4%E5%9F%8E%E9%81%97%E5%9D%80&step_word=&pn=182&spn=0&di=135723394070&pi=&rn=1&tn=baiduimagedetail&is=&istype=2&ie=utf-8&oe=utf-8&in=&cl=2&lm=-1&st=-1&cs=2217882118%2C4210695303&os=649747575%2C334919115 9&simid=4196364164%2C812477314&adpicid=0&ln=1985&fr=&fmq=1460686673870_R&fm=index&ic=0&s=undefined&se=&sme=&tab=0&width=&height=&face=undefined&ist=&jit=&cg=&bdtype=0&oriquery=&objurl=http%3A%2F%2Fm2.quanjing.com%2F2m%2Fchinesevi ew073%2Fyt-p0088388.jpg&fromurl=ippr_z2C%24qAzdH3FAzdH3Fooo_z%26e3Bq7wg3tg2_ z%26e3Bv54AzdH3Ffiw6jAzdH3Fyp-raabbnbb_z%26e3Bip4s&gsm=96&rpstart=0&rpnum=0

图1-2
http://image.baidu.com/search/detail?ct=503316480&z=0&ipn=d&word=%E5%A4%A7%E5%9C%B0%E9%9C%87%E5%90%8E%E7%9A%84%E6%B1%B6%E5%B7%9D&step_word=&pn=18&spn=0&di=146478785750&pi=&rn=1&tn=baiduimagedetail&is=&istype=2&ie=utf-8&oe=utf-8&in=&cl=2&lm=-1&st=-1&cs=2328158290%2C3029866666&os=-2206556429%2C1658819171&simid=4217436889%2C502975890&adpicid=0&ln=1987 &fr=&fmq=1460687066349_R&fm=&ic=0&s=undefined&se=&sme=&tab=0&width=&height=&face=undefined&ist=&jit=&cg=&bdtype=0&oriquery=&objurl=http%3A%2F%2Fpic.jxgdw.com%2FEasyCms_Images%2F2009-05-11%2F337261.jpg&fromurl=ippr_ z2C%24qAzdH3FAzdH3Fgjof_z%26e3B3x21o_z%26e3Bv54AzdH3F3fzpAzdH3Fc8dov11zyz gAzdH3FxvAzdH3F8amab0m_z%26e3Bip4s&gsm=0&rpstart=0&rpnum=0

图8-1
http://image.baidu.com/search/detail?ct=503316480&z=0&ipn=d&word=%E5%BD%93%E5%BF%83%E8%A7%A6%E7%94%B5%20%E5%8D%B1%E9%99%A9&step_word=&pn=3&spn=0&di=41652259990&pi=&rn=1&tn=baiduimagedetail&is=&istype=2&ie=utf-8&oe=utf-8&in=&cl=2&lm=-1&st=-1&cs=782215973%2C732238298&os=814099485%2C3310908507 &simid=3525061117%2C519210916&adpicid=0&ln=1967&fr=&fmq=1460687375703_R&fm=result&ic=0&s=undefined&se=&sme=&tab=0&width=&height=&face=undefined&ist=&jit=&cg=&bdtype=0&oriquery=&objurl=http%3A%2F%2Fpic.58pic.com%2F58pic%2F15%2F04%2F2 F88%2F76v58PICSx2_1024.jpg&fromurl=ippr_z2C%24qAzdH3FAzdH3Fooo_z%26e3Bcbrtv_ z%26e3Bv54AzdH3FziwgkwgAzdH3F8ca9bb0m_z%26e3Bip4s&gsm=0&rpstart=0&rpnum=0

图8-2
http://image.baidu.com/search/detail?ct=503316480&z=0&ipn=d&word=%E9%A6%99%E6%A0%BC%E9%87%8C%E6%8B%89%E5%A4%A7%E7%81%AB&step_word=&pn=59&spn=0&di=126609333510&pi=&rn=1&tn=baiduimagedetail&is=&istype=0&ie=utf-8&oe=utf-8&in=&cl=2&lm=-1&st=undefined&cs=3738329443%2C4131374815&os=3344 302267%2C533153027&simid=4184140428%2C853005206&adpicid=0&ln=1948&fr=&fmq=1460595929889_R&fm=&ic=0&s=undefined&se=&sme=&tab=0&width=&height=&face=undefined&ist=&jit=&cg=&bdtype=0&oriquery=&objurl=http%3A%2F%2Fwww.people.com.cn%2Fmediafile%2Fpic%2F20140112%2F27%2F16753383522513265355. jpg&fromurl=ippr_z2C%24qAzdH3FAzdH3Fij_z%26e3Brj5rsj_z%26e3Bv54_z%26e3BvgAzd H3FgAzdH3Fda89AzdH3Fa88dAzdH3Fv8lddnc-danm90al_z%26e3Bip4s&gsm=0
http://image.baidu.com/search/detail?ct=503316480&z=0&ipn=d&word=%E9%A6%99%E6%A0%BC%E9%87%8C%E6%8B%89%E5%A4%A7%E7%81%AB&step_word=&pn=230&spn=0&di=71669056030&pi=&rn=1&tn=baiduimagedetail&is=&istype=0&ie=utf-8&oe=utf-8&in=&cl=2&lm=-1&st=undefined&cs=2911718301%2C3056046120&os=146507600%2C31 19901566&simid=4443822%2C821410944&adpicid=0&ln=1948&fr=&fmq=1460595929889_

R&fm=&ic=undefined&s=undefined&se=&sme=&tab=0&width=&height=&face=undefined&
ist=&jit=&cg=&bdtype=0&oriquery=&objurl=http%3A%2F%2Fwww.syais.com%2FUpload
Files%2FFCK%2F201401138R0B8N8Z48.jpg&fromurl=ippr_z2C%24qAzdH3FAzdH3Fooo_
z%26e3Bfywtf_z%26e3Bv54AzdH3FA6ptvsjAzdH3Fxtwg22jstsw1wi75qtw5_8_
z%26e3Bip4s&gsm=b4

图10-1

http://image.baidu.com/search/detail?ct=503316480&z=0&ipn=d&word=3%E6%9C%88%E
5%85%A8%E5%9B%BD%E8%88%86%E6%83%85%E8%81%8C%E8%83%BD%E9%A2
%86%E5%9F%9Ftop10&step_word=&pn=1&spn=0&di=28042266010&pi=&rn=1&tn=baid
uimagedetail&is=&istype=0&ie=utf-8&oe=utf-8&in=&cl=2&lm=-1&st=undefined&cs=7868
38901%2C2693585602&os=3188124327%2C75508790&simid=4060158361%2C60268070
9&adpicid=0&ln=1991&fr=&fmq=1460687785395_R&fm=&ic=undefined&s=undefined&s
e=&sme=&tab=0&width=&height=&face=undefined&ist=&jit=&cg=&bdtype=0&oriquery=
&objurl=http%3A%2F%2Fwww.people.com.cn%2Fmediafile%2Fpic%2F20140505%2F76%
2F5839268625371655488.jpg&fromurl=ippr_z2C%24qAzdH3FAzdH3F3f_z%26e3Brj5rsj_
z%26e3Bv54_z%26e3BvgAzdH3FgAzdH3Fda89AzdH3FacacAzdH3Fvncbdnd-d88n90aa_z%2
6e3Bip4s&gsm=0&rpstart=0&rpnum=0

图12-1

http://image.baidu.com/search/detail?ct=503316480&z=0&ipn=d&word=%E7%81%BE%E5
%90%8E%E5%AE%89%E7%BD%AE%E5%B8%90%E7%AF%B7&step_word=&pn=17&
spn=0&di=49540736960&pi=&rn=1&tn=baiduimagedetail&is=&istype=2&ie=utf-8&oe=utf-
8&in=&cl=2&lm=-1&st=-1&cs=1456244760%2C3496285183&os=2920793667%2C239860
7676&simid=4246638159%2C598890879&adpicid=0&ln=1990&fr=&fmq=1460688242053_
R&fm=detail&ic=0&s=undefined&se=&sme=&tab=0&width=&height=&face=undefin
ed&ist=&jit=&cg=&bdtype=0&oriquery=&objurl=http%3A%2F%2Fi3.chinamil.com.
cn%2Fnews%2Fattachement%2Fjpg%2Fsite3%2F20130423%2F1803732f4eac12e053
8b41.jpg&fromurl=ippr_z2C%24qAzdH3FAzdH3Fpr_z%26e3Bvitgw4ts_z%26e3Bv54_
z%26e3BvgAzdH3FgjofAzdH3Fda8n-a9AzdH3FdnAzdH3Fv5gpjgp_cn8d8cm_d_z%26e3Bip4
&gsm=0&rpstart=0&rpnum=0

图13-3

http://image.baidu.com/search/detail?ct=503316480&z=0&ipn=d&word=110%E5%BA%94%
E6%80%A5%E6%8C%87%E6%8C%A5%E4%B8%AD%E5%BF%83&step_word=&pn=19&
spn=0&di=137182802900&pi=&rn=1&tn=baiduimagedetail&is=&istype=2&ie=utf-8&oe=utf-
8&in=&cl=2&lm=-1&st=-1&cs=488599356%2C1639403369&os=3966960543%2C21455014
22&simid=3441881569%2C323080489&adpicid=0&ln=1969&fr=&fmq=1460688295077_R&
fm=result&ic=0&s=undefined&se=&sme=&tab=0&width=&height=&face=undefined&ist=&ji
t=&cg=&bdtype=0&oriquery=&objurl=http%3A%2F%2Fwww.cpd.com.cn%2Fimg%2F2006-
12%2F08%2Fgab040D.JPG&fromurl=ippr_z2C%24qAzdH3FAzdH3Fks52_z%26e3Bftgw_
z%26e3Bv54_z%26e3BvgAzdH3FfAzdH3Fks52_9kjbbnkna8aaa078_z%26e3Bip4s&gsm=0&r
pstart=0&rpnum=0

http://image.baidu.com/search/detail?ct=503316480&z=0&ipn=d&word=120%E5%BA%94%
E6%80%A5%E6%8C%87%E6%8C%A5%E4%B8%AD%E5%BF%83&step_word=&pn=0&s
pn=0&di=100084181450&pi=&rn=1&tn=baiduimagedetail&is=&istype=2&ie=utf-8&oe=utf-
8&in=&cl=2&lm=-1&st=-1&cs=2336973443%2C1325913386&os=3415448947%2C665527
605&simid=3583789558%2C415241362&adpicid=0&ln=1971&fr=&fmq=1460688460899_
R&fm=&ic=0&s=undefined&se=&sme=&tab=0&width=&height=&face=undefined&ist
=&jit=&cg=&bdtype=0&oriquery=&objurl=http%3A%2F%2Fi6.hexunimg.cn%2F2014-
08-28%2F167937588.jpg&fromurl=ippr_z2C%24qAzdH3FAzdH3Fpjvi_z%26e3Bijx7g_
z%26e3Bv54AzdH3Fda89-ab-dbAzdH3F8m0ln0cb0_z%26e3Bip4s&gsm=0&rpstart=0&rpn
um=0